Aus dem Programm Mathematik

Grundlegende Werke

Lineare Algebra, von G. Fischer

Lineare Algebra und Analytische Geometrie, von H. Schaal

Grundlagen der reellen Analysis, von W. Tutschke

Grundzüge der modernen Analysis, von J. Dieudonné

Elementare Axiome der Mengenlehre, von D. Klaua

Grundbegriffe der axiomatischen Mengenlehre, von D. Klaua

Vektor- und Tensorrechnung für die Physik

von G. Gerlich

Vieweg

Gerhard Gerlich

Vektor- und Tensorrechnung für die Physik

Vieweg

Dr. *Gerhard Gerlich* ist Privatdozent am Lehrstuhl B für Theoretische Physik der Technischen Universität Braunschweig

Verlagsredaktion: *Alfred Schubert*

CIP-Kurztitelaufnahme der Deutschen Bibliothek

Gerlich, Gerhard
Vektor- und Tensorrechnung für die Physik.
– 1. Aufl. – Braunschweig: Vieweg 1977.
ISBN-13: 978-3-528-03030-8 e-ISBN-13: 978-3-322-86379-9
DOI: 10.1007/978-3-322-86379-9

1977

Satz: Vieweg, Braunschweig

ISBN-13: 978-3-528-03030-8

Vorwort

Dieses Buch ist bei dem langjährigen Versuch entstanden, mit den üblichen Mathematikvorlesungen, wie ich sie in Kiel in den Jahren von 1962 bis 1968 gehört habe, die für die klassischen Feldtheorien und die Quantentheorie nötige Vektor- und Tensorrechnung zu verstehen. Mein Dank gilt deshalb all denen, bei denen ich Vektor- und Tensorrechnung gelernt habe, ohne daß ihnen dies vermutlich bekannt ist. Ich hoffe, daß ich niemanden im Literaturverzeichnis vergessen habe. Ich danke besonders Herrn Prof. Dr. Egon Richter, der wesentlich zum Entstehen dieses Buches beigetragen hat, da er sich nicht davon abbringen ließ, daß ein solches Buch notwendig sei. Allen Mitarbeitern unseres Lehrstuhls und sonstigen Zuhörern meiner Vorlesungen danke ich für alle zustimmenden oder kritischen Anregungen.

Dem Vieweg Verlag danke ich für die freundliche und sehr angenehme Zusammenarbeit.

Gerhard Gerlich

Inhaltsverzeichnis

1. Einführung

In dieser Vektor- und Tensorrechnung für die Physik wird versucht, zwischen den vergleichsweise exakten Darstellungen der Vektorrechnung der üblichen Mathematikvorlesungen der ersten zwei Semester einen Übergang zu finden zu den in der Physik tatsächlich verwendeten Strukturen, ohne daß Mengenlehre, Algebra, Funktionale und Differentialformen – um nur ein paar Schlagworte zu nennen – praktisch bei der Mathematik für die Physik vergessen werden müssen, wie es bei manchen Darstellungen der mathematischen Methoden der Physik Brauch geworden sein soll. Es besteht die Absicht, eine Verbindung herzustellen zwischen dem meist in der Mathematik verwendeten Cartanschen Kalkül der alternierenden Differentialformen und dem in der Physik üblicheren Tensorkalkül. Beide Kalküle sind zwar im Prinzip gleichwertig, ohne aber in den verschiedenen Anwendungsbereichen gleich übersichtlich zu sein. Zum Beispiel lassen sich der Satz von Poincaré und der Gaußsche Integralsatz für beliebige Dimensionen normalerweise bequemer im Cartanschen Kalkül formulieren, während sich die Kurven- und Flächentheorie in Riemannschen Mannigfaltigkeiten einfacher mit der Tensorrechnung behandeln läßt. Da man sich beim Cartanschen Kalkül – in der Sprechweise der Tensorrechnung – auf alternierende Kotensoren beschränkt, gelangt man zu Unbequemlichkeiten, wenn nichtalternierende Tensoren benötigt werden. Der Nachteil der üblichen Tensornotation liegt vor allem darin, daß an der Schreibweise oft nicht einfach erkennbar ist, ob es sich um einen alternierenden Kotensor handelt oder nicht, was die Übertragung differenzieller Aussagen auf integrale erschwert. Diese Nachteile sollen hier vermieden werden, wobei zur Klärung der Unterschiede zwischen praktisch wichtigen Formeln die „Ergänzungen" und „Graßmannschen Ergänzungen" eine wesentliche Rolle spielen.

Häufig haben in der Physik die Definitionen für Vektoren und Tensoren sehr wenig Ähnlichkeit mit den aus den mathematischen Grundvorlesungen bekannten. Dies liegt weniger daran, daß in der theoretischen Physik „verkehrte" Definitionen für Vektoren und Tensoren verwendet werden, sondern daran, daß die in der Physik benutzten Vektor- und Tensorräume in der Regel neben der algebraischen Vektor- und Tensorraumstruktur noch weitere Eigenschaften haben, die für die Anwendung oft wichtiger sind. In der algebraischen Vektorraumstruktur hat man als Verknüpfungen die Addition von Vektoren und das skalare Vielfache. Denkt man an Kraftvektoren, lassen sich diese Verknüpfungen mit Federwaagen noch verhältnismäßig einfach veranschaulichen. Schwieriger ist die Situation schon für die Geschwindigkeitsvektoren an einer Teilchenkurve. Macht man eine Transformation des Kurvenparameters (z.B. durch Änderung der Zeiteinheit), erhält man das skalare Vielfache der ursprünglichen Geschwindigkeitsvektoren. Das Addieren zweier Geschwindigkeitsvektoren für zwei Teilchenkurven ist in der Regel keine sehr wichtige Operation, selbst wenn die Teilchenkurven sich schneiden. Wichtiger ist dagegen oft die Frage, wie die Geschwindigkeitsvektoren umzurechnen sind, wenn man ein anderes Bezugssystem für die Koordinaten wählt. Deshalb wird häufig in der Physik eine Vektor- und Tensorraumdefinition verwendet, bei der dieses Transformationsverhalten im Vordergrund steht.

Zu dieser Thematik gehört auch die Frage, ob ein gewisser Vektor „eigentlich" ein Tensor oder ein Tensor „eigentlich" ein Vektor ist. Nach Konstruktion ist ein Tensor immer Element eines Vektorraums, also sicher ein Vektor. Dieser Vektorraum hat aber, bedingt durch die Konstruktion aus mehreren Vektorräumen, noch Eigenschaften, die man normalerweise bei anderen Vektorräumen nicht findet. Andererseits ist diese Situation typisch für fast alle in der Praxis vorkommenden Vektorräume, da es sich meistens um Mengen handelt, bei denen die Vektorraumstruktur nur eine unter anderen Strukturen ist. Gerade bei den Tangentialvektorräumen von differenzierbaren Mannigfaltigkeiten, die besonders Gegenstand dieser Darstellung sind, tritt die algebraische Struktur gegen andere Eigenschaften häufig in den Hintergrund. Um diese Unterschiede deutlich zu machen, sollen hier zuerst die algebraischen Vektor- und Tensorraumstrukturen eingeführt werden, und es soll dann bei der Behandlung der differenzierbaren Mannigfaltigkeiten dargelegt werden, in welcher Hinsicht diese Strukturen für die Tangentialvektorräume noch wichtig sind, bzw. wichtig sein können.

Es wird hier versucht, besonders die Probleme zu behandeln, die auftauchen, wenn man den Begriff des Vektorraums in der linearen Algebra kennengelernt hat und beginnt, (theoretische) Physik zu treiben. Bei der Behandlung der linearen Algebra habe ich als ordnendes Prinzip das Identifizieren von Vektorräumen verwendet. Das sonst übliche Verfahren, nämlich die Begriffe nach den Gruppen zu ordnen, die die verwendeten Geometrien invariant lassen, halte ich nicht für so praktisch, da sich die speziellen in der Physik betrachteten Systeme i.a. gerade durch diese Geometrien unterscheiden. Ein allgemeiner mathematischer Kalkül sollte unabhängig aufgebaut sein von den Eigenschaften spezieller physikalischer Systeme. Um den Umfang dieser Einführung nicht zu groß werden zu lassen, wird die übliche analytische Geometrie der endlich-dimensionalen Vektorrechnung nur am Rande behandelt. Als Ergänzung sind hierfür besonders die Monographien [8], [10], [13], [16], [18], [23] geeignet.

Für eine einwandfreie Tensorraumkonstruktion benötigt man den Begriff des Quotienten- oder Faktorraums. Diese Konstruktion lernt man insbesondere in der Gruppentheorie kennen. Da aber in der Praxis die Tensorrechnung *vor* einer intensiveren Beschäftigung mit der Gruppentheorie benötigt wird, habe ich diese Konstruktion hier ausführlicher behandelt, was bei Darstellungen der linearen und multilinearen Algebra, die die vollständige Kenntnis der Gruppentheorie voraussetzen (wie z.B. [7], [12]), natürlich nicht nötig ist. Hierdurch wird das Kapitel, in dem die Konstruktion des Tensorraums durchgeführt wird, etwas länger. Da die gebrachte Konstruktion nicht auf endlich-dimensionale Vektorräume beschränkt ist, ist sie direkt für die Hilberträume der quantenmechanischen Vielteilchensysteme (Fockraum) verwendbar. Überhaupt ist es für mich ein besonderes Anliegen, eine Darstellung der Vektor- und Tensorrechnung zu bringen, die für die (allgemeine) Relativitätstheorie und Quantentheorie in gleicher Weise geeignet ist. Der Leser, der sich mit der Existenz des Tensorprodukts mit seinen üblichen Eigenschaften abgefunden hat und den die Anwendungen in der Quantenmechanik nicht so sehr interessieren, der sich aber für die in den differenzierbaren Mannigfaltigkeiten der klassischen Feldtheorien wichtigen Bildungen interessiert, kann nach dem Kapitel 3 direkt beim Abschnitt 4.5 beginnen. Die wichtigen Bildungen sind so dargestellt worden, daß man nicht auf die vorangehenden Teile des Kapitels 4 angewiesen sein sollte.

Das Hauptziel dieser Vektor- und Tensorrechnung ist das Rechnen in den differenzierbaren Mannigfaltigkeiten der Physik, weniger die Vektorrechnung der Quantentheorie mit ihren Eigenwertproblemen, da dort sogar nichtdifferenzierbare Mannigfaltigkeiten vorkommen können. Die Rechnung mit diesen reellen Maßmannigfaltigkeiten führt in einfacher Weise zum mathematischen Apparat der Quantentheorie und ist von mir an anderer Stelle behandelt worden [6].

Es ist keine Frage, daß das Kapitel 2 keinen Ersatz für Monographien der Mengenlehre und Algebra bieten kann. Es ist als Sprachregelung für den folgenden Text gedacht. Neben den reinen Büchern über Mengenlehre, wie z.B. [11] und insbesondere [20] möchte ich auch auf die Kurzdarstellung in der Neuauflage von [10] hinweisen. Dem Physiker besonders zugänglich ist sicher auch die Darstellung dieser Gebiete in [26]. Natürlich werden an einigen Stellen dieser Vektorrechnung gewisse Kenntnisse aus der üblichen Analysis benötigt, die meist in [4], [10] und in modernerer Form in [5] zu finden sind. Für die Anwendung der Tensorrechnung in der Differentialgeometrie sind als Weiterführung besonders [9] und auch [3], [14], [18], [21], [24], [27] zu empfehlen. Die Anwendung praktisch aller Begriffe dieser Vektor- und Tensorrechnung findet man in einem Buch über klassische Mechanik [1]. Alle aufgeführten Monographien sollten dem Leser dieser Vektor- und Tensorrechnung mit dem hier dargestellten Begriffssystem trotz der unvermeidlichen Unterschiede bei manchen Definitionen gut zugänglich sein.

2. Bezeichnungen der Mengenlehre und Algebra

Für die folgenden Definitionen sei kurz an einige Begriffe der Mengenlehre erinnert. Mengen werden hier in der üblichen Weise angegeben, indem in geschweiften Klammern die Symbole für die Elemente aufgeführt werden und – wenn nötig – nach einem senkrechten Strich die Eigenschaften, z.B.

$$A = \{a \mid a \text{ ist gerade, } a \text{ ist nicht negativ}\}. \tag{2.1}$$

Ein Komma beim Aufzählen der Eigenschaften soll immer „und“ bedeuten. Die Symbole werden in der folgenden Weise verwendet: a ist Element von A: $a \in A$; die Menge B ist in der Menge A enthalten: $B \subset A$; die Menge A umfaßt die Menge B: $A \supset B$; die Menge A ist genau dann gleich der Menge B, wenn gilt $A \supset B$ und $A \subset B$; der *Durchschnitt* der Mengen A und B wird geschrieben als

$$A \cap B = \{d \mid d \in A,\ d \in B\}; \tag{2.2}$$

die *Vereinigung* der Mengen A und B wird geschrieben als

$$A \cup B = \{v \mid v \in A \text{ oder } v \in B\}, \tag{2.3}$$

wobei das „oder“ nicht ausschließend gemeint ist; als *Differenz* der Mengen A und B definiert man die Menge

$$A - B = \{a \mid a \in A,\ a \notin B\}, \tag{2.4}$$

wobei der senkrechte Strich die Negation von $a \in B$ angibt; ist aus dem Zusammenhang klar, daß alle in Frage kommenden Mengen A immer Teilmengen einer bestimmten Menge X sind, schreibt man für $X - A$ auch $\complement A$, genannt *Komplement* von A.

Aus zwei Mengen A und B kann man die Menge der (geordneten) Paare bilden, die man das *cartesische Produkt* $A \times B$ nennt:

$$A \times B = \{(a,b) \mid a \in A,\ b \in B\}. \tag{2.5}$$

Zwei Paare (a, b) und (a′, b′) sind genau dann gleich, wenn sie komponentenweise gleich sind:

$$(a,b) = (a',b') \text{ genau dann, wenn gilt } a = a' \text{ und } b = b'. \tag{2.6}$$

Eine Teilmenge des cartesischen Produkts $A \times B$ nennt man eine (zweistellige) *Relation*. Cartesische Produkte mit mehr als zwei Faktoren erhält man, wenn man vereinbart, daß in einem geordneten n-tupel Klammern fortgelassen werden können. Man setzt also z.B.

$$(A \times B) \times C = A \times (B \times C) = A \times B \times C \quad \text{bzw.} \tag{2.7}$$

$$((a,b),c) = (a,(b,c)) = (a,b,c). \tag{2.8}$$

Folgt für alle Paare einer Relation R_f von $A \times B$, daß aus $a = a'$ folgt $(a,b) = (a',b')$, nennen wir sie eine *Abbildungsrelation*. Eine Abbildungsrelation R_f definiert eine *Abbildung (Funktion) aus* A *in* B. Jedem Element a des *Definitionsbereichs*

$$D(f) = \{a \mid \text{es existiert } b \in B \text{ mit } (a,b) \in R_f\} \tag{2.9}$$

wird genau ein Element b des *Bildbereichs*

$$B(f) = \{b \mid \text{es existiert } a \in A \text{ mit } (a,b) \in R_f\} \tag{2.10}$$

zugeordnet. Man schreibt $b = f(a)$ für $(a,b) \in R_f$. Dies ist eine Gleichung für die *Funktionswerte.* Wenn die Mengen A, B aufgrund der Schreibweise nicht mit den Elementen von A und B verwechselt werden können, schreibt man für den Bildbereich auch $f(A)$ und für den Definitionsbereich $f^{-1}(B)$. Dies wird auch *Bild* der Menge A und *Urbild* der Menge B bezüglich der Abbildung f genannt. Wenn man in der obigen Definition für den Definitions- und Bildbereich die Menge B durch eine Teilmenge B' von B und A durch eine Teilmenge A' von A ersetzt, erhält man entsprechend das Bild $f(A')$ der Menge A' und das Urbild $f^{-1}(B')$ der Menge B'. Das Urbild f^{-1} darf nicht mit der Umkehrfunktion verwechselt werden. Das Bild der einelementigen Menge $\{a\} \subset A$ (für $a \in A$) ist die leere Menge $\emptyset$ bzw. die einelementige Menge $\{b\}$, wenn $(a,b) \in R_f$ ist. Es ist also die Gleichung $\{b\} = f(\{a\})$ für die einelementigen Mengen zu unterscheiden von der Gleichung $b = f(a)$ für die Elemente. Ist $D(f) = f^{-1}(B)$ die Menge A, nennt man f eine Abbildung *von* A in B. Man schreibt dann auch $f\colon A \to B$. Ist der Bildbereich $B(f) = f(A)$ die Menge B, nennt man f eine *surjektive* Abbildung oder auch eine Abbildung aus A *auf* B. Folgt für eine Abbildung f aus $f(a) = f(a')$, daß a gleich a' ist, nennt man eine Abbildung *injektiv*. Für die zugehörige Abbildungsrelation bedeutet dies, daß aus $b = b'$ für alle (a,b) und (a',b') aus R_f folgt $a = a'$. Vergleicht man dies mit der vorne gegebenen Definition für eine Abbildung, ist klar, daß für eine injektive Abbildung die Umkehrabbildung *aus* B *in* A definiert werden kann. Eine injektive und surjektive Abbildung wird *bijektiv* genannt.

Aus einer Abbildungsrelation $R_f \subset A \times B$ und einer Abbildungsrelation $R_g \subset B \times C$ kann man durch

$$R_f \circ R_g = \{(a,c) \mid a \in A,\ c \in C, \text{ für die ein } b \in B \text{ existiert mit } (a,b) \in R_f \text{ und } (b,c) \in R_g\} \tag{2.11}$$

eine Abbildungsrelation aus $A \times C$ definieren. Sie liefert eine Abbildung aus A in C und wird *zusammengesetzte Abbildung* genannt. Für $(a,c) \in R_f \circ R_g$ schreibt man $c = g(f(a)) = (g \circ f)(a)$. Bezeichnet man die zusammengesetzte Abbildung mit $g \circ f$, erhält man

$$R_f \circ R_g = R_{g \circ f}\,. \tag{2.12}$$

Eine Relation $R_Ä$ von $A \times A$ wird *Äquivalenzrelation in* A genannt, wenn gilt:

$$(a,a) \in R_Ä \text{ für alle } a \in A\,, \tag{2.13}$$

$$\text{aus } (a,b) \in R_Ä \text{ folgt } (b,a) \in R_Ä\,, \tag{2.14}$$

$$\text{aus } (a,b) \in R_Ä \text{ und } (b,c) \in R_Ä \text{ folgt } (a,c) \in R_Ä\,. \tag{2.15}$$

Eine Äquivalenzrelation liefert für die Menge A eine Zerlegung in disjunkte (elementfremde) Teilmengen. Diese Teilmengen werden *Äquivalenzklassen* genannt. Die Äquivalenzklassen kann man kennzeichnen durch ein beliebig gewähltes Element der jeweiligen Teilmenge

$$M_a \equiv \{[a]\} \equiv \{b \mid (a,b) \in R_Ä\}\,. \tag{2.16}$$

Man erkennt, daß wegen (2.13) jedes $\{[a]\}$ nicht leer ist und daß $\{[a]\} = \{[b]\}$ genau dann gilt, wenn $(a, b) \in R_{\ddot{A}}$ ist. Ist $(a, b) \notin R_{\ddot{A}}$, sind die zugehörigen Äquivalenzklassen disjunkt. Man nennt $\{[a]\}$ die Kennzeichnung der Äquivalenzklasse durch den *Repräsentanten* a. Häufig läßt man beim Rechnen mit Äquivalenzklassen zur Schreibvereinfachung die Klammern weg. In diesem Text wird das Wort *„Klasse"* als Synonym für das Wort *„Menge"* verwendet, da solche Klassen, die sogenannte „Unmengen" sind, hier nicht vorkommen werden (vgl. zur Ergänzung z.B. [20]). Mit Ausnahme des Wortes „Äquivalenzklasse" soll aber das Wort „Klasse" bevorzugt für solche Mengen benützt werden, deren Elemente selbst wieder Mengen sind und für die die üblichen Mengenoperationen wie Durchschnitt, Vereinigung und Differenz definiert sind.

Ein *Verknüpfungsgebilde* nennt man eine nichtleere Menge A, wenn für sie eine gewisse Abbildung *von* $A \times A$ in A definiert ist, die als Verknüpfung geschrieben wird. Da es eine Abbildung „von" ist, wird bei einem Verknüpfungsgebilde *jedem* Paar (a, b) aus $A \times A$ genau ein c aus A zugeordnet. Ist Z das *Verknüpfungszeichen*, schreibt man $c = aZb$. Um eine Menge als ein bestimmtes Verknüpfungsgebilde zu kennzeichnen, schreibt man deshalb (A, Z). Dies gilt entsprechend für mehrere Verknüpfungen. Betrachtet man z.B. die reellen Zahlen als Verknüpfungsgebilde mit der Addition, schreibt man (R, +), berücksichtigt man noch die Multiplikation, schreibt man $(R, +, \cdot)$. Ein Verknüpfungsgebilde nennt man auch eine *„Menge mit einer algebraischen Struktur"*. Hat die durch die genannte Abbildung gegebene Verknüpfung oder Struktur gewisse Eigenschaften, sind für einige Verknüpfungsgebilde bestimmte Bezeichnungen üblich:

Ein Verknüpfungsgebilde $(G, \cdot)$ bzw. $(G, +)$ heißt eine *Gruppe*, wenn gilt:

$$(a \cdot b) \cdot c = a \cdot (b \cdot c) \quad \text{bzw.} \quad (a + b) + c = a + (b + c) \qquad (2.17)$$

Assoziativ

für alle Elemente a, b, c aus $(G, \cdot)$ bzw. $(G, +)$.

Es existiert ein *Einselement* e in $(G, \cdot)$ bzw. ein *Nullelement* 0 in $(G, +)$, für das gilt: (2.18)

a) $e \cdot a = a \cdot e = a$ bzw. $0 + a = a + 0 = a$ für alle a aus $(G, \cdot)$ bzw. $(G, +)$,

b) zu jedem a aus $(G, \cdot)$ bzw. $(G, +)$ existiert ein Inverses a^{-1} bzw. Entgegengesetztes $(-a) = -a$ mit der Eigenschaft

$$a^{-1} \cdot a = a \cdot a^{-1} = e \quad \text{bzw.} \quad a + (-a) = a - a = (-a) + a = 0 .$$

Man nennt eine Gruppe *abelsch*, wenn die Verknüpfung *kommutativ* ist:

$$a \cdot b = b \cdot a \quad \text{bzw.} \quad a + b = b + a \quad \text{für alle } a, b \text{ aus } (G, \cdot) \text{ bzw. } (G, +) . \qquad (2.19)$$

Die Bezeichnung $(G, +)$ wird hier nur für abelsche Gruppen verwendet. Wenn es zur Unterscheidung praktisch ist, wollen wir bei der Angabe einer Gruppe auch das Symbol für das Einselement bzw. Nullelement angeben: $(G, e, \cdot)$ bzw. $(G, 0, +)$. Die reellen Zahlen R sind bezüglich der Addition eine abelsche Gruppe mit der Null als Nullelement: $(R, 0, +)$. Wenn man die Null wegläßt, sind sie auch bezüglich der Multiplikation eine abelsche Gruppe mit der 1 als Einselement: $(R - \{0\}, 1, \cdot)$. Allgemein nennt man ein solches Verknüpfungsgebilde mit zwei Verknüpfungen $(K, 0, +, 1, \cdot)$ einen *Körper* (engl.

field), wenn die beiden Gruppenverknüpfungen entsprechend dem üblichen Distributivgesetz verträglich sind, wenn also für alle a, b, c aus K gilt:

$$(a + b) \cdot c = a \cdot c + b \cdot c \,. \tag{2.20}$$

Es ist üblich, den Punkt als Verknüpfungszeichen wegzulassen.

Wenn in diesem Text ohne nähere Angabe von einem Körper die Rede ist, soll es sich immer um den Körper der reellen bzw. der komplexen Zahlen (mit der imaginären Einheit $i = \sqrt{-1}$*) handeln.*

Bemerkung:
Die Verknüpfungsgebilde „Gruppe" und „Körper" könnte man auch mit Relationen beschreiben. Dies führt aber schon beim Assoziativgesetz zu sehr unübersichtlichen Beziehungen.

Unter den Abbildungen zwischen Verknüpfungsgebilden sind besonders wichtig die *strukturverträglichen Abbildungen*, die man auch *Morphismen* nennt. Das sind Abbildungen, die mit den Verknüpfungen vertauschbar sind. Man kann sich dies am leichtesten mit einem Bild veranschaulichen. Es sei M die strukturverträgliche Abbildung von A_1 in A_2. Dann läßt sich durch $(a, b) \to (M(a), M(b))$ eine Abbildung $M \otimes M$ von $A_1 \times A_1$ in $A_2 \times A_2$ definieren. Wir wollen die Abbildungen von $A_1 \times A_1$ in A_1 bzw. von $A_2 \times A_2$ in A_2, die die Verknüpfungen Z_1 bzw. Z_2 definieren, mit p_1 bzw. p_2 bezeichnen. Strukturverträglich ist die Abbildung M von A_1 in A_2 dann, wenn folgendes Diagramm kommutativ ist:

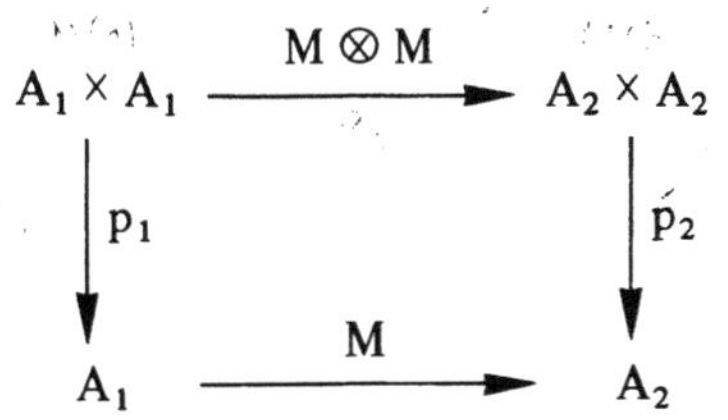

Kommutativ heißt ein solches Diagramm, wenn die auf den beiden möglichen Wegen von $A_1 \times A_1$ nach A_2 zusammengesetzten Abbildungen gleich sind:

$$p_2 \circ M \otimes M = M \circ p_1 \,. \tag{2.21}$$

Für die Elemente (Argumentwerte) lautet diese Gleichung

$$p_2(M(a), M(b)) = M(p_1(a, b)) \quad \text{bzw.} \tag{2.22}$$

$$M(a)\, Z_2\, M(b) = M(a Z_1 b) \,. \tag{2.23}$$

Bei Gruppen und Körpern folgt hieraus, daß das Bild des Null- und Einselements das entsprechende Null- und Einselement des Bildraums ist.

Man nennt diese Abbildungen *Homomorphismen*. Sind sie darüberhinaus umkehrbar, heißen sie *Isomorphismen*. Isomorphismen zwischen der gleichen Menge werden auch *Automorphismen* genannt.

3. Grundbegriffe der linearen Algebra

3.1. Vektorräume

Ist für eine abelsche Gruppe (V, 0, +) und einen Körper (K, 0, +, 1, ·) eine Abbildung p *von* K × V auf V definiert, nennt man V einen *Vektorraum über dem Körper* K oder auch *linearen Raum*, wenn die Abbildung p für alle a, b aus K und alle **x**, **y** aus V die Eigenschaften hat:

$$p(a, \mathbf{x} + \mathbf{y}) = p(a, \mathbf{x}) + p(a, \mathbf{y}), \tag{3.1}$$

$$p(a + b, \mathbf{x}) = p(a, \mathbf{x}) + p(b, \mathbf{x}), \tag{3.2}$$

$$p(a \cdot b, \mathbf{x}) = p(a, p(b, \mathbf{x})) = p(b, p(a, \mathbf{x})), \tag{3.3}$$

$$p(1, \mathbf{x}) = \mathbf{x}. \tag{3.4}$$

Setzt man in (3.1) $\mathbf{y} = 0$, erhält man

$$p(a, 0) = 0 \quad \text{für alle } a \in K, \tag{3.5}$$

und aus a = 1 und b = 0 in (3.2) folgt

$$p(0, \mathbf{x}) = 0 \quad \text{für alle } \mathbf{x} \in V. \tag{3.6}$$

Bemerkung:
Wählt man den Körper K als abelsche Gruppe (K, 0, +), kann man K als Vektorraum über K auffassen.

Da keine Verwechslungen zu befürchten sind, wenn die Elemente aus V mit fettgedruckten Buchstaben gekennzeichnet werden, sollen die +-Zeichen und Nullelemente von V und K äußerlich nicht unterschieden werden, obwohl es sich im allgemeinen um verschiedene Verknüpfungen und Elemente handelt. Es ist üblich, die Funktionswerte der Abbildung p als *Produkt* zu schreiben:

$$p(a, \mathbf{x}) = a\mathbf{x}. \tag{3.7}$$

Wenn man alle Verknüpfungssymbole angeben will, kann man einen Vektorraum kennzeichnen durch (V, 0, +, K, 0, +, 1, ·, p). Wenn es möglich ist, werden wir bei der Bezeichnung eines Vektorraums die speziellen Gruppen- und Körpersymbole fortlassen und (V, K, p) bzw. auch nur V schreiben. Eine Teilmenge eines Vektorraums, die selbst wieder ein Vektorraum ist, wird *Untervektorraum* oder *linearer Teilraum* genannt.

Bei Abbildungen zwischen zwei Mengen interessiert man sich besonders für Abbildungen, die mit den Strukturen der Mengen verträglich sind. Bei zwei Vektorräumen (V_1, K_1, p_1) und (V_2, K_2, p_2) wird man Abbildungen betrachten, die jeweils V_1 in V_2 und K_1 in K_2 abbilden, so daß sie mit den Bildungen p_1 und p_2 verträglich sind. Für die Abbildung von V_1 in V_2 schreiben wir H_G und für die Abbildung von K_1 in K_2 schreiben wir H_K. Diese Abbildungen sollen mit den Gruppen- und Körperstrukturen verträglich sein, deshalb ist

H_G ein *Gruppenhomomorphismus* und H_K ein *Körperhomomorphismus.* Nach elementaren Sätzen der Algebra (vgl. z.B. [26], I, S. 63) hat dies zur Folge, daß H_K für

$$H_K: K_1 \to H_K(K_1) \subset K_2$$

ein *Isomorphismus* ist. Deshalb sind die strukturverträglichen Abbildungen nur möglich, wenn K_1 zu einem in K_2 enthaltenen Teilkörper isomorph ist. Schließt man aus, daß in K_2 Elemente liegen, die nicht als Bilder auftreten, ist H_K ein Isomorphismus der Körper K_1 und K_2. Handelt es sich bei K_1 und K_2 um den gleichen Körper, ist H_K ein Automorphismus. In der Praxis ist die Menge der nichtidentischen Automorphismen nicht sehr groß, denn es gilt (vgl. z.B. [26]):

Schränkt man den Automorphismus eines Körpers K, der die reellen Zahlen als Teilkörper umfaßt, ein auf den Teilkörper der reellen Zahlen, ist es die identische Abbildung.

Beweis:
Wegen $H_K(0) = 0$ und $H_K(n + 1) = H_K(n) + 1$ folgt mit vollständiger Induktion, daß $H_K(n) = n$ ist für jede natürliche Zahl; wegen $H_K(-n) = -H_K(n)$ folgt $H_K(g) = g$ für jede ganze Zahl g; wegen $H_K(g^{-1}) = (H_K(g))^{-1}$ für $g \neq 0$ und ganz folgt $H_K(r) = r$ für jede rationale Zahl. Da eine reelle Zahl als Klasse äquivalenter Cauchyfolgen rationaler Zahlen aufgefaßt werden kann, folgt die Behauptung.

Für den Körper der komplexen Zahlen folgt aus

$$H_K(-1) = -1 = H_K(i \cdot i) = H_K(i) \cdot H_K(i), \tag{3.8}$$

daß gilt

$$H_K(i) = i \quad \text{oder} \quad -i. \tag{3.9}$$

Der einzige nichtidentische Automorphismus des Körpers der komplexen Zahlen ist also gegeben durch den Übergang zur *konjugiert-komplexen* Zahl:

$$H_K(r_1 + i \cdot r_2) = H_K(r_1) + H_K(i) \cdot H_K(r_2) = r_1 + (-i) \cdot r_2. \tag{3.10}$$

Der Nachweis, daß es sich tatsächlich um einen Automorphismus handelt, ist einfach.

Die Abbildungen H_G von V_1 in V_2 sind Gruppenhomomorphismen, die verträglich sein müssen mit den Abbildungen p_1 von $K_1 \times V_1$ auf V_1 bzw. p_2 von $K_2 \times V_2$ auf V_2. Dies ist die Eigenschaft

$$H_G(p_1(a, \mathbf{x})) = p_2(H_K(a), H_G(\mathbf{x})), \tag{3.11}$$

was man auch schreiben kann als

$$H_G(a\mathbf{x}) = H_K(a)\, H_G(\mathbf{x}). \tag{3.12}$$

Schreibt man wie auf S. 7 $H_K \otimes H_G$ für die durch $(a, \mathbf{x}) \to (H_K(a), H_G(\mathbf{x}))$ definierte Abbildung von $K_1 \times V_1$ in $K_2 \times V_2$, kann man sich diese Verträglichkeit mit dem folgenden kommutativen Diagramm veranschaulichen:

$$\begin{array}{ccc} K_1 \times V_1 & \xrightarrow{H_K \otimes H_G} & K_2 \times V_2 \\ \downarrow p_1 & & \downarrow p_2 \\ V_1 & \xrightarrow{H_G} & V_2 \end{array}$$

Meist ist $K_1 = K_2$ und H_K die identische Abbildung. Dann nennt man die strukturverträglichen Abbildungen zwischen Vektorräumen *lineare Abbildungen* oder *(Vektorraum-) Homomorphismen.* Wenn $K_1 = K_2$ der Körper der komplexen Zahlen ist, ist noch $H_K(a) = \bar{a}$ möglich, und man spricht dann von einer *konjugiert-linearen Abbildung* bzw. einem *konjugierten Homomorphismus.*

Die Menge der linearen Abbildungen L eines Vektorraums (V_1, K_1, p_1) in den Vektorraum (V_2, K_2, p_2) kann man als Vektorraum (H, K_2, p) auffassen. Gegeben seien zwei lineare Abbildungen $L_1(\mathbf{x})$ und $L_2(\mathbf{x})$. Da $L_1(\mathbf{x})$ und $L_2(\mathbf{x})$ für jedes $\mathbf{x} \in V_1$ Elemente des Bildvektorraums sind, kann man eine neue Abbildung $(L_1 + L_2)(\mathbf{x})$ dadurch definieren, daß man jedem $\mathbf{x} \in V_1$ die Summe der Funktionswerte von L_1 und L_2 zuordnet:

$$(L_1 + L_2)(\mathbf{x}) = L_1(\mathbf{x}) + L_2(\mathbf{x}). \tag{3.13}$$

Genaugenommen handelt es sich hier um Gleichungen zwischen *Funktionswerten,* die die *Funktion* $L_1 + L_2$ festlegen sollen. Besser erkennt man dies, wenn man die Funktionen durch die zugehörigen Abbildungsrelationen ersetzt:

$$R_{L_1} = \{(\mathbf{x}, \mathbf{y}) \mid \mathbf{x} \in V_1, \mathbf{y} \in V_2, \mathbf{y} = L_1(\mathbf{x})\} \tag{3.14}$$

$$R_{L_2} = \{(\mathbf{x}, \mathbf{y}) \mid \mathbf{x} \in V_1, \mathbf{y} \in V_2, \mathbf{y} = L_2(\mathbf{x})\}. \tag{3.15}$$

Die Abbildungsrelation für die Abbildung $L_1 + L_2$ ist dann

$$R_{L_1 + L_2} = \{(\mathbf{x}, \mathbf{y}) \mid \mathbf{x} \in V_1, \mathbf{y} \in V_2, \mathbf{y} = L_1(\mathbf{x}) + L_2(\mathbf{x})\}. \tag{3.16}$$

Man prüft leicht nach, daß die Abbildung $L_1 + L_2$ linear ist, da L_1 und L_2 linear sind, und daß $(H, +)$ bei der so definierten Verknüpfung eine abelsche Gruppe ist, deren Nullelement diejenige lineare Abbildung ist, die jedem $\mathbf{x} \in V_1$ das Nullelement aus V_2 zuordnet. Da $L(\mathbf{x})$ für jedes $\mathbf{x}$ Element des Vektorraums V_2 ist, ist für $a \in K_2$ auch $p_2(a, L(\mathbf{x})) = aL(\mathbf{x})$ Element des Vektorraums V_2. Man kann also mit $a \in K_2$ und der linearen Abbildung L eine Abbildung $p(a, L)$ definieren, die jedem $\mathbf{x}$ das a-fache des Funktionswerts $L(\mathbf{x})$ zuordnet:

$$p(a, L)(\mathbf{x}) = p_2(a, L(\mathbf{x})) = aL(\mathbf{x}). \tag{3.17}$$

Auch hier handelt es sich um Gleichungen für Funktions*werte,* die die Funktion definieren. Die zugehörige Abbildungsrelation lautet:

$$R_{p(a, L)} = \{(\mathbf{x}, \mathbf{y}) \mid a \in K_2, \mathbf{x} \in V_1, \mathbf{y} \in V_2, \mathbf{y} = p_2(a, L(\mathbf{x})) = aL(\mathbf{x})\}. \tag{3.18}$$

Damit wird eine Abbildung p von $K_2 \times H$ auf H definiert. Mit der Vektorraumstruktur von V_2 lassen sich die Beziehungen (3.1) bis (3.4) leicht nachweisen. Häufig ist es so selbstverständlich, daß in der Menge der linearen Abbildungen in der angegebenen Weise die Verknüpfungen definiert werden, daß man ohne nähere Kennzeichnung der Verknüpfung von *dem* Vektorraum der linearen Abbildungen spricht, obwohl man auch auf andere Weise die Verknüpfungen definieren könnte. Wenn K der Körper der komplexen Zahlen ist, kommt in der Praxis z. B. auch die folgende Abbildung $\widetilde{p}$ vor, die gegeben ist durch die Abbildungsrelation

$$R_{\widetilde{p}(a, L)} = \{(\mathbf{x}, \mathbf{y}) \mid a \in K_2, \mathbf{x} \in V_1, \mathbf{y} \in V_2, \mathbf{y} = p_2(\bar{a}, L(\mathbf{x})) = \bar{a}L(\mathbf{x})\}. \tag{3.19}$$

Für $\widetilde{p}$ lassen sich die Eigenschaften (3.1) bis (3.4) leicht überprüfen, indem man die die Funktionen definierenden Gleichungen für alle Argumentwerte betrachtet.

Schon bei diesem Vektorraum der linearen Abbildungen erkennt man *typische Merkmale* der Vektorrechnung:

1. Erst durch *Vorgabe der Verknüpfungsregeln* kann man bei einer gegebenen Menge von einem Vektorraum sprechen.
2. Die Elemente des Vektorraums haben noch *weitere Eigenschaften*, die über die Eigenschaft „Element eines Vektorraums" hinausgehen. Hier sind die Elemente noch lineare Abbildungen.

Man bemerkt, daß beim Nachweis der Vektorraumstruktur für die Menge der linearen Abbildungen gar keine Eigenschaften des abgebildeten Vektorraums (V_1, K_1, p_1), sondern nur die des Bildvektorraums (V_2, K_2, p_2) benötigt werden. Es ist nur nötig, daß alle Abbildungen den gleichen Definitionsbereich haben. Wir erhalten also:

Gegeben sei eine Menge M. Die Abbildungen (Funktionen) *von* der Menge M in einen Vektorraum (V, K, p') kann man als Vektorraum (H, K, p) auffassen, wenn man die Verknüpfungen über die entsprechenden Gleichungen für die Funktionswerte erklärt. Das Nullelement des Vektorraums H ist die Funktion, deren Bildbereich (für alle Argumentwerte) aus dem Nullvektor besteht.

In dieser Weise werden z. B. viele Klassen von Abbildungen von einer Menge in einen Zahlenkörper als Vektorräume aufgefaßt. Wenn man nicht alle Abbildungen einer Menge zuläßt, muß man eventuell kontrollieren, ob die durch die Verknüpfungen definierten Abbildungen wieder die gewünschte Eigenschaft haben, ob also die vorgegebene Menge bezüglich der definierten Verknüpfungen *algebraisch abgeschlossen* ist. Dies ist in der Regel so selbstverständlich, daß es oft gar nicht mehr explizit überprüft wird.

Bemerkung:
Zur Erläuterung sollen zwei Beispiele angegeben werden. Es sei M ein topologischer Raum (vgl. z. B. [22]). Die Klasse der Abbildungen in die komplexen Zahlen werde auf die stetigen Abbildungen eingeschränkt. Daß das skalare Vielfache und die Summe zweier stetiger Abbildungen stetig ist, gilt als so selbstverständlich, daß man meist kein Wort darüber verliert. Nun werde die Klasse der komplexwertigen Abbildungen des R^1 eingeschränkt auf die Klasse der Abbildungen, für die die p-te Potenz des Betrags der Funktionen nach Lebesgue-Borel integrierbar ist. Die Integrierbarkeit von $|af|^p = |a|^p |f|^p$ folgt sofort aus der Integrierbarkeit von $|f|^p$. Um die Integrierbarkeit von $|f + g|^p$ aus der Integrierbarkeit von $|f|^p$ und $|g|^p$ zu erhalten, muß aber schon etwas bewiesen werden (vgl. z. B. [2]). Solche Integrationsräume spielen für die mathematischen Grundlagen der Quantentheorie eine besondere Rolle (vgl. z. B. [6]).

Für die Untersuchung von Vektorräumen spielt der Begriff der linearen Unabhängigkeit von Vektoren eine besondere Rolle. Man nennt eine *Teilmenge* E eines Vektorraums *linear unabhängig*, wenn für je *endlich viele* (verschiedene) $\mathbf{a}_i \in E$ aus

$$\sum_{i=1}^{n} c^i \mathbf{a}_i = c^1 \mathbf{a}_1 + c^2 \mathbf{a}_2 + \ldots + c^n \mathbf{a}_n = 0 \tag{3.20}$$

folgt $c^i = 0$ für alle i von 1 bis n. Gibt es eine solche Darstellung mit gewissen $c^i \neq 0$, nennt man die Teilmenge *linear abhängig*. Man erkennt sofort, daß der Nullvektor nicht Element einer linear unabhängigen Teilmenge sein kann.

Hier soll in Zukunft die *Einsteinsche Summationskonvention* angewandt werden. Über oben und unten stehende gleich gekennzeichnete Indizes soll summiert werden, auch wenn das Summenzeichen weggelassen wird:

$$\sum_{i=1}^{n} c^i \mathbf{a}_i \equiv c^i \mathbf{a}_i \;. \tag{3.21}$$

Man nennt einen Vektorraum *endlich-dimensional,* wenn *jede linear unabhängige Teilmenge* des Vektorraums *endlich* ist. Man prüft leicht nach, daß die endlichen Linearkombinationen einer Teilmenge E eines Vektorraums selbst einen Vektorraum bilden, den man den *von* E *aufgespannten Vektorraum* nennt. Eine linear unabhängige Teilmenge ist *maximal,* wenn man kein weiteres Element hinzufügen kann, ohne daß die neue Menge linear abhängig wird. Wenn man jedes Element eines Vektorraums V als endliche Linearkombination von Elementen einer linear unabhängigen Teilmenge A schreiben kann, ist die Teilmenge maximal: Es sei $\mathbf{b}$ ein beliebiges Element des Vektorraums mit $\mathbf{b} = b^i \mathbf{a}_i$, wobei die $\mathbf{a}_i$ endlich viele Elemente der linear unabhängigen Teilmenge A sind. Wegen $1\mathbf{b} - b^i \mathbf{a}_i = 0$ ist $\{\mathbf{b}\} \cup A$ linear abhängig. Da $\mathbf{b}$ ein beliebiges Element des Vektorraums war, ist A maximal. Umgekehrt kann man zeigen, daß sich jedes Element des Vektorraums V auf eindeutige Weise als endliche Linearkombination von Vektoren aus einer maximalen linear unabhängigen Teilmenge A schreiben läßt, daß also der Vektorraum V von jeder maximalen linear unabhängigen Teilmenge A aufgespannt wird: Wenn $\mathbf{b}$ der Nullvektor oder Element von A ist, ist nichts zu zeigen. Es sei also $\mathbf{b} \neq 0$ und $\mathbf{b} \in V$, aber $\mathbf{b} \notin A$. Wenn für alle endlichen Linearkombinationen der Form

$$c\mathbf{b} + c^i \mathbf{a}_i = 0 \quad \text{mit} \quad \mathbf{a}_i \in A \tag{3.22}$$

folgt $c = 0$, folgt wegen der linearen Unabhängigkeit der $\mathbf{a}_i$ auch $c^i = 0$, also wäre $\{\mathbf{b}\} \cup A$ eine linear unabhängige Teilmenge im Widerspruch dazu, daß A maximal ist. Für jedes $\mathbf{b}$ aus V (mit $\mathbf{b} \neq 0, \mathbf{b} \notin A$) gibt es also eine Linearkombination

$$c\mathbf{b} + c^i \mathbf{a}_i = 0 \quad \text{mit } c, c^i \neq 0. \tag{3.23}$$

Löst man diese Gleichung nach $\mathbf{b}$ auf, erhält man $\mathbf{b}$ dargestellt als Linearkombination gewisser $\mathbf{a}_i$ aus A:

$$\mathbf{b} = b^i \mathbf{a}_i \quad \text{mit } b^i = -\frac{c^i}{c}. \tag{3.24}$$

Diese Darstellung ist eindeutig: Ist nämlich

$$\mathbf{b} = b'^k \mathbf{a}'_k \tag{3.25}$$

eine weitere Darstellung mit Vektoren aus A, können wir die Vektoren $\mathbf{a}_i$ und $\mathbf{a}'_k$ aus A zu einer endlichen Menge vereinigen und mit einer gemeinsamen Numerierung versehen. Wir schreiben $\tilde{\mathbf{a}}_j$. Dann bekommt (3.24) die Form $\mathbf{b} = \tilde{b}^j \tilde{\mathbf{a}}_j$, und (3.25) erhält die Form $\mathbf{b} = \tilde{b}'^j \tilde{\mathbf{a}}_j$. Die Differenz dieser Ausdrücke wird zu

$$\mathbf{b} - \mathbf{b} = 0 = (\tilde{b}^j - \tilde{b}'^j)\, \tilde{\mathbf{a}}_j. \tag{3.26}$$

Wegen der linearen Unabhängigkeit der $\tilde{a}_j$ folgt $b^j = b'^j$, also ist die Darstellung eindeutig. Mit (3.23) kann man noch weiter schließen. Wegen $\mathbf{cb} \neq 0$ muß mindestens ein c^i ungleich Null sein, z. B. c^{i_0}. Dann kann man (3.23) nach $\mathbf{a}_{i_0}$ auflösen

$$\mathbf{a}_{i_0} = c'\mathbf{b} + a^j\mathbf{a}_j \quad \text{mit } c' = -\frac{c}{c^{i_0}} \quad \text{und } a^j = -\frac{c^j}{c^{i_0}}, j \neq i_0 . \tag{3.27}$$

Ersetzt man nun in A das Element $\mathbf{a}_{i_0}$ durch $\mathbf{b}$, ist die neue Teilmenge wieder linear unabhängig und maximal: Wegen der Eindeutigkeit der Darstellung (3.24) folgt aus

$$c\mathbf{b} + c'^j\mathbf{a}_j = 0 \quad \text{mit } \mathbf{a}_j \neq \mathbf{a}_{i_0} \tag{3.28}$$

$c = 0$ und $c'^j = 0$, da $\mathbf{a}_{i_0}$ nicht vorkommen kann. Maximal ist die neue Teilmenge, da man jeden Vektor aus V als endliche Linearkombination dieser Teilmenge erhalten kann, indem man in der ursprünglichen Linearkombination der Vektoren aus A das möglicherweise vorkommende $\mathbf{a}_{i_0}$ mit (3.27) ersetzt und auf diese Weise eine Linearkombination aus Elementen von $(A - \{\mathbf{a}_{i_0}\}) \cup \{\mathbf{b}\}$ erhält. Wenn $\mathbf{b}$ das erste Element einer endlichen linear unabhängigen Teilmenge $B = \{\mathbf{b} = \mathbf{b}_1, \mathbf{b}_2, \ldots, \mathbf{b}_K\}$ des Vektorraums V ist, kann man mit dem Ersetzen entsprechend fortfahren, und man erhält eine maximale linear unabhängige Teilmenge, bei der k Vektoren der Menge A durch B ersetzt wurden. Dies kann man in der folgenden Weise einsehen (vollständige Induktion): Wir nehmen an, wir haben $\mathbf{b}_1$ bis $\mathbf{b}_j$ gegen j Vektoren $\mathbf{a}_{i_1}$ bis $\mathbf{a}_{i_j}$ ausgetauscht (mit $j < k$), wobei die neue Teilmenge eine maximale linear unabhängige Teilmenge ist. Dann kann man $\mathbf{b}_{j+1}$ als Linearkombination der Vektoren $\mathbf{b}_1$ bis $\mathbf{b}_j$ und gewisser $\mathbf{a}_k$ aus A schreiben, die ungleich $\mathbf{a}_{i_1}$ bis $\mathbf{a}_{i_j}$ sind:

$$\mathbf{b}_{j+1} = b^i_{j+1}\mathbf{b}_i + c^k\mathbf{a}_k \qquad i = 1, \ldots, j.$$

Es ist mindestens ein c^{k_0} ungleich Null, sonst wäre B linear abhängig. Wir ersetzen nun $\mathbf{a}_{k_0}$ durch $\mathbf{b}_{j+1}$ und erhalten genauso, wie es bei $\mathbf{b}$ vorgeführt wurde, daß die neue Menge linear unabhängig und maximal ist. Hieraus folgt, daß jede abzählbare linear unabhängige Teilmenge eines Vektorraums nicht zahlreicher sein kann als eine maximale linear unabhängige Teilmenge. Außerdem ergibt sich, daß jede maximale linear unabhängige Teilmenge eines endlich-dimensionalen Vektorraums gleich viel Elemente enthält. Man nennt diese Anzahl die *Dimension* des Vektorraums. Jede maximale linear unabhängige Teilmenge eines *endlich-dimensionalen* Vektorraums wollen wir *Basis* nennen. *Es soll für diesen Text vereinbart werden, daß immer der Vektorraum als endlich-dimensional vorausgesetzt werden soll, wenn mit einer Basis gearbeitet wird und es nicht ausdrücklich anders angegeben wird.*

Bemerkung:
Die Aussage, daß jede abzählbare linear unabhängige Teilmenge eines Vektorraums nicht zahlreicher sein kann als eine maximale linear unabhängige Teilmenge, wirkt etwas merkwürdig durch die Einschränkung abzählbar. Wenn maximal wirklich dem üblichen Sprachgebrauch entsprechen soll, sollte die Aussage für jede linear unabhängige Teilmenge gelten, nicht nur für die abzählbaren. Die Beschränkung auf „abzählbar" war hier nötig, da das Ersetzen von Vektoren eines maximalen linear unabhängigen Systems mit vollständiger Induktion bewiesen wurde. Wenn man den Beweis durch transfinite Induktion führt (vgl. [26], I, S. 17), kann man auch den allgemeineren Fall behandeln. Zur Anwendung der transfiniten Induktion benötigt man den Satz, daß jede Menge wohlgeordnet werden kann. Dies ist eine Folge-

rung des Auswahlpostulats (vgl. [26] I, S. 14ff). Die linear unabhängige Teilmenge B des Vektorraums kann deshalb als wohlgeordnet angenommen werden. Wie im Text ausgeführt, wird ein gewisses Element von A durch das erste Element **b** von B ersetzt. Nimmt man nun an, daß man die bei $\mathbf{b}_0$ endende Kette aus B gegen eine entsprechende Menge von Vektoren aus A ausgetauscht hat und eine maximale linear unabhängige Menge behalten hat, kann man das auf $\mathbf{b}_0$ folgende Element $\mathbf{b}_1$ als endliche Linearkombination gewisser Vektoren der ersetzten Kette und Vektoren aus A schreiben. Mit den gleichen Argumenten wie im Text kann man diese Linearkombination nach einem gewissen **a** der Menge A auflösen, das dann durch $\mathbf{b}_1$ ersetzt wird. Die neue Menge ist wieder eine maximale linear unabhängige Teilmenge. Bei diesem Beweis kann also auf die Abzählbarkeit von B verzichtet werden.

Der Vektorraum der Abbildungen einer *unendlichen* Menge M in die reellen (komplexen) Zahlen ist *nicht endlich-dimensional:* Man nennt $I_A(x)$ eine *Indikatorfunktion* der Menge A, wenn gilt

$$I_A(x) = \begin{cases} 1 & \text{für } x \in A \\ 0 & \text{für } x \notin A. \end{cases} \tag{3.29}$$

Die Indikatorfunktionen für die einelementigen Teilmengen der unendlichen Menge M sind eine nicht endliche linear unabhängige Teilmenge, also kann es keine (endliche) Basis geben.

Es sei M_n die Menge $\{1, 2, \ldots, n\}$. Eine Abbildung von M_n in die reellen (komplexen) Zahlen ist festgelegt, wenn man für jedes $i \in M_n$ den Bildwert kennt:

$$f(i) = x^i, \qquad i = 1, 2, \ldots, n. \tag{3.30}$$

Die Indikatorfunktionen $I_{\{i\}}(x)$ sind eine linear unabhängige Teilmenge dieses Vektorraums. Weiterhin gilt, daß jede Abbildung von M_n in die reellen (komplexen) Zahlen als Linearkombination von diesen Indikatorfunktionen geschrieben werden kann: Mit $f(i) = x^i$ erhält man

$$f(x) = \sum_{i=1}^{n} x^i I_{\{i\}}(x) \equiv x^i I_{\{i\}}(x). \tag{3.31}$$

Also sind die Indikatorfunktionen eine Basis. Diese Abbildungen von M_n in die reellen (komplexen) Zahlen kann man noch in anderer Form angeben: Ordnet man die Bildwerte für jedes i, also $f(i) = x^i$, als n-tupel $(x^1, \ldots, x^n)$ an, gelangt man zum bekannten *n-tupel-Vektorraum.* Es ist dann $I_{\{i\}}(x)$ das n-tupel, das an der i-ten Stelle eine 1, sonst lauter Nullen hat. Ist $f(i) = x^i$ und $g(i) = y^i$, erhält man als Verknüpfungen für die n-tupel

$$(x^1, x^2, \ldots, x^n) + (y^1, y^2, \ldots, y^n) = (x^1 + y^1, x^2 + y^2, \ldots, x^n + y^n) \tag{3.32}$$

$$a(x^1, x^2, \ldots, x^n) = (ax^1, ax^2, \ldots, ax^n). \tag{3.33}$$

Damit läßt sich also das n-fache cartesische Produkt des Körpers K mit sich selbst als n-dimensionaler Vektorraum auffassen. Umgekehrt läßt sich jeder n-dimensionale Vektorraum als n-tupel-Vektorraum auffassen. Dazu zeichnet man eine bestimmte Basis $\mathbf{b}_1$ bis $\mathbf{b}_n$ in dem Vektorraum aus. Jeder Vektor läßt sich dann eindeutig darstellen als

$$\mathbf{a} = a^i \mathbf{b}_i. \tag{3.34}$$

Ordnet man die Komponenten a^i des Vektors **a** bezüglich der Basis $\mathbf{b}_1$ bis $\mathbf{b}_n$ als n-tupel an, gelangt man zu einem n-tupel-Vektorraum, denn es gilt ja

$$\mathbf{a} + \mathbf{c} = a^i \mathbf{b}_i + c^i \mathbf{b}_i = (a^i + c^i)\, \mathbf{b}_i \tag{3.35}$$

bzw.

$$a\, \mathbf{a} = a\, a^i \mathbf{b}_i = (a a^i)\, \mathbf{b}_i. \tag{3.36}$$

Bemerkung:
Es wurde hier der Begriff „Basis" nur für endlich-dimensionale Vektorräume eingeführt. Dies hat den Grund darin, daß für unendlich-dimensionale (nicht endlich-dimensionale) Vektorräume der Sprachgebrauch in der Physik nicht ganz einheitlich ist und beim Rechnen mit Basissystemen in unendlich-dimensionalen Vektorräumen gewisse zusätzliche Schwierigkeiten auftreten können. Analog der hier gegebenen Definition für endlich-dimensionale Vektorräume kann man in einem nicht notwendig endlich-dimensionalen Vektorraum eine maximale linear unabhängige Teilmenge eine (algebraische oder auch Hamel-) Basis nennen. Dann läßt sich jedes Element des Vektorraums als *endliche* Linearkombination von Elementen der Basis schreiben. Diese Definition ist manchmal nicht sehr praktisch, weil man solche Basissysteme meist nicht explizit angeben kann, wie mit folgendem Beispiel erläutert werden soll. Wir betrachten den Vektorraum der Abbildungen von den natürlichen Zahlen in die reellen (komplexen) Zahlen. Man kann diesen Vektorraum als Folgenvektorraum reeller (komplexer) Zahlen auffassen, bei dem wie beim n-tupel-Vektorraum die Verknüpfungen gliedweise definiert werden. Die Indikatorfunktionen $\{I_{\{i\}}(x) \mid i = 1, 2, \ldots\}$ sind eine (unendliche) linear unabhängige Teilmenge, aber nach der vorne gegebenen Definition keine Basis. Man könnte z. B. die Abbildung $f(i) = \frac{1}{i}$ hinzufügen. Diese Abbildung kann zwar als abzählbare, aber nicht als endliche Linearkombination der $I_{\{i\}}(x)$ geschrieben werden. Man bemerkt, daß man noch leicht weitere linear unabhängige Funktionen angeben könnte wie z. B. die Indikatorfunktionen der unendlichen Teilmengen, von denen man natürlich nur die linear unabhängigen auswählen müßte. Abzählbare Linearkombinationen betrachtet man deshalb als geeignete *konvergente* Folge von *endlichen* Linearkombinationen. Damit dies sinnvoll möglich ist, muß in dem Vektorraum *Konvergenz* definiert sein. Dies ist in *topologischen* und insbesondere *normierten* Vektorräumen der Fall. Man nennt dann in einem topologischen Vektorraum eine linear unabhängige Teilmenge eine Basis, wenn die Menge aller endlichen Linearkombinationen dieser Teilmenge, also der von der Teilmenge aufgespannte Vektorraum eine *dichte* Teilmenge des Vektorraums ist. Dann läßt sich jedes Element des Vektorraums als Grenzelement einer Folge der dichten Teilmenge erhalten. Was dicht bedeutet, ist in einem topologischen Vektorraum definiert: Nimmt man zu einer Menge A alle Häufungspunkte hinzu, nennt man sie $\bar{A}$. Es liegt A dicht in X, wenn gilt $\bar{A} \supset X$ (vgl. z. B. [22]). Diese Basis ist in der Regel nicht so „umfangreich" wie die vorne genannte (algebraische) Basis, sie läßt sich deshalb oft leichter explizit angeben. Dafür muß man in den Rechnungen beim Vertauschen der Grenzprozesse aufpassen. Wenn man den hier betrachteten Folgenvektorraum einschränkt auf den bekannten *Hilbertschen Folgenraum*, sind die Indikatorfunktionen $\{I_{\{i\}}(x) \mid i = 1, 2, \ldots\}$ eine solche Basis. Man erkennt sofort, daß im endlich-dimensionalen Vektorraum beide Basisbegriffe zusammenfallen. In normierten, nicht notwendig endlich-dimensionalen Vektorräumen kann man viele Aussagen der endlich-dimensionalen Vektorrechnung übernehmen, wenn man dem Adjektiv „linear" bei Abbildungen noch „stetig" oder, was dann gleichwertig ist, „beschränkt" hinzufügt. Da im Rahmen dieser kurzen Einführung in die Vektorrechnung auf die meisten typisch unendlich-dimensionalen Probleme nicht eingegangen werden soll, obwohl sie für die mathematischen Grundlagen der Quantenmechanik sehr interessant sind, sei zur Ergänzung hingewiesen auf [12], [15], [17], [19].

Häufig formuliert man in Vektorräumen gewisse Beziehungen mit Hilfe einer fest gewählten Basis. Wenn diese Beziehungen allgemein gültig sein sollen, also unabhängig von der gerade gewählten Basis, müssen sie beim Basiswechsel erhalten bleiben. Einen Basiswechsel beschreibt man, indem man die neuen Basisvektoren als Linearkombinationen der alten Basisvektoren angibt und umgekehrt:

$$\mathbf{b}'_i = t_i^j \mathbf{b}_j \quad \text{bzw.} \quad \mathbf{b}_j = s_j^k \mathbf{b}'_k \,. \tag{3.37}$$

Hiermit erhält man

$$\mathbf{b}'_i = t_i^j \mathbf{b}_j = t_i^j s_j^k \mathbf{b}'_k \quad \text{bzw.} \quad \mathbf{b}_i = s_i^j \mathbf{b}'_j = s_i^j t_j^k \mathbf{b}_k, \tag{3.38}$$

woraus wegen der linearen Unabhängigkeit der Basisvektoren folgt

$$t_i^j s_j^k = s_i^j t_j^k = \delta_i^k \begin{cases} = 1 & \text{für} \quad i = k \\ = 0 & \text{für} \quad i \neq k. \end{cases} \tag{3.39}$$

Die *Matrizen* t_i^j und s_j^k sind also zueinander *invers.* Die Transformation der Komponenten eines Vektors $\mathbf{a}$ beim Basiswechsel erhält man aus

$$\mathbf{a} = a^j \mathbf{b}_j = a^j s_j^k \mathbf{b}'_k = a'^i \mathbf{b}'_i = a'^i t_i^j \mathbf{b}_j \quad \text{bzw.} \tag{3.40}$$

$$(a^j - a'^i t_i^j)\, \mathbf{b}_j = 0 \quad \text{und} \quad (a'^i - a^j s_j^i)\, \mathbf{b}'_i = 0. \tag{3.41}$$

Aus der linearen Unabhängigkeit der Basissysteme $\mathbf{b}_1$ bis $\mathbf{b}_n$ bzw. $\mathbf{b}'_1$ bis $\mathbf{b}'_n$ folgt dann:

$$a^j = a'^i t_i^j \quad \text{und} \quad a'^i = a^j s_j^i. \tag{3.42}$$

Zum Umrechnen der alten in die neuen Komponenten benötigt man also gerade die Matrix, die man zum Umrechnen der neuen in die alte Basis benötigt und umgekehrt, wobei die Indizes, über die summiert bzw. nicht summiert wird, auszutauschen sind. Man sagt hierfür: Die Komponenten eines Vektors transformieren sich *kontragredient (gegenläufig)* zu den Basisvektoren.

Basistransformationen kann man sehr leicht mit linearen Abbildungen des Vektorraums in sich verwechseln. Eine lineare Abbildung A ist festgelegt, wenn man die Bilder einer beliebig gewählten Basis kennt:

$$A(\mathbf{b}_i) = a_i^k \mathbf{b}_k. \tag{3.43}$$

Man nennt a_i^k die Matrix der linearen Abbildung. Eine allgemeine lineare Abbildung des Vektorraums in sich braucht nicht umkehrbar zu sein. Es ist nützlich, mit der Matrix einer linearen Abbildung eine anschauliche Vorstellung zu verbinden: Man denke sich i fest gewählt, dann sind (für variables k) die a_i^k gerade die Komponenten des Bildes des i-ten Basisvektors.

Die *Komponenten des Bildvektors* $\tilde{\mathbf{a}}$ eines beliebigen Vektors $\mathbf{a}$ erhält man dann in der *gleichen* Basis durch

$$\tilde{\mathbf{a}} = \tilde{a}^k \mathbf{b}_k = A(a^i \mathbf{b}_i) = a^i A(\mathbf{b}_i) = a^i a_i^k \mathbf{b}_k, \tag{3.44}$$

also

$$\tilde{a}^k = a^i a_i^k. \tag{3.45}$$

Im Unterschied zu (3.42) handelt es sich hier um die Komponenten des *neuen Vektors* (Bildvektors) bezüglich der *gleichen Basis* und vorne um die Komponenten des *gleichen*

Vektors bezüglich *verschiedener Basissysteme*. Deutlich wird der Unterschied auch, wenn man im Vektorraum *zusätzlich* eine Basistransformation macht: Man muß dann die Matrix $\tilde{a}_i^k$ der *gleichen Abbildung* A in der *neuen Basis* berechnen:

$$A(\mathbf{b}_i') = \tilde{a}_i^l \mathbf{b}_l' = A(t_i^l \mathbf{b}_l) = t_i^l A(\mathbf{b}_l) = t_i^l a_l^j \mathbf{b}_j = t_i^l a_l^j s_j^k \mathbf{b}_k', \tag{3.46}$$

also

$$\tilde{a}_i^k = t_i^l a_l^j s_j^k. \tag{3.47}$$

Wenn man bedenkt, daß ein Basiswechsel nur bedeutet, daß die Menge der n Basisvektoren durch eine neue Menge von n Basisvektoren ersetzt wird, ist sofort klar, daß es sich hierbei gar nicht um eine Abbildung handelt. Man betrachtet deshalb normalerweise auch nicht den neuen i-ten Basisvektor als Bild des alten i-ten Basisvektors bei einer gewissen Abbildung T und schreibt daher auch nur $\mathbf{b}_i' = t_i^j \mathbf{b}_j$ und nicht $\mathbf{b}_i' = T(\mathbf{b}_i)$. Wenn man dies machen will, muß man berücksichtigen, daß eigentlich nur die n Basiselemente abgebildet werden und nicht alle Elemente des Vektorraums. Erst wenn die so definierte Abbildung T der n-elementigen Basismenge *linear fortgesetzt* wird für alle Elemente des Vektorraums, erhält man eine (umkehrbare) lineare Abbildung des Vektorraums in sich. Es wird also nur die Matrix, die den Basiswechsel beschreibt, verwendet, um eine lineare Abbildung zu definieren. Dadurch wird der Basiswechsel selbst natürlich nicht zu einer linearen Abbildung. Wenn man andererseits eine umkehrbare lineare Abbildung des Vektorraums in sich gegeben hat, könnte man z. B. die Bilder der Basisvektoren als neue Basis verwenden. Nur hätte man genauso ein anderes maximales linear unabhängiges System oder dessen Bild bei der Abbildung als neue Basis wählen können.

3.2. Der algebraische Dualraum oder Kovektorraum

Der Vektorraum der linearen Abbildungen eines Vektorraums V in den zugehörigen Körper K ist in der Praxis so wichtig, daß für ihn besondere Bezeichnungen üblich sind. Grundsätzlich nennt man Abbildungen von Vektorräumen in den zugehörigen Körper *Formen* oder *Funktionale.* Die genannten linearen Abbildungen nennt man deshalb auch *Linearformen* oder *lineare Funktionale.* Der zugehörige Vektorraum wird (algebraischer) *Dualraum* V* von V, *Raum der linearen Funktionale (Linearformen) auf* V oder, bevorzugt bei endlich-dimensionalen Vektorräumen, *Kovektorraum* genannt, dessen Elemente deshalb auch *Kovektoren* heißen.

Die Summe und das skalare Vielfache für Funktionale wird, wie vorne im allgemeinen Fall ausführlich dargelegt wurde, über die Gleichungen für die Funktionswerte definiert. Es wird also durch

$$(f + g)(\mathbf{x}) = f(\mathbf{x}) + g(\mathbf{x}) \tag{3.48}$$

und

$$(af)(\mathbf{x}) = a\, f(\mathbf{x}) \tag{3.49}$$

für alle $\mathbf{x} \in V$ und beliebige $f, g \in V^*$ und $a \in K$ die Summe und das Vielfache zweier Funktionale definiert. Damit die Linearität der Abbildung schon äußerlich zu erkennen ist, schreibt man die Funktionswerte der Funktionale wie ein distributives „Skalarprodukt", indem man setzt

$$f(\mathbf{x}) \equiv (\mathbf{f}, \mathbf{x}). \tag{3.50}$$

Die Linearität der Abbildung drückt sich dann aus durch

$$(\mathbf{f}, \mathbf{x} + a\mathbf{y}) = (\mathbf{f}, \mathbf{x}) + a(\mathbf{f}, \mathbf{y}). \tag{3.51}$$

Es ist trotz dieser Schreibweise zu beachten, daß es sich bei (3.50) nicht um eine Verknüpfung im üblichen mathematischen Sinn handelt, da im allgemeinen $\mathbf{f}$ und $\mathbf{x}$ in verschiedenen Vektorräumen liegen und da das Ergebnis dieser „Produktbildung" auch nicht in diesen Vektorräumen liegt. Bei $\mathbf{f}$ handelt es sich um ein Element aus V^*, also ein lineares Funktional auf dem Vektorraum V und bei $\mathbf{x}$ um ein Element aus V. Es soll hier verabredet werden, daß die linearen Funktionale grundsätzlich auf der linken Seite des „Produkts" stehen. Wenn man es nur mit Vektoren aus V und V^* zu tun hat, ist es auch praktisch, die Elemente aus V mit unten geschriebenen Indizes und die Elemente aus V^* mit oben geschriebenen Indizes zu unterscheiden. Die in V^* definierten Verknüpfungen drücken sich in der Schreibweise (3.50) dadurch aus, daß das „Produkt" auch im linken „Faktor" linear ist:

$$(\mathbf{f} + a\mathbf{g}, \mathbf{x}) = (\mathbf{f}, \mathbf{x}) + a(\mathbf{g}, \mathbf{x}). \tag{3.52}$$

Wenn man eine lineare Abbildung angeben will, sind wegen (3.51) die Funktionswerte für verschiedene Argumentwerte nicht unabhängig. So ist z. B. der Funktionswert des Nullvektors immer Null. Da man in einem n-dimensionalen Vektorraum jeden Vektor auf eindeutige Weise als Linearkombination der Basisvektoren schreiben kann, die wieder mit $\mathbf{b}_1$ bis $\mathbf{b}_n$ bezeichnet werden sollen, sind die linearen Funktionale auf eindeutige Weise festgelegt, wenn man die Bilder der Basisvektoren kennt:

$$f(\mathbf{b}_i) = (\mathbf{f}, \mathbf{b}_i) = f_i \tag{3.53}$$

$$f(\mathbf{a}) = f(a^i\mathbf{b}_i) = (\mathbf{f}, a^i\mathbf{b}_i) = a^i(\mathbf{f}, \mathbf{b}_i) = a^i f_i. \tag{3.54}$$

Man kann also für $k = 1, 2, \ldots, n$ durch

$$d^k(\mathbf{b}_i) = (\mathbf{d}^k, \mathbf{b}_i) = \delta_i^k \begin{cases} = 1 & \text{für} \quad i = k \\ = 0 & \text{für} \quad i \neq k \end{cases} \tag{3.55}$$

n lineare Funktionale definieren. Diese linearen Abbildungen sind linear unabhängig; denn ist

$$\mathbf{f} = c_k\,\mathbf{d}^k = 0, \tag{3.56}$$

ist es das eindeutig bestimmte Nullelement von V^*, das jeden Argumentwert auf Null abbildet. Es gilt also für alle $\mathbf{x} \in V$

$$(c_k\mathbf{d}^k, \mathbf{x}) = 0, \tag{3.57}$$

insbesondere wenn man $\mathbf{x}$ gleich $\mathbf{b}_i$ setzt:

$$0 = (c_k\mathbf{d}^k, \mathbf{b}_i) = c_k(\mathbf{d}^k, \mathbf{b}_i) = c_k\delta_i^k = c_i. \tag{3.58}$$

Da aus $c_k \mathbf{d}^k = 0$ folgt $c_k = 0$ für alle $k = 1, 2, \ldots, n$, sind also $\mathbf{d}^1$ bis $\mathbf{d}^n$ linear unabhängig. Es sei $\mathbf{f}$ ein beliebiges Element aus V^* mit $(\mathbf{f}, \mathbf{b}_i) = f_i$, dann kann man schreiben

$$\mathbf{f} = f_k \mathbf{d}^k. \tag{3.59}$$

Man erhält nämlich mit (3.51) und (3.52)

$$(f_k \mathbf{d}^k, a^i \mathbf{b}_i) = f_k a^i (\mathbf{d}^k, \mathbf{b}_i) = f_k a^i \delta_i^k = f_i a^i. \tag{3.60}$$

Hieraus folgt nicht nur, daß der Dualraum V^* ebenfalls die Dimension n hat, wenn V die Dimension n hat, sondern auch, daß die Kovektoren $\mathbf{d}^1$ bis $\mathbf{d}^n$ eine Basis von V^* sind. Man nennt $\mathbf{d}^1$ bis $\mathbf{d}^n$ die zu $\mathbf{b}_1$ bis $\mathbf{b}_n$ *duale Basis.* Die Vektorräume V und V^* nennen wir ein *duales Paar* und schreiben (V, V^*).

Bemerkung:
Die Definition der dualen Basis ist für unendlich-dimensionale Vektorräume nicht so einfach, weil die analog (3.55) definierten Funktionale zwar linear unabhängig sind, aber nicht ausreichen, den Raum aller linearen Funktionale aufzuspannen. Eine abzählbare Linearkombination der durch (3.55) definierten linearen Funktionale ist z.B. nicht Element des von dieser Teilmenge aufgespannten Raums, aber sicher ein Element aus V^*. Wir haben also gerade die entsprechende Situation, wie sie in der Bemerkung der S.15 an einem Beispiel erläutert wurde. Wenn man dagegen den algebraischen Dualraum auf den Raum der *stetigen* Funktionale V' einschränkt, kann man eventuell (je nach Topologie) Schwierigkeiten haben, überhaupt solche stetigen linearen Funktionale zu finden. Dies sind Fragen der Funktionalanalysis (vgl. z. B. [12], [17], [19]).

Die Festlegung des dualen Basissystems in V^* ist abhängig davon, welche Basis in V gewählt wurde. Wir führen deshalb einen Basiswechsel mit (3.37) durch:

$$\mathbf{b}'_i = t_i^j \mathbf{b}_j \quad \text{bzw.} \quad \mathbf{b}_j = s_j^k \mathbf{b}'_k. \tag{3.61}$$

Für die gestrichene Basis $\mathbf{b}'_1$ bis $\mathbf{b}'_n$ werden die gestrichenen dualen Basisvektoren festgelegt durch

$$(\mathbf{d}'^k, \mathbf{b}'_i) = \delta_i^k. \tag{3.62}$$

Wir berechnen unter wiederholter Berücksichtigung der Linearität in beiden „Faktoren“:

$$\begin{aligned}(\mathbf{d}'^i, \mathbf{b}_j) &= (\mathbf{d}'^i, s_j^k \mathbf{b}'_k) = s_j^k (\mathbf{d}'^i, \mathbf{b}'_k) = s_j^k \delta_k^i = s_j^i = s_k^i \delta_j^k = \\ &= s_k^i (\mathbf{d}^k, \mathbf{b}_j) = (s_k^i \mathbf{d}^k, \mathbf{b}_j).\end{aligned} \tag{3.63}$$

Es gilt also für alle $\mathbf{b}_j$

$$(\mathbf{d}'^i - s_k^i \mathbf{d}^k, \mathbf{b}_j) = 0, \tag{3.64}$$

was gleichwertig ist mit

$$\mathbf{d}'^i = s_k^i \mathbf{d}^k. \tag{3.65}$$

Entsprechend erhält man aus

$$\begin{aligned}(\mathbf{d}^k, \mathbf{b}'_j) &= (\mathbf{d}^k, t_j^i \mathbf{b}_i) = t_j^i (\mathbf{d}^k, \mathbf{b}_i) = t_j^i \delta_i^k = t_j^k = t_i^k \delta_j^i = t_i^k (\mathbf{d}'^i, \mathbf{b}'_j) = \\ &= (t_i^k \mathbf{d}'^i, \mathbf{b}'_j)\end{aligned} \tag{3.66}$$

$$\mathbf{d}^k = t_i^k \mathbf{d}'^i. \tag{3.67}$$

Vergleicht man dies mit (3.42), erkennt man, daß das Transformationsverhalten der dualen Basisvektoren übereinstimmt mit dem der Komponenten der Vektoren aus V für die entsprechenden Basissysteme. Die dualen Basisvektoren aus V* transformieren sich also kontragredient (gegenläufig) zu den Basisvektoren aus V.

Man erkennt hier den Vorteil der oben und unten stehenden Indizes. Das Transformationsverhalten ist an der Indexstellung zu erkennen: Die oben stehenden Indizes werden bei dem Basiswechsel wie die Indizes der dualen Basisvektoren aus V* behandelt, die unten stehenden Indizes wie die Indizes der Basisvektoren aus V. Dies gilt auch für die Indizes der Matrix einer linearen Abbildung des Vektorraums in sich (vgl. 3.47).

Es ist auch möglich, ein lineares Funktional festzulegen, ohne mit Basisvektoren zu arbeiten. Aus der Linearität eines Funktionals $\mathbf{f}$ aus V* schließt man leicht, daß durch

$$H = \{\mathbf{x} \mid \mathbf{x} \in V, (\mathbf{f}, \mathbf{x}) = 0\} \tag{3.68}$$

ein Untervektorraum von V definiert wird. Wenn das lineare Funktional $\mathbf{f}$ nicht identisch Null ist, wenn es also nicht das Nullelement aus V* ist, was für die folgenden Ausführungen vorausgesetzt werden soll, spannt H mit einem weiteren Vektor, der nicht in H liegt, den gesamten Vektorraum auf. Deshalb heißt dieser Vektorraum H auch *Hyperebene* durch den Nullpunkt. Ist nämlich $\mathbf{x}' \notin H$, ist $(\mathbf{f}, \mathbf{x}') \neq 0$. Daher kann man bilden

$$\mathbf{x}_H = \mathbf{x} - \frac{(\mathbf{f}, \mathbf{x})}{(\mathbf{f}, \mathbf{x}')}\,\mathbf{x}'. \tag{3.69}$$

Wegen $(\mathbf{f}, \mathbf{x}_H) = 0$, ist dieser Vektor Element von H. Wegen

$$\mathbf{x} = \mathbf{x}_H + \frac{(\mathbf{f}, \mathbf{x})}{(\mathbf{f}, \mathbf{x}')}\,\mathbf{x}' \tag{3.70}$$

läßt sich also jedes $\mathbf{x}$ des Vektorraums als Linearkombination mit einem Vektor $\mathbf{x}_H$ aus H und einen Vektor $\mathbf{x}'$ schreiben, der nicht in H liegt. Es gilt sogar, daß ein lineares Funktional durch eine solche Hyperebne H, für die es identisch Null ist, und den von Null verschiedenen Wert für ein $\mathbf{x}' \notin H$ *eindeutig* für *alle* $\mathbf{x}$ aus V bestimmt ist: Es seien $\mathbf{f}$ und $\mathbf{f}'$ lineare Funktionale, die die gleiche Hyperebene H definieren und für die gilt

$$(\mathbf{f}, \mathbf{x}') = (\mathbf{f}', \mathbf{x}') \neq 0 \quad \text{für ein bestimmtes } \mathbf{x}' \notin H. \tag{3.71}$$

Mit $(\mathbf{f}, \mathbf{x})$ und $(\mathbf{f}', \mathbf{x})$ stellen wir $\mathbf{x}$ in der obigen Weise als Linearkombination mit $\mathbf{x}'$ und eventuell verschiedenen Elementen aus H dar:

$$\mathbf{x} = \mathbf{x}_{H_1} + \frac{(\mathbf{f}, \mathbf{x})}{(\mathbf{f}, \mathbf{x}')}\,\mathbf{x}' \quad \text{bzw.} \quad \mathbf{x} = \mathbf{x}_{H_2} + \frac{(\mathbf{f}', \mathbf{x})}{(\mathbf{f}', \mathbf{x}')}\,\mathbf{x}'. \tag{3.72}$$

Mit (3.71) erhalten wir hieraus durch Bilden der Differenz

$$\mathbf{x}_{H_1} - \mathbf{x}_{H_2} = \frac{1}{(\mathbf{f}', \mathbf{x}')}\,((\mathbf{f}', \mathbf{x}) - (\mathbf{f}, \mathbf{x}))\,\mathbf{x}'. \tag{3.73}$$

Auf der linken Seite dieser Gleichung steht die Differenz zweier Vektoren aus der Hyperebene H, also ein Element aus H, rechts steht ein Element, das proportional zu dem nicht in H liegenden Element $\mathbf{x}'$ ist. Wegen

$$(\mathbf{f}, a\mathbf{x}') = a(\mathbf{f}, \mathbf{x}') = a(\mathbf{f}', \mathbf{x}') = (\mathbf{f}', a\mathbf{x}') \neq 0 \quad \text{für} \quad a \neq 0, \tag{3.74}$$

liegt dieser Vektor genau dann in H, wenn der Proportionalitätsfaktor gleich Null ist. Wegen $(\mathbf{f}', \mathbf{x}') \neq 0$ und endlich ist also $(\mathbf{f}, \mathbf{x}) = (\mathbf{f}', \mathbf{x})$ für alle $\mathbf{x}$, die nicht in H liegen, womit nachgewiesen ist $\mathbf{f} = \mathbf{f}'$.

Bemerkung:
Diese Betrachtungen sind nicht auf den endlich-dimensionalen Fall beschränkt. In (unendlich-dimensionalen) topologischen Vektorräumen erhält man, daß eine Hyperebene als Urbild der abgeschlossenen Menge $\{0\}$ genau dann abgeschlossen ist, wenn das lineare Funktional stetig ist. Ein nichtstetiges Funktional liefert eine Hyperebene, die dicht im Vektorraum V liegt. Dies ist für endlich-dimensionale Vektorräume (über dem Körper der reellen oder komplexen Zahlen) nicht möglich (vgl. z. B. [19], S. 35).

Schreibt man die Gleichung $(\mathbf{f}, \mathbf{x}) = 0$ für die Hyperebene in Komponenten aus, erhält man

$$(\mathbf{f}, \mathbf{x}) = (f_k \mathbf{d}^k, x^i \mathbf{b}_i) = f_k x^i (\mathbf{d}^k, \mathbf{b}_i) = f_k x^i \delta_i^k = f_k x^k = 0. \tag{3.75}$$

Die Komponenten f_k eines Kovektors $\mathbf{f}$ bezüglich der dualen Basis $\mathbf{d}^1$ bis $\mathbf{d}^n$ sind also die Koeffizienten einer linearen Gleichung für die Komponenten der Vektoren aus der Hyperebene H bezüglich der Basis $\mathbf{b}_1$ bis $\mathbf{b}_n$. Deshalb werden die Komponenten von Kovektoren auch Hyperebenenkoordinaten genannt.

3.3. Der Dualraum der direkten Summe von Vektorräumen

Es seien V_1 und V_2 nichttriviale Untervektorräume eines Vektorraums V. Die (endlichen) Linearkombinationen aus beiden Vektorräumen bilden ebenfalls einen Untervektorraum V_3 von V. Haben die Vektorräume V_1 und V_2 nur den Nullvektor als gemeinsames Element, nennt man V_3 die *direkte Summe* der Vektorräume V_1 und V_2:

$$V_3 = V_1 \oplus V_2 . \tag{3.76}$$

Es ist nach Konstruktion klar, daß jeder Vektor aus V_3 als Summe eines Vektors aus V_1 und eines Vektors aus V_2 geschrieben werden kann. Bei der direkten Summe sind die einzelnen Summanden sogar eindeutig. Die Differenz von

$$\mathbf{x}_3 = \mathbf{x}_1 + \mathbf{x}_2 \quad \text{und} \quad \mathbf{x}_3 = \mathbf{x}_1' + \mathbf{x}_2' \quad \text{mit} \quad \mathbf{x}_1, \mathbf{x}_1' \in V_1 \quad \text{und} \quad \mathbf{x}_2, \mathbf{x}_2' \in V_2 \tag{3.77}$$

formen wir um zu

$$\mathbf{x}_1 - \mathbf{x}_1' = \mathbf{x}_2' - \mathbf{x}_2 . \tag{3.78}$$

Auf der linken Seite von (3.78) steht ein Vektor aus V_1, auf der rechten Seite ein Vektor aus V_2. Da nach Voraussetzung nur der Nullvektor Element beider Vektorräume ist, gilt also

$$\mathbf{x}_1 = \mathbf{x}_1' \quad \text{und} \quad \mathbf{x}_2 = \mathbf{x}_2', \tag{3.79}$$

womit die Eindeutigkeit der Darstellung nachgewiesen ist.

Betrachtet man die zu V_1, V_2 und $V_3 = V_1 \oplus V_2$ gehörenden Dualräume V_1^*, V_2^* und V_3^*, so ist es nicht ohne weiteres möglich, V_3^* als direkte Summe von V_1^* und V_2^* aufzufassen, weil die Funktionale aus V_1^* nur auf V_1 und die Funkionale aus V_2^* nur auf V_2, aber nicht für alle Vektoren aus V_3 definiert sind. Nun gibt es Funktionale aus V_3^*, die alle Vektoren aus V_2 auf Null abbilden. Diese Funktionale kann man auch erhalten, wenn man ein Funktional $\mathbf{f}^1$ aus V_1^* fortsetzt zu einem linearen Funktional $\mathbf{f}^3$ aus V_3^* durch

$$(\mathbf{f}^3, \mathbf{x}) \begin{cases} = (\mathbf{f}^1, \mathbf{x}) & \text{für} \quad \mathbf{x} \in V_1 \\ = 0 & \text{für} \quad \mathbf{x} \in V_2 \,. \end{cases} \tag{3.80}$$

Da jedes $\mathbf{x} \in V_3$ auf eindeutige Weise als $\mathbf{x} = \mathbf{x}_1 + \mathbf{x}_2$ mit $\mathbf{x}_1 \in V_1$ und $\mathbf{x}_2 \in V_2$ geschrieben werden kann, ist $\mathbf{f}^3$ für alle $\mathbf{x}$ aus V_3 eindeutig festgelegt. Wir nennen diesen Teilraum von V_3^* den Kovektorraum $\tilde{V}_1^*$. Den entsprechend definierten Teilraum von V_3^*, der alle Vektoren aus V_1 auf Null abbildet, nennen wir den Kovektorraum $\tilde{V}_2^*$. Die Elemente von V_1^* und $\tilde{V}_1^*$ bzw. von V_2^* und $\tilde{V}_2^*$ werden hierdurch also umkehrbar eindeutig aufeinander abgebildet. Diese Abbildungen sind mit den Vektorraumstrukturen verträglich. Da aus dem Zusammenhang meist ersichtlich ist, welche Räume gemeint sind, ist es üblich, sie äußerlich nicht zu unterscheiden.

Wenn V_1 und V_2 nur den Nullvektor als gemeinsames Element haben, haben auch die Vektorräume $\tilde{V}_1^*$ und $\tilde{V}_2^*$ nur den Nullvektor als gemeinsames Element: Da jedes $\mathbf{x}$ auf eindeutige Weise geschrieben werden kann als $\mathbf{x} = \mathbf{x}_1 + \mathbf{x}_2$ mit $\mathbf{x}_1 \in V_1$ und $\mathbf{x}_2 \in V_2$, folgt wegen der Linearität eines Funktionals $\mathbf{f}$, das sowohl Element von $\tilde{V}_1^*$ als auch Element von $\tilde{V}_2^*$ ist, daß gilt

$$(\mathbf{f}, \mathbf{x}) = (\mathbf{f}, \mathbf{x}_1 + \mathbf{x}_2) = (\mathbf{f}, \mathbf{x}_1) + (\mathbf{f}, \mathbf{x}_2) = 0 \quad \text{für alle} \quad \mathbf{x} \in V_3. \tag{3.81}$$

Also ist $\mathbf{f}$ das Nullelement aus V_3^*.

Es läßt sich auch zeigen, daß V_3^* die direkte Summe von $\tilde{V}_1^*$ und $\tilde{V}_2^*$ ist: Definiert man mit einem beliebigen $\mathbf{f} \in V_3^*$ ein $\mathbf{f}^1 \in V_1^*$ und ein $\mathbf{f}^2 \in \tilde{V}_2^*$ durch

$$(\mathbf{f}^1, \mathbf{x}) \begin{cases} = (\mathbf{f}, \mathbf{x}) & \text{für} \quad \mathbf{x} \in V_1 \\ = 0 & \text{für} \quad \mathbf{x} \in V_2 \end{cases} \tag{3.82}$$

$$(\mathbf{f}^2, \mathbf{x}) \begin{cases} = 0 & \text{für} \quad \mathbf{x} \in V_1 \\ = (\mathbf{f}, \mathbf{x}) & \text{für} \quad \mathbf{x} \in V_2 \,, \end{cases} \tag{3.83}$$

erhält man sofort wegen der eindeutigen Darstellung von $\mathbf{x} \in V_3$ als Summe von Vektoren aus V_1 und V_2:

$$\begin{aligned} (\mathbf{f}^1 + \mathbf{f}^2, \mathbf{x}) &= (\mathbf{f}^1, \mathbf{x}) + (\mathbf{f}^2, \mathbf{x}) = (\mathbf{f}^1, \mathbf{x}_1 + \mathbf{x}_2) + (\mathbf{f}^2, \mathbf{x}_1 + \mathbf{x}_2) \\ &= (\mathbf{f}^1, \mathbf{x}_1) + (\mathbf{f}^1, \mathbf{x}_2) + (\mathbf{f}^2, \mathbf{x}_1) + (\mathbf{f}^2, \mathbf{x}_2) \\ &= (\mathbf{f}^1, \mathbf{x}_1) + (\mathbf{f}^2, \mathbf{x}_2) = (\mathbf{f}, \mathbf{x}_1) + (\mathbf{f}, \mathbf{x}_2) \\ &= (\mathbf{f}, \mathbf{x}_1 + \mathbf{x}_2) = (\mathbf{f}, \mathbf{x}). \end{aligned} \tag{3.84}$$

Da $\mathbf{f}$ ein beliebiges Element aus V_3^* war, ist also gezeigt worden, daß sich jedes Element aus V_3^* als Summe eines Elements aus $\tilde{V}_1^*$ und aus $\tilde{V}_2^*$ schreiben läßt.

Es gilt also:

$$V_3^* = \tilde{V}_1^* \oplus \tilde{V}_2^*. \tag{3.85}$$

Es ist zu beachten, daß $\tilde{V}_1^*$ durch V_2 und $\tilde{V}_2^*$ durch V_1 festgelegt werden. Haben wir z. B. einen linearen Teilraum V_1 von V, dann ist durch V_1 in einer direkten Summe $V^* = \tilde{V}_1^* \oplus \tilde{V}_2^*$ nicht etwa $\tilde{V}_1^*$, sondern $\tilde{V}_2^*$ bestimmt.

3.4. Das Identifizieren von Vektorräumen

Im vorigen Abschnitt war die Situation gegeben, daß es praktisch sein kann, gewisse Vektorräume nicht zu unterscheiden, wenn sie sich in einfacher Weise entsprechen. Drückt man dieses Entsprechen mit einer Abbildung A von V in den Vektorraum W aus, ist es einmal nötig, daß verschiedene Elemente des Definitionsbereichs in verschiedene Elemente des Bildbereichs abgebildet werden. Dies ist bei *injektiven* Abbildungen A der Fall. Damit sich auch die Vektorraumoperationen in beiden Räumen entsprechen, ist es nötig, daß die Abbildungen *strukturverträglich* sind. Diese Eigenschaften haben insbesondere lineare und konjugiert-lineare Homomorphismen. Eine injektive strukturverträgliche Abbildung kann man auch dadurch kennzeichnen, daß nur der Nullvektor auf den Nullvektor abgebildet wird: Da A strukturverträglich ist, ist

$$A(\mathbf{x}_1) = A(\mathbf{x}_2) \tag{3.86}$$

gleichwertig mit

$$\begin{aligned} 0 &= A(\mathbf{x}_1) - A(\mathbf{x}_2) = A(\mathbf{x}_1) + H_K(-1)\, A(\mathbf{x}_2) = \\ &= A(\mathbf{x}_1) + A((-1)\,\mathbf{x}_2) = A(\mathbf{x}_1 + (-1)\,\mathbf{x}_2) = A(\mathbf{x}_1 - \mathbf{x}_2), \end{aligned} \tag{3.87}$$

wenn mit H_K der zu A gehörende Körperisomorphismus bezeichnet wird (vgl. Abschnitt 3.1). Wird durch A nur der Nullvektor auf den Nullvektor abgebildet, folgt also aus (3.87) und damit auch aus (3.86), daß $\mathbf{x}_1 - \mathbf{x}_2$ der Nullvektor ist, daß also gilt $\mathbf{x}_1 = \mathbf{x}_2$. Dies ist die Eigenschaft, daß A injektiv ist. Hieraus schließt man sofort, daß eine strukturverträgliche Abbildung genau dann injektiv ist, wenn eine linear unabhängige Menge von Vektoren in eine linear unabhängige Menge abgebildet wird.

Beweis:
Ist für $\mathbf{x} \neq 0$ das Bild der Abbildung der Nullvektor, wird die linear unabhängige Menge $\{\mathbf{x}\}$ auf die linear abhängige Menge $\{0\}$ abgebildet. Dies ist nicht möglich, wenn das Bild jeder linear unabhängigen Menge wieder linear unabhängig ist. Es sei eine Linearkombination von Bildvektoren $c^i A(\mathbf{x}_i)$ gleich dem Nullvektor. Wenn A strukturverträglich ist, ist dies gleichwertig damit, daß $A(H_K^{-1}(c^i)\,\mathbf{x}_i)$ gleich dem Nullvektor ist. Wenn A injektiv ist, ist dies nur für $H_K^{-1}(c^i)\,\mathbf{x}_i = 0$ möglich, was für linear unabhängige $\mathbf{x}_i$ zur Folge hat, daß alle $H_K^{-1}(c^i)$ und damit alle c^i gleich Null sind. Es kann also bei einer injektiven strukturverträglichen Abbildung die Bildmenge einer linear unabhängigen Menge von Vektoren nicht linear abhängig sein.

Kennzeichnet man in der üblichen Weise mit A(V) den Bildraum von V bei der strukturverträglichen Abbildung A von V in W, so handelt es sich bei A(V) um einen linearen Teilraum von W. Häufig ist es praktisch, den Raum A(V) mit V zu identifizieren. Das

Bild $\mathbf{A}(\mathbf{x})$ eines Vektors $\mathbf{x}$ aus V ist ein Element von W und wird dann auch mit $\mathbf{x}$ bezeichnet:

$$\mathbf{A}(\mathbf{x}) = \mathbf{x}. \tag{3.88}$$

Wenn man die Vektoren aus V durch die Bildvektoren aus W ersetzen will, kann es nötig sein, auch die Funktionale aus V* durch entsprechende Funktionale aus W* zu ersetzen. Dies muß so geschehen, daß die Bildwerte eines Funktionals $\mathbf{f}'$ aus W* für alle $\mathbf{A}(\mathbf{x})$ aus W gleich sind mit den Bildwerten eines Funktionals $\mathbf{f}$ aus V* für die entsprechenden $\mathbf{x}$-Werte aus V:

$$(\mathbf{f}', \mathbf{A}(\mathbf{x})) = (\mathbf{f}, \mathbf{x}) \quad \text{mit} \quad \mathbf{f}' \in W^*, \mathbf{f} \in V^*, \mathbf{x} \in V. \tag{3.89}$$

Man kann sich diese Beziehung mit einem kommutativen Diagramm veranschaulichen:

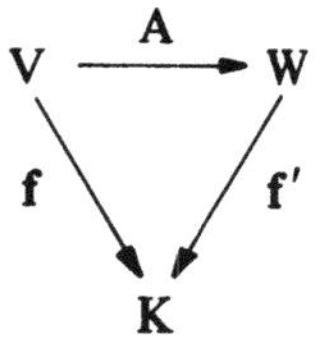

Die Beziehung (3.89) ist aber nicht selbstverständlich, wenn A zwar strukturverträglich, aber nicht linear, also z. B. konjugiert linear ist. Bezeichnen wir den zu A gehörenden Körperisomorphismus wieder mit H_K, gilt nämlich:

$$(\mathbf{f}', \mathbf{A}(\mathbf{x} + a\mathbf{y})) = (\mathbf{f}', \mathbf{A}(\mathbf{x}) + H_K(a)\,\mathbf{A}(\mathbf{y})) = (\mathbf{f}', \mathbf{A}(\mathbf{x})) + H_K(a)\,(\mathbf{f}', \mathbf{A}(\mathbf{y})). \tag{3.90}$$

Wenn H_K nicht der identische Körperisomorphismus ist, ist also $(\mathbf{f}', \mathbf{A}(\mathbf{x}))$ kein lineares Funktional auf dem Vektorraum V, sondern eventuell ein konjugiert-lineares Funktional. Also kann es dann auch kein $\mathbf{f}$ aus V* geben, für das (3.89) erfüllt ist. Man erkennt sofort, daß dagegen $H_K^{-1}(\mathbf{f}', \mathbf{A}(\mathbf{x}))$ ein lineares Funktional für die Vektoren $\mathbf{x}$ aus V ist. Es gibt also ein $\mathbf{f}$ aus V* mit

$$H_K^{-1}(\mathbf{f}', \mathbf{A}(\mathbf{x})) = (\mathbf{f}, \mathbf{x}). \tag{3.91}$$

Man kann sich diese Situation mit einem kommutativen Diagramm veranschaulichen:

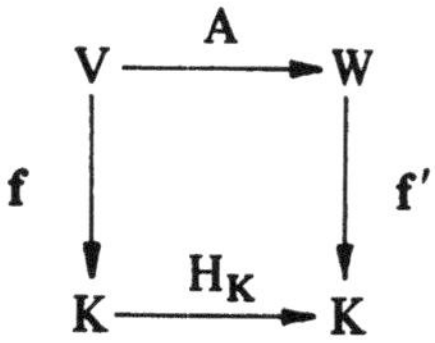

Die linke Seite von (3.91) definiert also für vorgegebenes $\mathbf{f}'$ aus W* bei fest gewählter Abbildung A ein lineares Funktional auf V. Da in V* alle linearen Funktionale auf V sind, gibt es also mindestens ein $\mathbf{f}$ aus V*, so daß (3.91) gilt. Dieses $\mathbf{f}$ ist eindeutig durch $\mathbf{f}'$ und A bestimmt: Es sei $\tilde{\mathbf{f}}$ ein Element aus V*, für das ebenfalls gilt

$$H_K^{-1}(\mathbf{f}', \mathbf{A}(\mathbf{x})) = (\tilde{\mathbf{f}}, \mathbf{x}) \quad \text{für alle } \mathbf{x} \in V. \tag{3.92}$$

Durch Bilden der Differenz der linken Seiten von (3.91) und (3.92) erhält man mit der Vektorraumstruktur von V^*

$$0 = (\mathbf{f}, \mathbf{x}) - (\tilde{\mathbf{f}}, \mathbf{x}) = (\mathbf{f} - \tilde{\mathbf{f}}, \mathbf{x}) \quad \text{für alle } \mathbf{x} \in V. \tag{3.93}$$

Also ist $\mathbf{f} - \tilde{\mathbf{f}}$ das (eindeutig bestimmte) Nullfunktional und $\mathbf{f} = \tilde{\mathbf{f}}$. Damit läßt sich jedem $\mathbf{f}' \in W^*$ genau ein $\mathbf{f} \in V^*$ zuordnen. Wir beschreiben dies durch eine Abbildung A^*. Man erkennt, daß für die Definition der Abbildung A^* nicht nötig war, daß A injektiv ist. Durch (3.91) läßt sich also zu jeder strukturverträglichen Abbildung A von V in W eine Abbildung A^* von W^* in V^* definieren, die man die (zu A) *adjungierte Abbildung* nennt.

$$V \xrightarrow{\quad A \quad} W$$

$$V^* \xleftarrow{\quad A^* \quad} W^*$$

Man kann also für (3.91) schreiben

$$H_K^{-1}(\mathbf{f}', A(\mathbf{x})) = (A^*(\mathbf{f}'), \mathbf{x}) \quad \text{mit } \mathbf{x} \in V, \mathbf{f}' \in W^*. \tag{3.94}$$

Mit

$$\begin{aligned} (A^*(a\mathbf{f}' + \mathbf{g}'), \mathbf{x}) &= H_K^{-1}(a\mathbf{f}' + \mathbf{g}', A(\mathbf{x})) \\ &= H_K^{-1}(a)\, H_K^{-1}(\mathbf{f}', A(\mathbf{x})) + H_K^{-1}(\mathbf{g}', A(\mathbf{x})) \\ &= H_K^{-1}(a)\,(A^*(\mathbf{f}'), \mathbf{x}) + (A^*(\mathbf{g}'), \mathbf{x}) \\ &= (H_K^{-1}(a)\, A^*(\mathbf{f}') + A^*(\mathbf{g}'), \mathbf{x}) \end{aligned} \tag{3.95}$$

erhält man, daß A^* strukturverträglich ist, wobei der zu A gehörende Körperisomorphismus H_K bei A^* durch den *inversen* zu ersetzen ist:

$$A^*(a\mathbf{f}' + \mathbf{g}') = H_K^{-1}(a)\, A^*(\mathbf{f}') + A^*(\mathbf{g}'). \tag{3.96}$$

Wenn man V mit $A(V)$ identifizieren will, benötigt man nicht nur eine Abbildung von W^* in V^*, sondern auch eine Abbildung von V^* in W^*. Dazu wollen wir untersuchen, wann die Beziehung (3.91) für mehrere $\mathbf{f}'$ aus W^* möglich ist. Es sei $\tilde{\mathbf{f}}'$ ein weiteres Element aus W^* mit

$$H_K^{-1}(\tilde{\mathbf{f}}', A(\mathbf{x})) = (\mathbf{f}, \mathbf{x}). \tag{3.97}$$

Da H_K ein Körperisomorphismus ist, ist die Differenz von (3.91) und (3.97) gleichwertig mit

$$(\mathbf{f}' - \tilde{\mathbf{f}}', A(\mathbf{x})) = 0. \tag{3.98}$$

Wenn sich jedes $\mathbf{y}$ aus W mit einem geeigneten $\mathbf{x}$ aus V in der Form $\mathbf{y} = A(\mathbf{x})$ schreiben läßt, wenn also $A(V) = W$ ist, kann man aus (3.98) schließen $\mathbf{f}' = \tilde{\mathbf{f}}'$. Da in der Praxis der Fall vorkommt, daß $A(V)$ nicht gleich W ist, schreiben wir W als direkte Summe von $A(V)$ und einem weiteren Raum W_2, der mit $A(V)$ nur den Nullvektor als gemeinsames Element enthält

$$W = A(V) \oplus W_2. \tag{3.99}$$

Es ist zu beachten, daß W_2 durch $A(V)$ und W keineswegs eindeutig bestimmt ist. Entsprechend der im vorigen Abschnitt durchgeführten Überlegung erhalten wir zu (3.99) die Zerlegung des Dualraums W^*:

$$W^* = (A(\widetilde{V}))^* \oplus \widetilde{W}_2^*. \tag{3.100}$$

Man schließt sofort aus (3.98), daß man durch (3.91) zu einem $\mathbf{f}$ aus V^* höchstens ein $\mathbf{f}'$ aus $(A(\widetilde{V}))^*$ erhält. Die auf den Definitionsbereich $(A(\widetilde{V}))^*$ eingeschränkte Abbildung A^* wollen wir $\widetilde{A}^*$ nennen.

Es stellt sich nun die Frage, ob man zu *jedem* $\mathbf{f}$ aus V^* ein $\mathbf{f}'$ aus $(A(\widetilde{V}))^*$ erhalten kann. Hierfür ist notwendig, daß A injektiv ist: Im anderen Fall gibt es nämlich ein $\mathbf{x}_0 \neq 0$ mit $A(\mathbf{x}_0) = 0$. Es gibt aber mindestens ein lineares Funktional $\mathbf{f}^0$ aus V^*, das für $\mathbf{x}_0$ ungleich Null ist. Da die linke Seite von (3.91) für $\mathbf{x} = \mathbf{x}_0$ immer gleich Null ist, gibt es zu $\mathbf{f}^0$ kein $\mathbf{f}'$, für das (3.91) erfüllt werden kann.

Wenn die Abbildung A von V auf $A(V)$ injektiv ist, kann man die Umkehrabbildung von $A(V)$ auf V definieren, die ebenfalls injektiv ist und als A^{-1} geschrieben wird. Man erkennt sofort, daß sie ebenfalls strukturverträglich ist, wobei der Körperisomorphismus durch den inversen gegeben ist.

Es sei $\mathbf{f}$ ein beliebiges Funktional aus V^*. Durch

$$H_K(\mathbf{f}, A^{-1}(\mathbf{y})) \quad \text{mit } \mathbf{y} \in A(V) \tag{3.101}$$

läßt sich ein lineares Funktional auf $A(V)$ definieren. Deshalb gibt es ein $\mathbf{f}'$ aus $(A(\widetilde{V}))^*$ bzw. $(A(V))^*$ mit

$$H_K(\mathbf{f}, A^{-1}(\mathbf{y})) = (\mathbf{f}', \mathbf{y}) \quad \text{für alle } \mathbf{y} \in A(V). \tag{3.102}$$

Mit der bei (3.91) angewandten Technik kann man zeigen, daß es genau ein $\mathbf{f}'$ aus $(A(\widetilde{V}))^*$ gibt. Durch Vergleich mit der vorne gegebenen Definition für die adjungierte Abbildung erkennt man, daß durch (3.102) gerade die zu A^{-1} adjungierte Abbildung $(A^{-1})^*$ definiert wurde.

Setzt man in (3.102) ein $\mathbf{y} = A(\mathbf{x})$ und $\mathbf{f}' = (A^{-1})^*(\mathbf{f})$, ergibt sich

$$H_K(\mathbf{f}, \mathbf{x}) = ((A^{-1})^*(\mathbf{f}), A(\mathbf{x})), \tag{3.103}$$

was gleichwertig ist mit

$$(\mathbf{f}, \mathbf{x}) = H_K^{-1}((A^{-1})^*(\mathbf{f}), A(\mathbf{x})). \tag{3.104}$$

Durch Vergleich mit (3.94) erhält man also, daß für alle $\mathbf{f}$ aus V^* und $\mathbf{x}$ aus V gilt

$$(\mathbf{f}, \mathbf{x}) = (A^* \circ (A^{-1})^*(\mathbf{f}), \mathbf{x}), \quad \text{womit} \tag{3.105}$$

$$(\widetilde{A}^*)^{-1} = (A^{-1})^* \tag{3.106}$$

nachgewiesen wurde.

Berücksichtigt man noch die Ausführungen bei (3.89), kann man die wichtigen Bedingungen für das Identifizieren von Vektorräumen zusammenfassen zu:

Wenn man mit einer linearen Abbildung A von V in W den Vektorraum V mit dem Teilraum $A(V)$ von W identifizieren will, ist es notwendig, daß A injektiv ist. Der Dualraum

V* ist mit der Adjungierten der auf A(V) definierten Inversen A^{-1} zu identifizieren. Ist die Abbildung A nicht notwendig linear, sondern z.B. konjugiert-linear, läßt sich der Dualraum V* höchstens mit dem entsprechenden Raum der konjugiert-linearen Funktionale von A(V) identifizieren. Wenn A(V) nicht gleich W ist, ist das Identifizieren der zugehörigen Dualräume nur dann eindeutig und sinnvoll, wenn in der Zerlegung $W = A(V) \oplus W_2$ der Vektorraum W_2 bzw. in der Zerlegung $W^* = (A(V))^* \oplus \widetilde{W}_2^*$ der Raum $(A(V))^*$ eindeutig festgelegt ist. Man kann sich die Situation mit folgendem Bild veranschaulichen:

$$\begin{array}{ccc} V & & V^* \\ \Big\downarrow A & \widetilde{A}^* \Big\uparrow \Big\downarrow (\widetilde{A}^*)^{-1} & \\ W = A(V) \oplus W_2 & (A(V))^* \oplus \widetilde{W}_2^* = W^* \end{array}$$

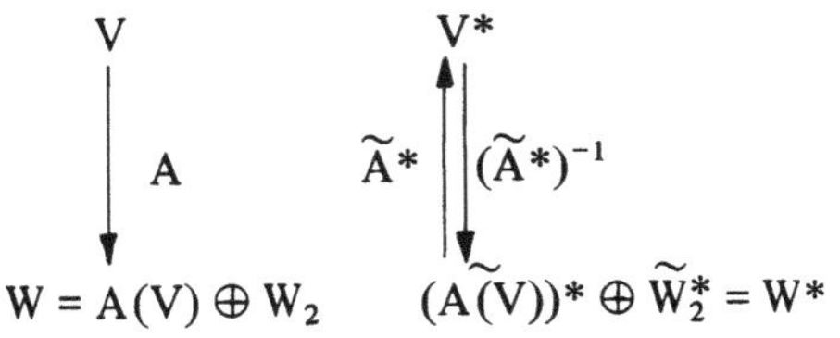

Es sollen praktisch wichtige Fälle behandelt werden, bei denen Vektorräume identifiziert werden.

Es sei **f** ein lineares Funktional auf V. Die Funktionswerte werden geschrieben als $(\mathbf{f}, \mathbf{x})$. Man kann diesen Ausdruck aber auch betrachten als Angabe der Funktionswerte für festgehaltenes **x** bei variabel gedachtem **f**. Dann definiert also $(\mathbf{f}, \mathbf{x})$ ein Funktional auf V*. Man erkennt sofort, daß es linear ist. Da wir verabredet haben, lineare Funktionale links zu schreiben, erhält man also

$$(\mathbf{f}, \mathbf{x}) = (\mathbf{x^{**}}, \mathbf{f}) \quad \text{für alle } \mathbf{f} \in V^*, \tag{3.107}$$

wobei $\mathbf{x^{**}}$ ein durch **x** bestimmtes lineares Funktional auf V* und damit aus $(V^*)^* \equiv V^{**}$ ist. Mit der hier schon mehrmals angewandten Technik überprüft man leicht, daß es zu jedem $\mathbf{x} \in V$ nur ein $\mathbf{x^{**}} \in V^{**}$ gibt. Also wird durch (3.107) eine Abbildung I_1 von V in V** definiert:

$$\mathbf{x^{**}} = I_1(\mathbf{x}). \tag{3.108}$$

Für (3.107) kann man deshalb schreiben

$$(\mathbf{f}, \mathbf{x}) = (I_1(\mathbf{x}), \mathbf{f}). \tag{3.109}$$

Man überprüft leicht, daß diese Abbildung I_1 linear und injektiv ist. Ist V ein endlichdimensionaler Vektorraum, sind die Dimensionen von V, V* und V** gleich und I_1 ist ein Isomorphismus. Im unendlich-dimensionalen Fall ist $I_1(V)$ ein echter Teilraum von V** (vgl. Bemerkung S. 19). Es ist üblich, V und $I_1(V) \subset V^{**}$ mit dieser Abbildung I_1 zu identifizieren:

$$\mathbf{x} = I_1(\mathbf{x}). \tag{3.110}$$

Es lautet dann (3.107) bzw. (3.109)

$$(\mathbf{f}, \mathbf{x}) = (\mathbf{x}, \mathbf{f}). \tag{3.111}$$

Nun wollen wir den Fall behandeln, daß eine injektive lineare Abbildung I von V in V* gegeben ist. Die adjungierte Abbildung I* ist dann eine Abbildung von V** in V* (vgl. Abbildung).

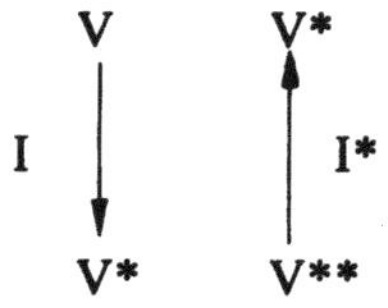

Schränkt man mit der durch (3.109) definierten Abbildung I_1 die Abbildung I* ein auf den Definitionsbereich $I_1(V) \subset V^{**}$, gelangt man zu der Abbildung $\tilde{I}^*$. Wenn man $I_1(V)$ mit V identifiziert hat, kann man deshalb $\tilde{I}^*$ auch als Abbildung von V in V* betrachten. Will man nun zusätzlich den Bildraum I(V) mit V identifizieren, muß man mit I zu dem gleichen Bild gelangen, das man erhält, wenn man hintereinander I_1 und dann $\tilde{I}^*$ anwendet:

$$\tilde{I}^* \circ I_1(\mathbf{x}) = I(\mathbf{x}) \quad \text{für alle } \mathbf{x} \in V. \tag{3.112}$$

Man kann sich die Situation mit einem kommutativen Diagramm veranschaulichen:

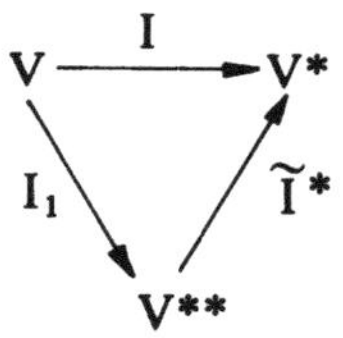

Die Gleichung (3.112) kann man in eine andere Form bringen. Es ist

$$(\tilde{I}^* \circ I_1(\mathbf{x}), \mathbf{y}) = (I(\mathbf{x}), \mathbf{y}) \quad \text{für beliebige } \mathbf{x}, \mathbf{y} \in V \tag{3.113}$$

gleichwertig mit (3.112). Mit (3.94) und (3.109) erhält man für die linke Seite von (3.113)

$$(\tilde{I}^* \circ I_1(\mathbf{x}), \mathbf{y}) = (I_1(\mathbf{x}), I(\mathbf{y})) = (I(\mathbf{y}), \mathbf{x}). \tag{3.114}$$

Dann lautet (3.113)

$$(I(\mathbf{y}), \mathbf{x}) = (I(\mathbf{x}), \mathbf{y}). \tag{3.115}$$

Man definiert deshalb:

Eine lineare Abbildung I von einem Vektorraum V in den zugehörigen Dualraum V* heißt *(anti-)symmetrisch,* wenn für beliebige Vektoren $\mathbf{x}, \mathbf{y}$ aus V gilt:

$$(I(\mathbf{x}), \mathbf{y}) = (-)\,(I(\mathbf{y}), \mathbf{x}). \tag{3.116}$$

Da man aus (3.116) die (3.112) entsprechenden Gleichung erhält, gilt für (anti-)symmetrische Abbildungen

$$I^* \circ I_1 = (-)\, I, \tag{3.117}$$

was sich mit (3.110) schreiben läßt als

$$I^* = (-)\, I. \tag{3.118}$$

Die Überlegungen, die zu (3.112) geführt haben, kann man dann ausdrücken durch:

Es sei I *eine injektive lineare Abbildung von* V *in* V*. *Das Identifizieren von* V *mit* I(V) *ist genau dann mit dem Identifizieren von* V *mit dem Teilraum* $I_1(V)$ *von* V** *verträglich, wenn* I *symmetrisch ist.*

Es sei ein symmetrischer injektiver Homomorphismus I von V in V* gegeben. Dann kann man zwei beliebigen Vektoren **x** und **y** aus V durch

$$(I(\mathbf{x}), \mathbf{y}) \tag{3.119}$$

ein Element aus K zuordnen. Diese Abbildung von V × V in K ist für **x** und **y** linear und heißt deshalb *Bilinearform*. Die Bildwerte der Bilinearform nennt man das *Skalarprodukt* von **x** und **y** und schreibt dafür

$$(I(\mathbf{x}), \mathbf{y}) = \mathbf{x} \cdot \mathbf{y}. \tag{3.120}$$

Da I symmetrisch ist, ist das Skalarprodukt *kommutativ*. Es gilt also

$$\mathbf{x} \cdot \mathbf{y} = \mathbf{y} \cdot \mathbf{x} \quad \text{für alle } \mathbf{x}, \mathbf{y} \text{ aus } V. \tag{3.121}$$

Man nennt ein Skalarprodukt *nicht ausgeartet*, wenn aus

$$\mathbf{y} \cdot \mathbf{x} = 0 \tag{3.122}$$

für alle **x** aus V folgt **y** = 0. Da I injektiv ist, ist das durch (3.120) definierte Skalarprodukt nicht ausgeartet.

Um den Zusammenhang deutlich zu machen zwischen dieser Darstellung und anderen in der Physik üblichen Abhandlungen über Vektorrechnung, in denen auf die Einführung des Dualraums verzichtet wird, soll gezeigt werden, wie man mit einem im Vektorraum definierten kommutativen nicht ausgearteten Skalarprodukt eine injektive symmetrische lineare Abbildung von V in V* definieren kann. Es sei für alle $(\mathbf{x}, \mathbf{y}) \in V \times V$ ein kommutatives nicht ausgeartetes Skalarprodukt definiert, das wir schreiben als $\mathbf{x} \cdot \mathbf{y}$. Denkt man sich **x** festgehalten und nur **y** variabel, handelt es sich bei $\mathbf{x} \cdot \mathbf{y}$ um eine Linearform in **y**, die sich durch ein **f** aus V* beschreiben läßt in der Form

$$(\mathbf{f}, \mathbf{y}) = \mathbf{x} \cdot \mathbf{y} \quad \text{für alle } \mathbf{y} \in V. \tag{3.123}$$

Mit der schon oft angewandten Technik zeigt man, daß **f** eindeutig durch **x** bestimmt ist. Es wird also durch (3.123) eine Abbildung von V in V* definiert. Da das Skalarprodukt (im ersten Faktor) linear ist und kommutativ, ist diese Abbildung linear und symmetrisch. Da das Skalarprodukt nicht ausgeartet ist, ist diese lineare Abbildung I injektiv. Anstelle von (3.123) kann man dann schreiben:

$$(I(\mathbf{x}), \mathbf{y}) = \mathbf{x} \cdot \mathbf{y}. \tag{3.124}$$

Bei dieser Definition von I ist man nicht auf endlich-dimensionale Vektorräume beschränkt. Wenn V endlich-dimensional ist, ist I ein Isomorphismus, im anderen Fall wird durch (3.124) nur eine Abbildung von V *in* V* definiert.

Nun wollen wir den Fall behandeln, daß für den Vektorraum V ein symmetrischer injektiver Homomorphismus I von V in V^* definiert ist und für W ein symmetrischer injektiver Homomorphismus J von W in W^*, mit deren Hilfe die Teilräume I(V) bzw. J(W) mit V bzw. W identifiziert werden sollen. Wenn wir nun mit einem injektiven Homomorphismus A von V in W auch V mit A(V) identifizieren wollen, ist keineswegs mehr klar, ob dies ohne weitere Einschränkung für A bei fest gewählten Abbildungen I und J noch möglich ist. Nach den Ausführungen auf S. 26f ist klar, daß notwendig $(\widetilde{A(V)})^*$ und V^* mit Hilfe von $(\widetilde{A^*})^{-1}$ zu identifizieren ist. Wenn man also ein Element $\mathbf{x} \in V$ durch ein Element $I(\mathbf{x})$ aus V^* ersetzt, und $I(\mathbf{x})$ durch $(\widetilde{A^*})^{-1} \circ I(\mathbf{x}) \in W^*$, hätte man auch $\mathbf{x}$ zuerst durch $A(\mathbf{x})$ und dann durch das Element $J \circ A(\mathbf{x})$ aus W^* ersetzen können. Wenn man das Identifizieren durchführen will, müssen beide Elemente gleich sein:

$$(\widetilde{A^*})^{-1} \circ I(\mathbf{x}) = J \circ A(\mathbf{x}) \quad \text{für beliebige } \mathbf{x} \text{ aus } V, \tag{3.125}$$

was man umformen kann zu

$$I(\mathbf{x}) = A^* \circ J \circ A(\mathbf{x}). \tag{3.126}$$

Es läßt sich diese Situation am einfachsten mit dem folgenden kommutativen Diagramm veranschaulichen:

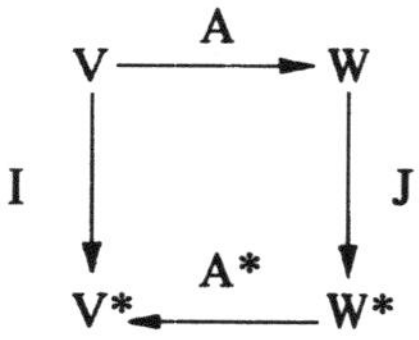

Diese Beziehung veranlaßt die Definition:

Eine lineare Abbildung A von dem Vektorraum V (mit dem symmetrischen injektiven Homomorphismus I) in den Vektorraum W (mit dem symmetrischen Homomorphismus J) heißt (bezüglich I und J) *(anti)orthogonal,* wenn für beliebige $\mathbf{x}$ aus V gilt

$$I(\mathbf{x}) = (-)\, A^* \circ J \circ A(\mathbf{x}). \tag{3.127}$$

Dies kann man mit (3.94) umformen zu

$$(I(\mathbf{x}), \mathbf{y}) = (-)\, (J \circ A(\mathbf{x}), A(\mathbf{y})) \quad \text{für beliebige } \mathbf{x}, \mathbf{y} \text{ aus } V, \tag{3.128}$$

was man mit (3.120) schreiben kann als

$$\mathbf{x} \cdot \mathbf{y} = (-)\, A(\mathbf{x}) \cdot A(\mathbf{y}) \quad \text{für beliebige } \mathbf{x}, \mathbf{y} \text{ aus } V. \tag{3.129}$$

Es ist bei (3.129) zu beachten, daß es sich auf der linken Seite um ein Skalarprodukt von V und auf der rechten Seite um ein Skalarprodukt von W handelt.

Für das Identifizieren soll der Fall betrachtet werden, daß A(V) nicht gleich W ist. Im Unterschied zur vorne allgemein behandelten Situation ist nicht nur A(V), sondern durch J auch der Teilraum $J \circ A(V) \mathrel{\hat{=}} (\widetilde{A(V)})^*$ von W^* festgelegt. Damit sind in den direkten Summen $W = A(V) \oplus W_2$ bzw. $W^* = J \circ A(V) \oplus \widetilde{W}_2^*$ alle Teilräume eindeutig bestimmt, da W_2 durch $J \circ A(V)$ und $\widetilde{W}_2^*$ durch $A(V)$ festgelegt sind. Diese Überlegungen über das Identifizieren kann man zusammenfassen zu:

Gegeben seien zwei Vektorräume V *und* W, *für die jeweils injektive symmetrische Homomorphismen* I *und* J *in die entsprechenden Dualräume definiert sind, und eine injektive lineare Abbildung* A *von* V *in* W. *Das Identifizieren des Vektorraums* V *mit dem Vektorraum* A(V) *ist genau dann verträglich mit dem Identifizieren von* V *mit* $I(V) \subset V^*$ *und von* W *mit* $J(W) \subset W^*$, *wenn* A *bezüglich* I *und* J *orthogonal ist.*

Einfacher läßt sich dies mit dem folgenden kommutativen Diagramm merken:

$$\begin{array}{ccc} V & \xrightarrow{\;A\;} & A(V) \oplus W_2 \\ {\scriptstyle I}\downarrow & & \downarrow{\scriptstyle J} \\ V^* & \xleftarrow{\;\widetilde{A}^*\;} & J \circ A(V) \oplus \widetilde{W}_2^* . \end{array}$$

3.5. Symmetrische Vektorräume

Da bei einer injektiven strukturverträglichen Abbildung linear unabhängige Vektoren in linear unabhängige Bildvektoren abgebildet werden und die Dimension von einem endlichdimensionalen Vektorraum V mit der Dimension von V^* übereinstimmt, ist eine injektive lineare Abbildung I von V in V^* ein Isomorphismus. Identifiziert man die Elemente von V mit Hilfe von I mit den Elementen von V^*, indem man setzt

$$I(\mathbf{x}) = \mathbf{x} \quad \text{für alle } \mathbf{x} \in V, \tag{3.130}$$

erhält man

$$V = V^*. \tag{3.131}$$

Wir wollen Vektorräume, für die dies durchführbar ist bzw. für die dies gemacht wurde, *symmetrische Vektorräume* nennen.

An dieser Stelle ist der Hinweis nützlich, daß es in einem allgemeinen Vektorraum ohne solche symmetrische injektive lineare Abbildung I keinen Sinn hat, daß eine Abbildung A von V *in sich* symmetrisch genannt wird. Wir wollen den endlich-dimensionalen Fall mit den Bezeichnungen der Abschnitte 3.1, 2 behandeln.

Bei gegebener Basis $\mathbf{b}_1$ bis $\mathbf{b}_n$ ist die Matrix einer linearen Abbildung A von V in sich gegeben durch

$$A(\mathbf{b}_i) = a_i^k \mathbf{b}_k \quad \text{bzw.} \quad (\mathbf{d}^k, A(\mathbf{b}_i)) = a_i^k. \tag{3.132}$$

Man rechnet mit (3.47) für ein Beispiel nach, daß die Eigenschaft $a_i^k = a_k^i$ i.a. abhängig von der Basiswahl ist. Ist dagegen A eine Abbildung von V in den Dualraum V^*, ist die Matrix der Abbildung in der Basis $\mathbf{b}_i$ gegeben durch

$$A(\mathbf{b}_i) = a_{ik}\, \mathbf{d}^k \quad \text{bzw.} \quad (A(\mathbf{b}_i), \mathbf{b}_k) = a_{ik}. \tag{3.133}$$

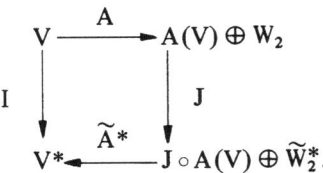

Man erhält sofort aus (3.116), daß A genau dann (anti)symmetrisch ist, wenn für die Matrix gilt $a_{ik} = (-)\, a_{ki}$, und diese Eigenschaft der Matrix ist unabhängig von der gewählten Basis. Denn man erhält im Unterschied zu (3.47) mit (3.67)

$$A(\mathbf{b}'_i) = \tilde{a}_{il}\,\mathbf{d}'^l = A(t_i^l\,\mathbf{b}_l) = t_i^l\,A(\mathbf{b}_l) = t_i^l\,a_{lk}\,\mathbf{d}^k = t_i^l\,a_{lk}\,t_j^k\,\mathbf{d}'^j \tag{3.134}$$

bzw.

$$\tilde{a}_{ij} = t_i^l\,a_{lk}\,t_j^k. \tag{3.135}$$

Aus $a_{lk} = (-)\,a_{kl}$ folgt also sofort $\tilde{a}_{ij} = (-)\,\tilde{a}_{ji}$.

In einem symmetrischen Vektorraum kann man aber mit Hilfe des symmetrischen Isomorphismus I eine Abbildung A von V in sich auch als Abbildung in den Dualraum betrachten, indem man die Abbildung I anschließt. $I \circ A$ ist eine Abbildung von V in V*. Man nennt eine Abbildung A von V in sich *(anti)symmetrisch bezüglich* I, wenn $I \circ A$ diese Eigenschaft hat, also wenn gilt

$$(I \circ A(\mathbf{x}), \mathbf{y}) = (-)\,(I \circ A(\mathbf{y}), \mathbf{x}) \quad \text{für alle } \mathbf{x}, \mathbf{y} \text{ aus V.} \tag{3.136}$$

Die linke Seite läßt sich mit (3.115) und (3.94) umformen zu

$$(I(A(\mathbf{x})), \mathbf{y}) = (I(\mathbf{y}), A(\mathbf{x})) = (A^* \circ I(\mathbf{y}), \mathbf{x}). \tag{3.137}$$

Da (3.136) und (3.137) für beliebige $\mathbf{x}, \mathbf{y}$ aus V gelten, folgt

$$A^* \circ I = (-)\, I \circ A, \tag{3.138}$$

das mit (3.130) übergeht in

$$A^* = (-)\,A. \tag{3.139}$$

Es ist üblich, die Matrix der injektiven linearen Abbildung I mit g_{ik} zu bezeichnen:

$$I(\mathbf{b}_i) = g_{ik}\,\mathbf{d}^k \quad \text{bzw.} \quad (I(\mathbf{b}_i), \mathbf{b}_k) = g_{ik}. \tag{3.140}$$

Dann erhält man die Matrix von $I \circ A$ aus

$$I \circ A(\mathbf{b}_i) = I(a_i^k\,\mathbf{b}_k) = a_i^k\,I(\mathbf{b}_k) = a_i^k\,g_{kj}\,\mathbf{d}^j = a_{ij}\,\mathbf{d}^j, \tag{3.141}$$

also

$$a_{ij} = a_i^k\,g_{kj}. \tag{3.142}$$

Das Transformationsverhalten für die Matrix a_{ik} beim Wechsel der Basis ist gegeben durch (3.135), dasjenige von a_i^k durch (3.47). Nur wenn $s_j^k = t_k^j$ bei jedem Basiswechsel ist, stimmt das Transformationsverhalten beider Matrizen überein. Da das Transformationsverhalten von g_{ik} ebenfalls durch (3.135) gegeben ist, kann man kontrollieren, ob man (3.142) auch in der gestrichenen Basis berechnen kann. Man erhält mit (3.39)

$$\begin{aligned}\tilde{a}_{ij} &= \tilde{a}_i^k\,\tilde{g}_{kj} = t_i^l\,a_l^m\,s_m^k\,t_k^r\,g_{rs}\,t_j^s = t_i^l\,a_l^m\,\delta_m^r\,g_{rs}\,t_j^s \\ &= t_i^l\,a_l^m\,g_{ms}\,t_j^s = t_i^l\,a_{lk}\,t_j^k.\end{aligned} \tag{3.143}$$

Mit (3.136) und dieser Rechnung erhält man, daß die Eigenschaft der Matrix von $I \circ A$, (anti)symmetrisch zu sein, *unabhängig von der gewählten Basis ist und mit der Eigenschaft der Abbildung übereinstimmt.*

Die zu (3.140) gehörende Matrix des inversen Isomorphismus I^{-1} schreibt man mit oben stehenden Indizes. Es ist eine symmetrische Abbildung von V^* in V:

$$I^{-1}(\mathbf{d}^k) = g^{ki}\mathbf{b}_i \quad \text{bzw.} \quad (\mathbf{d}^i, I^{-1}(\mathbf{d}^k)) = g^{ki}. \tag{3.144}$$

Da $I^{-1} \circ I$ bzw. $I \circ I^{-1}$ die identische Abbildung ist, gilt

$$\mathbf{b}_i = I^{-1} \circ I(\mathbf{b}_i) = I^{-1}(g_{ik}\mathbf{d}^k) = g_{ik}\, I^{-1}(\mathbf{d}^k) = g_{ik}\, g^{kj}\, \mathbf{b}_j \tag{3.145}$$

bzw.

$$\mathbf{d}^k = I \circ I^{-1}(\mathbf{d}^k) = I(g^{ki}\mathbf{b}_i) = g^{ki}\, I(\mathbf{b}_i) = g^{ki}\, g_{ij}\, \mathbf{b}^j, \tag{3.146}$$

woraus folgt

$$g_{ik}\, g^{kj} = \delta_i^j \quad \text{bzw.} \quad g^{ki}\, g_{ij} = \delta_j^k. \tag{3.147}$$

Wie bei der Abbildung des Vektorraums in sich kann man nun mit I^{-1} und einer Abbildung B des Dualraums in sich verfahren, man erhält dann in der gleichen Weise die Matrix der linearen Abbildung $I^{-1} \circ B$ von V^* in V

$$b^{ki} = b_j^k\, g^{ji} \quad \text{mit} \quad B(\mathbf{d}^k) = b_j^k\, \mathbf{d}^j \quad \text{und} \quad I^{-1} \circ B(\mathbf{d}^k) = b^{ki}\mathbf{b}_i. \tag{3.148}$$

Wenn man konsequent im Rahmen der hier angegebenen Vereinbarungen oben und unten stehende Indizes unterscheidet, bedeutet das Dazwischenschalten des Isomorphismus I bzw. I^{-1} ein „Hoch-" und „Herunterziehen" von Indizes. So kann man z.B. auch g^{ik} durch „Hochziehen" der beiden Indizes von g_{lj} erhalten:

$$g^{ij}\, g_{jl}\, g^{lk} = \delta_l^i\, g^{lk} = g^{ik}. \tag{3.149}$$

Wir fassen diese Erfahrung zusammen zu:

Wenn man darauf achtet, daß auf jeder Seite einer Gleichung die Indizes entsprechend oben und unten angeschrieben werden, kann man die Wirkung des Isomorphismus I *bzw.* I^{-1} *durch ein „Hoch-" und „Herunterziehen" von Indizes beschreiben.*

Häufig hat man es in der Physik mit *euklidischen* Vektorräumen zu tun, bei denen das Gleichsetzen von V mit V^* so selbstverständlich ist, daß man oft gar nicht von V^* spricht. Es werden z. B. die dualen Basisvektoren immer mit Vektoren aus V identifiziert, die man *reziproke Vektoren* nennt. Für die Basisvektoren lautet (3.130)

$$\mathbf{b}_i = I(\mathbf{b}_i) = g_{ik}\, \mathbf{d}^k. \tag{3.150}$$

Durch das Identifizieren von V mit V^* werden also die Vektoren $\mathbf{b}_i$ als Linearkombinationen von Vektoren aus V^* geschrieben. Entsprechend erhält man mit

$$\mathbf{d}^k = I^{-1}(\mathbf{d}^k) = g^{ki}\mathbf{b}_i \tag{3.151}$$

die Vektoren $\mathbf{d}^k \in V^*$ als Linearkombinationen von den Vektoren $\mathbf{b}_i \in V$. Es ist wichtig, zu beachten, daß das Transformationsverhalten der Basisvektoren $\mathbf{b}_1$ bis $\mathbf{b}_n$ bzw. $\mathbf{d}^1$ bis $\mathbf{d}^n$ oder der entsprechenden Komponenten der Vektoren beim Basiswechsel durch das

Identifizieren von V mit V* *nicht verändert* wird. Wenn man dieses unterschiedliche Transformationsverhalten einfach kennzeichnen will, ist es also *auch in symmetrischen Vektorräumen* praktisch, oben und unten stehende Indizes zu verwenden. Es ist nur nicht mehr möglich, an der Stellung des nichtsummierten Index zu erkennen, ob es ein Element aus V oder V* ist, was nach dem Identifizieren von V mit V* ja auch nicht mehr nötig ist. *In symmetrischen Vektorräumen gibt die Stellung des Index nur an, wie die indizierte Größe beim Basiswechsel umzurechnen ist.* Wenn man in symmetrischen Vektorräumen nicht mehr V und V* unterscheidet, stellt sich die Frage, wie man von einer gegebenen Basis $\mathbf{b}_1$ bis $\mathbf{b}_n$ zu der reziproken Basis $\mathbf{d}^1$ bis $\mathbf{d}^n$ gelangt. Dies geschieht mit dem in symmetrischen Vektorräumen definierten (kommutativen) Skalarprodukt. Da das Skalarprodukt nicht ausgeartet ist, ist die durch

$$\mathbf{b}_i \cdot \mathbf{b}_k = \mathbf{b}_k \cdot \mathbf{b}_i = g_{ik} = g_{ki} \tag{3.152}$$

definierte (symmetrische) Matrix g_{ik} umkehrbar. Die als Umkehrmatrix eindeutig bestimmte Matrix schreiben wir wieder mit oben stehenden Indizes

$$g^{ji} g_{ik} = \delta^j_k. \tag{3.153}$$

Die reziproke Basis erhält man hiermit durch

$$\mathbf{d}^k = g^{ki} \mathbf{b}_i; \tag{3.154}$$

denn es gilt

$$\mathbf{d}^k \cdot \mathbf{b}_i = g^{kj} \mathbf{b}_j \cdot \mathbf{b}_i = g^{kj} g_{ji} = \delta^k_i. \tag{3.155}$$

Die Matrix mit oben stehenden Indizes kann man auch mit Skalarprodukten schreiben

$$\mathbf{d}^k \cdot \mathbf{d}^i = g^{ki}. \tag{3.156}$$

Natürlich ist es bei dieser Überlegung reine Willkür, welche Basis man in dem symmetrischen Vektorraum zuerst mit unten stehenden Indizes gekennzeichnet hat. Daß die beiden Basissysteme entsprechend (3.155) zueinander reziprok sind, bleibt aber davon unberührt. Um in der Praxis in symmetrischen Vektorräumen sinnvoll oben und unten stehende Indizes zu unterscheiden, ist es deshalb notwendig, eine Vorschrift anzugeben, welche Basissysteme mit oben und welche mit unten stehenden Indizes zu kennzeichnen sind.

Der Begriff symmetrischer Vektorraum wird nicht überall verwendet. Oft werden diese Vektorräume *metrisch* genannt. Diese Bezeichnung wird hier vermieden, weil unter einem *metrischen Raum* in der Mathematik meist eine Menge M verstanden wird, für die eine *Abstandsfunktion* d von M × M in die nichtnegativen reellen Zahlen definiert ist mit den Eigenschaften

$$d(x, y) = d(y, x) \geqslant 0 \quad \text{für } x, y \in M, \tag{3.157}$$

$$d(x, z) \leqslant d(x, y) + d(y, z) \quad \text{für } x, y, z \in M, \tag{3.158}$$

$$d(x, y) = 0 \quad \text{ist gleichwertig mit } x = y. \tag{3.159}$$

Mit dieser Abstandsfunktion läßt sich nicht nur in Vektorräumen praktisch arbeiten. In Vektorräumen ist es oft möglich, eine Metrik mit einer *Norm* zu definieren. Eine Norm p für einen Vektorraum V ist eine (endliche) Abbildung von V in die nichtnegativen reellen Zahlen mit den Eigenschaften (für alle $\mathbf{x}, \mathbf{y} \in V$, $a \in K$)

$$p(\mathbf{x}) \geqslant 0, \tag{3.160}$$

$$p(\mathbf{x}) = 0 \quad \text{ist gleichwertig mit } \mathbf{x} = 0, \tag{3.161}$$

$$p(a\mathbf{x}) = |a|\, p(\mathbf{x}), \tag{3.162}$$

$$p(\mathbf{x} + \mathbf{y}) \leqslant p(\mathbf{x}) + p(\mathbf{y}). \tag{3.163}$$

Für die reellen und komplexen Zahlen, die man ja auch als Vektorraum auffassen kann, ist der Betrag eine solche Norm. Um zu erkennen, was eine „Kugel" $\{\mathbf{x} \mid \mathbf{x} \in V, p(\mathbf{x}) \leqslant a\}$ anschaulich bedeuten kann, ist es nützlich, sich als Beispiel zu überlegen, daß z. B. für den 2-tupel-Vektorraum

$$p(\mathbf{x}) = p((x^1, x^2)) = |x^1| + |x^2| \tag{3.164}$$

eine Norm ist. Wenn man auf (3.161) verzichtet, spricht man von einer *Seminorm* oder *Halbnorm*. Man überprüft leicht, daß durch

$$d(\mathbf{x}, \mathbf{y}) = p(\mathbf{x} - \mathbf{y}) \quad \text{für } \mathbf{x}, \mathbf{y} \in V \tag{3.165}$$

in einem Vektorraum V eine Metrik gegeben ist. In einem metrischen oder normierten Vektorraum läßt sich *Stetigkeit* und *Konvergenz* wie bei den reellen Zahlen definieren. Es ist nur für den Betrag der Differenz zweier Zahlen, die Norm der Differenz der Vektoren oder der Wert der Abstandsfunktion d für die beiden Vektoren zu nehmen: Es ist also ein lineares Funktional $\mathbf{f}$ an der Stelle $\mathbf{x}_0$ genau dann stetig, wenn es zu jedem $\epsilon > 0$ ein $\delta > 0$ gibt, so daß gilt

$$|(\mathbf{f}, \mathbf{x}) - (\mathbf{f}, \mathbf{x}_0)| < \epsilon \tag{3.166}$$

für alle $\mathbf{x}$ mit $p(\mathbf{x} - \mathbf{x}_0) < \delta$ bzw. $d(\mathbf{x}, \mathbf{x}_0) < \delta$.

Ist in einem Vektorraum V über dem Körper der reellen Zahlen ein *nichtausgeartetes* Skalarprodukt gegeben, daß außerdem *positiv definit* ist, kann man mit seiner Hilfe eine Norm definieren und dadurch auch eine Metrik. Ein Skalarprodukt nennt man *positiv definit,* wenn für alle $\mathbf{x} \neq 0$ aus V gilt

$$\mathbf{x} \cdot \mathbf{x} > 0. \tag{3.167}$$

Dann gilt also $\mathbf{x} \cdot \mathbf{x} = 0$ genau dann, wenn $\mathbf{x} = 0$ ist. Man überprüft leicht, daß

$$\|\mathbf{x}\| = \sqrt{\mathbf{x} \cdot \mathbf{x}} \tag{3.168}$$

eine Norm ist. Wenn das Skalarprodukt nicht definit ist, ist $\sqrt{|\mathbf{x} \cdot \mathbf{x}|}$ nicht einmal eine Halbnorm, da es i. a. nicht (3.163) erfüllt: Man wähle z. B. zwei linear unabhängige Vektoren, deren Skalarprodukt gleich Null ist und für die das Skalarprodukt des Summenvektors ungleich Null ist. *Ein symmetrischer Vektorraum muß also nicht unbedingt ein metrischer Raum sein.*

Man nennt einen Vektorraum über dem Körper der reellen Zahlen, für den ein positiv definites Skalarprodukt definiert ist, einen *euklidischen* Vektorraum. Mit (3.168) ist in euklidischen Vektorräumen eine *Längenmessung* von Vektoren definiert. Wegen (3.167) erhält man für $\mathbf{y} \neq 0$ aus

$$\left(\mathbf{x} - \frac{\mathbf{y}\cdot\mathbf{x}}{\mathbf{y}\cdot\mathbf{y}}\,\mathbf{y}\right)\cdot\left(\mathbf{x} - \frac{\mathbf{y}\cdot\mathbf{x}}{\mathbf{y}\cdot\mathbf{y}}\,\mathbf{y}\right) \geqslant 0 \tag{3.169}$$

die *Schwarzsche Ungleichung*

$$\sqrt{\mathbf{x}\cdot\mathbf{x}\;\mathbf{y}\cdot\mathbf{y}} \geqslant |\mathbf{x}\cdot\mathbf{y}| \quad \text{bzw.} \quad \|\mathbf{x}\|\,\|\mathbf{y}\| \geqslant |\mathbf{x}\cdot\mathbf{y}|, \tag{3.170}$$

die auch für $\mathbf{y} = 0$ richtig bleibt. Man erkennt sofort, daß das Gleichheitszeichen genau dann gilt, wenn $\mathbf{x}$ und $\mathbf{y}$ proportional sind. Da für $\mathbf{x}, \mathbf{y} \neq 0$ wegen der Schwarzschen Ungleichung gilt

$$\left|\frac{\mathbf{x}\cdot\mathbf{y}}{\|\mathbf{x}\|\,\|\mathbf{y}\|}\right| \leqslant 1, \tag{3.171}$$

ist für jedes Paar von Vektoren, die ungleich Null sind,

$$\cos\alpha = \frac{\mathbf{x}\cdot\mathbf{y}}{\|\mathbf{x}\|\,\|\mathbf{y}\|} \tag{3.172}$$

nach α auflösbar. In euklidischen Vektorräumen kann man also den Winkel α zwischen zwei Vektoren $\mathbf{x}$ und $\mathbf{y}$ nach (3.172) angeben. Aus (3.172) erhält man

$$\mathbf{x}\cdot\mathbf{y} = \|\mathbf{x}\|\,\|\mathbf{y}\|\cos\alpha, \tag{3.173}$$

was häufig in der Physik zur Definition des Skalarprodukts verwendet wird. Diese einfache Definition ist aber nur in euklidischen Vektorräumen verwendbar. Da für einen rechten Winkel $\cos\alpha$ gleich Null ist, nennt man im Anschluß an diese Beziehungen auch in allgemeineren Vektorräumen mit symmetrischem injektivem Homomorphismus I von V in V* zwei Vektoren $\mathbf{x}$ und $\mathbf{y}$ aus V orthogonal, wenn gilt

$$(\mathrm{I}(\mathbf{x}), \mathbf{y}) = (\mathrm{I}(\mathbf{y}), \mathbf{x}) = 0 \quad \text{bzw.} \quad \mathbf{x}\cdot\mathbf{y} = \mathbf{y}\cdot\mathbf{x} = 0. \tag{3.174}$$

Zwei von Null verschiedene orthogonale Vektoren sind nur in euklidischen Vektorräumen notwendig linear unabhängig.

3.6. Hermitesche Vektorräume

Die Ausführungen in den vorigen Abschnitten, die dazu führten, daß zum Identifizieren von V mit V* der injektive Homomorphismus I notwendig symmetrisch sein sollte, was zur Folge hat, daß das Skalarprodukt kommutativ ist, scheinen in einem *Widerspruch* zu stehen zu dem bekannten *hermiteschen (unitären) Skalarprodukt* in Vektorräumen über dem Körper der komplexen Zahlen, das bekanntlich zwar hermitesch, aber nicht kommutativ ist. Wenn man die Aussagen der vorigen Abschnitte genau liest, erkennt man sofort, daß man sicher nicht zu einem Widerspruch kommt, wenn man darauf verzichtet, den

Vektorraum V in der vorne angegebenen Weise mit dem Teilraum $I_1(V)$ von V^{**} zu identifizieren. Denn die Symmetrie des injektiven Homomorphismus I von V in V^* ergab sich erst, wenn das Identifizieren von V mit dem Teilraum I(V) von V^* mit dem Identifizieren von V mit dem Teilraum $I_1(V)$ von V^{**} verträglich sein soll. Wie das analoge Identifizieren von V mit einer Teilmenge der linearen Funktionale auch im Fall der Vektorräume mit hermiteschem Skalarprodukt möglich ist, erkennt man leicht, wenn man versucht, den injektiven Homomorphismus mit Hilfe des hermiteschen Skalarprodukts in der gleichen Weise anzugeben, wie es auf S. 29 mit dem kommutativen Skalarprodukt gemacht wurde.

Durch ein hermitesches Skalarprodukt wird jedem Paar von Vektoren eines Vektorraums V über dem Körper der komplexen Zahlen eine komplexe Zahl zugeordnet. Die Funktionswerte dieser Abbildung schreiben wir als

$$\langle \mathbf{x}|\mathbf{y}\rangle \in K, \mathbf{x}, \mathbf{y} \in V. \tag{3.175}$$

Diese Abbildung von V × V in K ist *hermitesch,* d.h. es gilt

$$\langle \mathbf{x}|\mathbf{y}\rangle = \overline{\langle \mathbf{y}|\mathbf{x}\rangle}. \tag{3.176}$$

Sie ist *linear* für den *zweiten* Faktor und daher mit (3.176) *konjugiert-linear* im *ersten* Faktor:

$$\langle \mathbf{x}|a\mathbf{y} + \mathbf{z}\rangle = a\langle \mathbf{x}|\mathbf{y}\rangle + \langle \mathbf{x}|\mathbf{z}\rangle, \tag{3.177}$$

$$\langle a\mathbf{x} + \mathbf{y}|\mathbf{z}\rangle = \bar{a}\langle \mathbf{x}|\mathbf{z}\rangle + \langle \mathbf{y}|\mathbf{z}\rangle. \tag{3.178}$$

Eine solche Abbildung von V × V in K wird deshalb *hermitesche Bilinearform* genannt. Betrachtet man $\langle \mathbf{y}|\mathbf{x}\rangle$ bei fest gewähltem **y** und variabel gedachtem **x**, handelt es sich um eine Linearform auf V. Es läßt sich also ein f aus V^* angeben mit

$$\langle \mathbf{y}|\mathbf{x}\rangle = f(\mathbf{x}). \tag{3.179}$$

Mit der hier schon oft angewandten Technik zeigt man, daß man zu jedem **y** aus V genau ein f aus V^* erhält. Also wird durch (3.179) eine Abbildung I von V in V^* definiert, und (3.179) läßt sich schreiben als

$$\langle \mathbf{y}|\mathbf{x}\rangle = I(\mathbf{y})(\mathbf{x}). \tag{3.180}$$

Wenn man diese Abbildung I zum Identifizieren von V mit einer Teilmenge der linearen Funktionale verwenden will, muß sie nach S. 27 linear sein. Dies ist sie aber nur, wenn man in der Menge der linearen Funktionale die Multiplikation mit einem Körperelement entsprechend (3.19) definiert:

$$(af)(\mathbf{x}) = \bar{a}\, f(\mathbf{x}). \tag{3.181}$$

Denn nun erhält man

$$\begin{aligned} I(a\mathbf{y} + \mathbf{z})(\mathbf{x}) &= \langle a\mathbf{y} + \mathbf{z}|\mathbf{x}\rangle = \bar{a}\langle \mathbf{y}|\mathbf{x}\rangle + \langle \mathbf{z}|\mathbf{x}\rangle = \bar{a} I(\mathbf{y})(\mathbf{x}) + I(\mathbf{z})(\mathbf{x}) \\ &= (a I(\mathbf{y}) + I(\mathbf{z}))(\mathbf{x}). \end{aligned} \tag{3.182}$$

Die durch (3.181) zum Vektorraum gemachte Menge der linearen Funktionale wollen wir $V^{\circledast}$ nennen. Es ist zu beachten, daß V^* und $V^{\circledast}$ zwar als Mengen gleich, aber als Vektorräume verschieden sind. Um kenntlich zu machen, daß die linearen Funktionale mit den Regeln aus $V^{\circledast}$ und nicht mit den Regeln aus V^* zu verknüpfen sind, schreiben wir die Funktionswerte des Funktionals mit eckigen Klammern:

$$f(\mathbf{x}) = \langle \mathbf{f}, \mathbf{x} \rangle. \tag{3.183}$$

Es gilt also

$$\langle a\mathbf{f} + \mathbf{g}, \mathbf{x} \rangle = \bar{a} \langle \mathbf{f}, \mathbf{x} \rangle + \langle \mathbf{g}, \mathbf{x} \rangle \tag{3.184}$$

und

$$\langle \mathbf{f}, \mathbf{x} + a\mathbf{y} \rangle = \langle \mathbf{f}, \mathbf{x} \rangle + a\langle \mathbf{f}, \mathbf{y} \rangle. \tag{3.185}$$

Damit lautet (3.180)

$$\langle \mathbf{y} | \mathbf{x} \rangle = \langle I(\mathbf{y}), \mathbf{x} \rangle. \tag{3.186}$$

Zum Identifizieren muß die Abbildung I auch injektiv sein. Dies ist der Fall, wenn das hermitesche Skalarprodukt nicht ausgeartet ist, wenn also aus $\langle \mathbf{y} | \mathbf{x} \rangle = 0$ für alle $\mathbf{x}$ aus V folgt $\mathbf{y} = 0$.

Wenn man den Stern * ersetzt durch den Stern ⊛, kann man die Überlegung der beiden vorigen Abschnitte analog durchführen. Die Einbettung von V in $V^{\circledast\circledast}$ erhält man in der folgenden Weise: Betrachtet man $\langle \mathbf{f}, \mathbf{x} \rangle$ für fest gewähltes $\mathbf{x}$ und variabel gedachtes $\mathbf{f}$, stellt man fest, daß $\overline{\langle \mathbf{f}, \mathbf{x} \rangle}$ ein lineares Funktional auf $V^{\circledast}$ ist. Es gibt also ein lineares Funktional $\mathbf{x}^{\circledast\circledast}$ aus $V^{\circledast\circledast}$ mit

$$\langle \mathbf{x}^{\circledast\circledast}, \mathbf{f} \rangle = \overline{\langle \mathbf{f}, \mathbf{x} \rangle}. \tag{3.187}$$

Man zeigt in der üblichen Weise, daß durch (3.187) jedem $\mathbf{x}$ genau ein $\mathbf{x}^{\circledast\circledast}$ aus $V^{\circledast\circledast}$ zugeordnet wird. Nennen wir diese Abbildung wieder I_1, kann man für (3.187) schreiben

$$\langle I_1(\mathbf{x}), \mathbf{f} \rangle = \overline{\langle \mathbf{f}, \mathbf{x} \rangle}. \tag{3.188}$$

Man überprüft leicht, daß I_1 linear und injektiv ist. Identifiziert man V mit $I_1(V)$, setzt also

$$I_1(\mathbf{x}) = \mathbf{x}, \tag{3.189}$$

lautet (3.188)

$$\langle \mathbf{x}, \mathbf{f} \rangle = \overline{\langle \mathbf{f}, \mathbf{x} \rangle}. \tag{3.190}$$

Zu der linearen Abbildung A wird durch

$$\langle \mathbf{f}, A(\mathbf{x}) \rangle = \langle \mathbf{f}', \mathbf{x} \rangle \tag{3.191}$$

die adjungierte Abbildung $A^{\circledast}$ definiert. Sie ist ebenfalls linear. Es gilt also

$$\langle \mathbf{f}, A(\mathbf{x}) \rangle = \langle A^{\circledast}(\mathbf{f}), \mathbf{x} \rangle. \tag{3.192}$$

Die gleichen Überlegungen wie in den beiden vorigen Abschnitten führen zur Definition der (anti)hermiteschen Abbildung:

Eine lineare Abbildung I von dem Vektorraum V in den Dualraum $V^{\circledast}$ heißt *(anti)hermitesch,* wenn für beliebige Vektoren **x**, **y** aus V gilt

$$\langle I(\mathbf{x}), \mathbf{y} \rangle = (-) \overline{\langle I(\mathbf{y}), \mathbf{x} \rangle}, \tag{3.193}$$

was gleichwertig ist mit

$$I^{\circledast} \circ I_1 = (-) I. \tag{3.194}$$

Mit (3.189) lautet dies

$$I^{\circledast} = (-) I. \tag{3.195}$$

Dem Begriff (anti)orthogonal entspricht hier der Begriff *(anti)unitär:*

Eine lineare Abbildung A von dem Vektorraum V (mit dem hermiteschen injektiven Homomorphismus I) in den Vektorraum W (mit dem hermiteschen injektiven Homomorphismus J) heißt (bezüglich I und J) *(anti)unitär,* wenn für beliebige **x** aus V gilt

$$I(\mathbf{x}) = (-) A^{\circledast} \circ J \circ A(\mathbf{x}). \tag{3.196}$$

Dies ist gleichwertig mit

$$\langle I(\mathbf{x}), \mathbf{y} \rangle = (-) \langle J \circ A(\mathbf{x}), A(\mathbf{y}) \rangle, \tag{3.197}$$

was sich mit (3.186) schreiben läßt als

$$\langle \mathbf{x} | \mathbf{y} \rangle = (-) \langle A(\mathbf{x}) | A(\mathbf{y}) \rangle. \tag{3.198}$$

Die Aussagen über das Identifizieren von Vektorräumen sind den beiden vorigen Abschnitten zu entnehmen, indem der Stern * ersetzt wird durch den Stern ⊛, *symmetrisch* durch *hermitesch* und *orthogonal* durch *unitär*. Entsprechend kann man eine Abbildung A des Vektorraums in sich *(anti)hermitesch bezüglich des injektiven Homomorphismus* I von V in $V^{\circledast}$ nennen, wenn $I \circ A$ die Eigenschaft hat.

Vektorräume, für die ein injektiver hermitescher Homomorphismus von V in den Dualraum $V^{\circledast}$ definiert ist, wollen wir analog zu symmetrisch *hermitesch* nennen. Für diese Vektorräume läßt sich über (3.186) ein *nicht-ausgeartetes hermitesches Skalarprodukt* definieren. Ist dieses Skalarprodukt außerdem *positiv definit,* gilt also für alle $\mathbf{x} \neq 0$

$$\langle I(\mathbf{x}), \mathbf{x} \rangle > 0 \quad \text{bzw.} \quad \langle \mathbf{x} | \mathbf{x} \rangle > 0, \tag{3.199}$$

nennt man das hermitesche Skalarprodukt auch *unitär*. Ein solcher Vektorraum wird deshalb auch oft ein *unitärer Vektorraum* genannt. Dies ist der dem euklidischen Vektorraum entsprechende Begriff. Wie im vorigen Abschnitt für euklidische Vektorräume ausgeführt wurde, kann man in einem unitären Vektorraum eine Norm und Metrik definieren. Die entsprechenden Ungleichungen lassen sich einfach durch Ersetzen der entsprechenden Symbole übernehmen.

Bemerkung:
Einer der wichtigsten in der Physik vorkommenden Vektorräume über dem Körper der komplexen Zahlen ist der Hilbertraum. Dies ist ein unitärer Raum, in dem in der vorne angegebenen Weise eine

Metrik durch die Norm definiert wird. Von anderen nicht endlich-dimensionalen Vektorräumen unterscheidet er sich vor allem dadurch, daß es eine abzählbare Menge linear unabhängiger Vektoren gibt, die einen Teilraum aufspannen, der (bei der gegebenen Norm) dicht in dem Raum liegt. Vektorräume mit dieser Eigenschaft werden separabel genannt. Der durch das Skalarprodukt im Hilbertraum definierte injektive hermitesche Homomorphismus von V in $V^{\circledast}$ wird zu einem Isomorphismus, wenn man den Vektorraum $V^{\circledast}$ einschränkt auf den Teilraum der stetigen linearen Funktionale V'. Dies ist der Inhalt des wichtigen Satzes, daß sich jedes stetige (oder beschränkte) lineare Funktional mit einem Element des Hilbertraums entsprechend (3.186) beschreiben läßt. Die hier verwendete Schreibweise $\langle x|y\rangle$ für das hermitesche Skalarprodukt, stimmt nicht ganz mit der häufig in der Physik verwendeten überein. Es wird hier in das „bra" $\langle\ |$ bzw. das „ket" $|\ \rangle$ das Symbol für den Vektor geschrieben. Ist x_{E_0} ein normierter Eigenvektor zu dem Eigenwert E_0 der linearen Abbildung E

$$E(x_{E_0}) = E_0\, x_{E_0}, \qquad (3.200)$$

pflegt man in der Dirac'schen Schreibweise, in das „bra" oder „ket" den Eigenwert E_0 statt den Eigenvektor zu schreiben. Dies hat den Nachteil, daß mit diesen Symbolen die Linearkombinationen von Vektoren nicht ausgedrückt werden können. Eine besondere Schwierigkeit der Hilbertraumrechnungen der Quantentheorie besteht darin, daß die notwendigen linearen Abbildungen (Operatoren) des Vektorraums in sich in der Regel nur einen Definitionsbereich haben, der ein dichter linearer Teilraum des Hilbertraums, aber nicht der gesamte Hilbertraum ist. Dies liegt daran, daß die kanonischen Vertauschungsrelationen

$$\frac{i}{\hbar}(PQ - QP) = I \quad \text{(Einheitsoperator, Identität)} \qquad (3.201)$$

für stetige lineare hermitesche Abbildungen (Operatoren) nicht erfüllt werden können. Es sind aber nur die stetigen selbstadjungierten Operatoren auf dem gesamten Hilbertraum definiert. Die Eigenschaft, daß es sich um Abbildungen *aus* handelt, macht es nötig, hermitesche und selbstadjungierte Operatoren zu unterscheiden. Ein (linearer) Operator A bzw. $I \circ A$ heißt in seinem Definitionsbereich hermitesch, wenn er entsprechend den hier gegebenen Definitionen in seinem Definitionsbereich hermitesch ist. Er stimmt dann in seinem Definitionsbereich mit dem adjungierten Operator $A^{\circledast}$ bzw. $A^{\circledast} \circ I$ überein. Er heißt aber erst dann selbstadjungiert, wenn auch der Definitionsbereich des adjungierten Operators mit dem Definitionsbereich des hermiteschen Operators übereinstimmt. In der Regel ist der Definitionsbereich des adjungierten Operators umfangreicher als der Definitionsbereich des zugehörigen hermiteschen Operators. Dann ist es häufig möglich – zumindestens bei praktisch allen in der Quantenmechanik vorkommenden Operatoren – durch „Fortsetzen" oder „Abschließen" den Definitionsbereich des hermiteschen Operators sinnvoll zu vergrößern. Wenn dies so möglich ist, daß man in eindeutiger Weise den gesamten Definitionsbereich des adjungierten Operators erhält, nennt man einen Operator wesentlich selbstadjungiert oder hypermaximal (vgl. z.B. [15] S. 75–88).

4. Grundbegriffe der multilinearen Algebra

4.1. Tensoren

Den algebraischen Teil der Tensorrechnung, in dem noch keine Eigenschaften differenzierbarer Mannigfaltigkeiten verwendet werden, nennt man auch *multilineare Algebra.* Formal läßt sich die multilineare Algebra auch als lineare Algebra auffassen, also als Theorie von Vektorräumen mit deren Morphismen, wobei die Elemente der Vektorräume aber noch zusätzliche Eigenschaften haben können, die sich in der multilinearen Algebra dadurch ergeben, daß der betrachtete Vektorraum aus mehreren vorgegebenen Vektorräumen in bestimmter Weise konstruiert wurde. Dieser Vektorraum heißt *Tensorprodukt* der Vektorräume und seine Elemente nennt man *Tensoren.*

Um die Probleme bei der Konstruktion des Tensorprodukts besser zu erkennen, wollen wir der eigentlichen Konstruktion eine heuristische Betrachtung voranstellen. Wir nehmen an, wir hätten mit gewissen tensoriellen oder dyadischen „Produkten" aus den Vektorräumen V und W das Tensorprodukt $V \otimes W$ konstruiert. Das tensorielle Produkt des Vektors $\mathbf{v} \in V$ und des Vektors $\mathbf{w} \in W$ werde geschrieben als

$$\mathbf{v} \otimes \mathbf{w} \in V \otimes W. \tag{4.1}$$

Egal wie $\mathbf{v} \otimes \mathbf{w}$ aus $\mathbf{v}$ und $\mathbf{w}$ konstruiert wurde, es sollte $\mathbf{v} \otimes \mathbf{w}$ die Eigenschaften eines Produktes haben. Für beide Faktoren sollte das *Distributivgesetz* gelten:

$$(\mathbf{v}_1 + a\mathbf{v}_2) \otimes \mathbf{w} = \mathbf{v}_1 \otimes \mathbf{w} + a\,\mathbf{v}_2 \otimes \mathbf{w} \tag{4.2}$$

bzw.

$$\mathbf{v} \otimes (\mathbf{w}_1 + a\mathbf{w}_2) = \mathbf{v} \otimes \mathbf{w}_1 + a\,\mathbf{v} \otimes \mathbf{w}_2. \tag{4.3}$$

Dies ist nur sinnvoll, wenn V *und* W *Vektorräume über dem gleichen Körper* K *sind, was für dieses Kapitel immer vorausgesetzt werden soll.* Außerdem soll es sich bei $V \otimes W$ um einen Vektorraum handeln. Das bedeutet, daß jede endliche Linearkombination von Produkten $\mathbf{v}_i \otimes \mathbf{w}_j$ Element des Raumes sein muß:

$$\sum_{i,j} a^{ij}\, \mathbf{v}_i \otimes \mathbf{w}_j \equiv a^{ij}\, \mathbf{v}_i \otimes \mathbf{w}_j \in V \otimes W. \tag{4.4}$$

Nicht jeder solcher Ausdruck läßt sich als Produkt von zwei Vektoren schreiben, wie es z. B. für $\mathbf{a} = a^i \mathbf{v}_i$ und $\mathbf{b} = b^j \mathbf{w}_j$ der Fall ist:

$$\mathbf{a} \otimes \mathbf{b} = a^i b^j\, \mathbf{v}_i \otimes \mathbf{w}_j. \tag{4.5}$$

Man erkennt sofort, daß die Matrix $a^{ij} = a^i b^j$ höchstens den Rang 1 hat, während es bei einer allgemeinen Matrix a^{ij} nicht nötig ist. Wenn man also weiß, wie man von einem beliebigen Vektorpaar $(\mathbf{v}, \mathbf{w}) \in V \times W$ zu dem Produkt $\mathbf{v} \otimes \mathbf{w}$ kommt, sind die Elemente des Tensorraums $V \otimes W$ alle endlichen Linearkombinationen der Form (4.4). *Versucht man nun, einfach die Paare* $(\mathbf{v}, \mathbf{w})$ *als Produkte zu interpretieren, ist es wegen (4.2) bis (4.5) sicher nicht möglich, die Verknüpfungen über die Verknüpfungen in den Komponenten zu definieren.* Außerdem ergibt sich die Schwierigkeit, daß zwar nach (4.2) und (4.3) für beliebige $a \in K$ gilt

$$(a\mathbf{v}) \otimes \mathbf{w} = \mathbf{v} \otimes (a\mathbf{w}), \tag{4.6}$$

daß aber die Paare $(a\mathbf{v}, \mathbf{w})$ und $(\mathbf{v}, a\mathbf{w})$ nur in wenigen Spezialfällen übereinstimmen. Es ist also für die Konstruktion des Tensorprodukts auf dem Weg von den Paaren $(\mathbf{v}, \mathbf{w})$ zu den Produkten $\mathbf{v} \otimes \mathbf{w}$ eine *Identifikation* nötig, die besonders deutlich daran zu erkennen ist, daß nach (4.5) *ein Paar* einer *Linearkombination von Paaren* entsprechen soll. Bei diesem Identifizieren stellt sich dann aber folgendes Problem: Wenn man es zu ungeschickt angefangen hat, sind alle Elemente nach dem Identifizieren gleich. Dies kann dann nur der Nullvektor sein. Man erkennt sofort, daß die Beziehungen (4.2) bis (4.6) sicher erfüllt sind, wenn alle Produkte $\mathbf{v} \otimes \mathbf{w}$ gleich dem Nullvektor eines Vektorraums sind. *Bei einer Konstruktion des Tensorraums ist es also notwendig, zu zeigen, daß gewisse Elemente des neuen Vektorraums ungleich Null sind. Insbesondere ist es auch nötig, Aussagen zu gewinnen darüber, welche Produkte linear unabhängige Vektoren des neu konstruierten Vektorraums sind.* Im Unterschied zu den bisher behandelten Problemen, bei denen durch injektive lineare Abbildungen die Elemente *verschiedener Vektorräume* identifiziert wurden, geschieht das Identifizieren bei der Konstruktion des Tensorprodukts dadurch, daß gewisse Elemente *eines Vektorraums* bezüglich einer Äquivalenzrelation identifiziert werden.

Es sei V_0 ein linearer Teilraum von V. Wir definieren eine Äquivalenzrelation in V, indem wir zwei Vektoren äquivalent nennen, wenn ihre Differenz Element von V_0 ist. In der auf der S. 5 eingeführten Sprechweise ist also $(\mathbf{x}, \mathbf{y}) \in V \times V$ genau dann Element von $R_{\ddot{A}}$, wenn gilt

$$\mathbf{x} - \mathbf{y} \in V_0 . \tag{4.7}$$

Aus der Eigenschaft, daß V_0 ein linearer Teilraum (von V) ist, erhält man sofort

$$\mathbf{x} - \mathbf{x} = 0 \in V_0 \quad \text{für alle } \mathbf{x} \in V, \tag{4.8}$$

$$\text{aus} \quad \mathbf{x} - \mathbf{y} \in V_0 \quad \text{folgt} \quad \mathbf{y} - \mathbf{x} \in V_0, \tag{4.9}$$

$$\text{aus} \quad \mathbf{x} - \mathbf{y} \in V_0 \quad \text{und} \quad \mathbf{x} - \mathbf{z} \in V_0 \quad \text{folgt} \quad (\mathbf{x} - \mathbf{y}) + (\mathbf{y} - \mathbf{z}) = \\ = \mathbf{x} - \mathbf{z} \in V_0. \tag{4.10}$$

Damit sind die Beziehungen (2.13) bis (2.15) nachgewiesen, also ist $R_{\ddot{A}}$ eine Äquivalenzrelation. Die durch diese Äquivalenzrelation definierten Äquivalenzklassen kennzeichnen wir wieder mit einem Repräsentanten $\mathbf{x}$ durch $\{[\mathbf{x}]\}$. *Die Menge aller Äquivalenzklassen wollen wir* V_1 *nennen. Man kann* V_1 *in natürlicher Weise zu einem Vektorraum machen:* Man stellt fest, daß durch $\{[a\mathbf{x}]\}$ zu a und $\{[\mathbf{x}]\}$ genau eine Äquivalenzklasse zugeordnet wird, egal welchen Repräsentanten $\mathbf{x}$ man zur Kennzeichnung von $\{[\mathbf{x}]\}$ verwendet: Es gelte also

$$\{[\mathbf{x}]\} = \{[\mathbf{x}']\}, \tag{4.11}$$

was gleichwertig ist mit $\mathbf{x} - \mathbf{x}' \in V_0$. Da V_0 ein linearer Teilraum ist, ist aber auch $a(\mathbf{x} - \mathbf{x}') = a\mathbf{x} - a\mathbf{x}'$ Element aus V_0. Deshalb folgt aus (4.11)

$$\{[a\mathbf{x}]\} = \{[a\mathbf{x}']\}. \tag{4.12}$$

Damit kann man jedem $a \in K$ und $\{[\mathbf{x}]\} \in V_1$ genau ein Element $\{[a\mathbf{x}]\} \in V_1$ zuordnen. Es wurde also eine Abbildung von $K \times V_1$ auf V_1 definiert. Auch zu zwei Äquivalenzklassen $\{[\mathbf{x}]\}$ und $\{[\mathbf{y}]\}$ wird durch $\{[\mathbf{x} + \mathbf{y}]\}$ genau eine Äquivalenzklasse unabhängig von den Repräsentanten $\mathbf{x}$ und $\mathbf{y}$ definiert: Denn

$$\{[\mathbf{x}]\} = \{[\mathbf{x}']\} \quad \text{und} \quad \{[\mathbf{y}]\} = \{[\mathbf{y}']\} \tag{4.13}$$

sind gleichwertig mit

$$\mathbf{x} - \mathbf{x}' \in V_0 \quad \text{und} \quad \mathbf{y} - \mathbf{y}' \in V_0. \tag{4.14}$$

Da V_0 ein linearer Raum ist, folgt hieraus

$$(\mathbf{x} - \mathbf{x}') + (\mathbf{y} - \mathbf{y}') = (\mathbf{x} + \mathbf{y}) - (\mathbf{x}' + \mathbf{y}') \in V_0, \tag{4.15}$$

wonach $\mathbf{x} + \mathbf{y}$ äquivalent zu $\mathbf{x}' + \mathbf{y}'$ ist. Also folgt aus (4.13)

$$\{[\mathbf{x} + \mathbf{y}]\} = \{[\mathbf{x}' + \mathbf{y}']\}. \tag{4.16}$$

Man überprüft leicht, daß hiermit und mit der vorne definierten Abbildung von $K \times V_1$ auf V_1 die Menge V_1 ein Vektorraum über K wurde, wobei der Nullvektor *genau* durch *alle* Elemente des Vektorraums V_0 repräsentiert wird:

$$\{[\mathbf{x}]\} = 0 \quad \text{ist gleichwertig mit} \quad \mathbf{x} \in V_0. \tag{4.17}$$

Wir schreiben die Verknüpfungen wieder in der üblichen Form

$$\{[\mathbf{x}]\} + \{[\mathbf{y}]\} = \{[\mathbf{x} + \mathbf{y}]\} \tag{4.18}$$

$$a\,\{[\mathbf{x}]\} = \{[a\mathbf{x}]\}. \tag{4.19}$$

Man drückt diese Beziehungen aus, indem man sagt, daß die Verknüpfungen der Äquivalenzklassen über die Verknüpfungen der Repräsentanten definiert wurden. Den Vektorraum solcher Äquivalenzklassen nennt man den *Quotientenraum* oder *Faktorraum* $V_1 = V/V_0$. Man kann sich die Äquivalenzklassen in einem zweidimensionalen Vektorraum bei einem eindimensionalen Unterraum V_0 durch parallele Geraden veranschaulichen. Die auf einer Geraden endenden Vektoren sind äquivalent. Man erkennt bei diesem Beispiel anschaulich sehr leicht, daß die Summenvektoren und das skalare Vielfache unabhängig von den gewählten gleichwertigen Repräsentanten auf den gleichen Geraden enden.

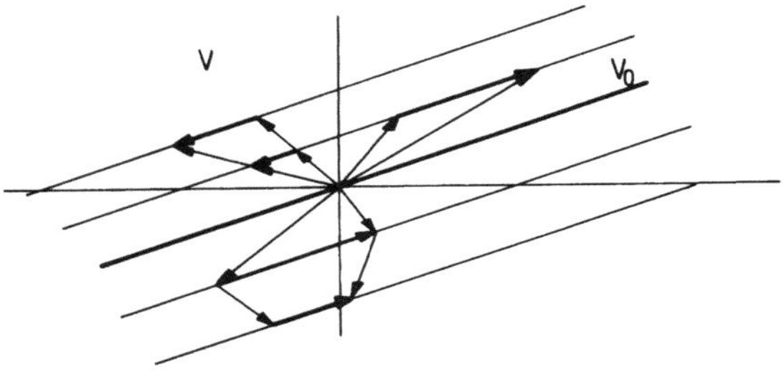

Bemerkung:
Die Bildung des Quotientenraums oder Faktorraums ist völlig analog zur Bildung der Faktorgruppe bei Gruppen (vgl. z. B. [26]). Betrachtet man den Unterraum V_0 als Untergruppe der Gruppe $(V, 0, +)$, ist V/V_0 die Faktorgruppe.

Durch $\mathbf{x} \to \{[\mathbf{x}]\}$ wird in natürlicher Weise eine Abbildung Φ von V auf den Quotientenraum V/V_0 definiert. Diese Abbildung ist wegen (4.18) und (4.19) linear und soll *kanonische Abbildung* genannt werden. Der *Kern* der kanonischen Abbildung Φ, das sind alle Vektoren aus V, die von Φ auf den Nullvektor abgebildet werden, ist wegen (4.17) genau der Untervektorraum V_0. Man erkennt sofort, daß Φ eine injektive (umkehrbar eindeutige) Abbildung von V auf V/V_0 ist, wenn V_0 der Teilraum ist, der nur aus dem Nullvektor besteht, und daß V/V nur den Nullvektor als Element enthält. Für diese Aussagen gibt es auch so etwas wie eine Umkehrung: Gegeben sei eine lineare Abbildung A von V auf den Vektorraum W. Man überprüft leicht, daß der Kern einer linearen Abbildung A, also alle Vektoren, die auf den Nullvektor von W abgebildet werden, ein linearer Teilraum Ke(A) von V ist. Es sei $\{[\mathbf{x}]\} = \{[\mathbf{x}']\}$ Element von $V/\mathrm{Ke}(A)$, dann ist $\mathbf{x} - \mathbf{x}' \in \mathrm{Ke}(A)$, also $A(\mathbf{x} - \mathbf{x}') = A(\mathbf{x}) - A(\mathbf{x}') = 0$. *Damit hat* A *für alle Repräsentanten einer Äquivalenzklasse den gleichen Funktionswert.* Es ist also möglich, durch

$$\widetilde{A}\{[\mathbf{x}]\} = A(\mathbf{x}) \tag{4.20}$$

eine Abbildung von $V/\mathrm{Ke}(A)$ auf W zu definieren. Diese Abbildung ist linear, und man kann schreiben

$$\widetilde{A} \circ \Phi = A. \tag{4.21}$$

Dies läßt sich mit einem Diagramm veranschaulichen:

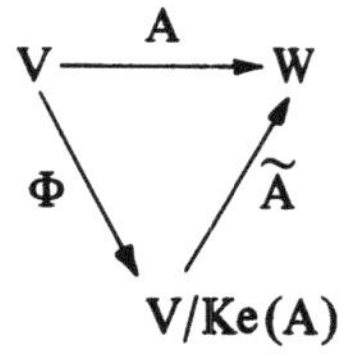

Aus $A(\mathbf{x}_1) = A(\mathbf{x}_2)$ schließt man sofort auf $\mathbf{x}_1 - \mathbf{x}_2 \in \mathrm{Ke}(A)$, also $\{[\mathbf{x}_1]\} = \{[\mathbf{x}_2]\}$, woraus folgt, daß $\widetilde{A}$ injektiv ist. Man überprüft leicht, daß die Überlegungen, die zur Definition der Abbildung $\widetilde{A}$ nötig waren, sich nicht ändern, wenn man Ke(A) durch einen Teilraum V_0 von Ke(A) ersetzt. Dann ist die Abbildung $\widetilde{A}$ nur nicht mehr notwendig injektiv. Dies läßt sich gleich für mehrere Abbildungen A machen: Es sei M eine Menge von linearen Abbildungen von V in den Vektorraum W. Der Durchschnitt aller Kerne der linearen Abbildungen ist wieder ein linearer Teilraum von V. Man überlegt sich nämlich leicht, daß ein beliebiger Durchschnitt von linearen Teilräumen eines Vektorraums ein linearer Teilraum des Vektorraums ist. Es sei nun V_0 ein linearer Teilraum dieses Durchschnitts

$$V_0 \subset \bigcap_{A \in M} \mathrm{Ke}(A), \tag{4.22}$$

dann läßt sich jede lineare Abbildung A von V in W, die Element von M ist, zusammensetzen aus der kanonischen Abbildung Φ von V auf V/V_0 und einer linearen Abbildung $\widetilde{A}$ von V/V_0 in W:

$$\widetilde{A} \circ \Phi = A. \tag{4.23}$$

Diese Abbildungen $\widetilde{A}$ müssen natürlich nicht injektiv sein.

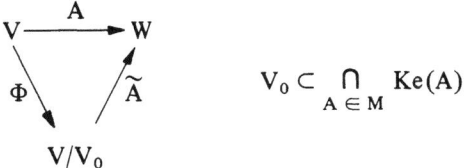

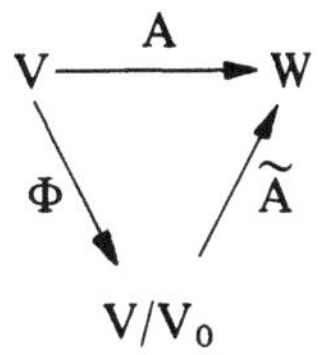

$$V_0 \subset \bigcap_{A \in M} \mathrm{Ke}(A)$$

Bevor wir uns der Konstruktion des Tensorprodukts von mehreren Vektorräumen zuwenden, wollen wir mit einem Vektorraum einen gewissen Quotientenraum konstruieren, weil hierbei wesentliche Elemente der Tensorraumkonstruktion vorkommen.

Wir betrachten die Menge aller Abbildungen f von dem Vektorraum V in den Körper K, die nur für *endlich viele* Elemente $\mathbf{x}$ aus V ungleich Null sind. Die Funktionswerte dieser Abbildungen wollen wir schreiben als $f^{\mathbf{x}}$ bzw. $f^{(\mathbf{x})}$:

$$f(\mathbf{x}) \equiv f^{\mathbf{x}} \equiv f^{(\mathbf{x})}. \tag{4.24}$$

Diese Menge von Funktionen kann man in der üblichen Weise zu einem Vektorraum über K machen, indem man die Verknüpfungen über die entsprechenden Gleichungen für die Funktionswerte definiert:

$$(f + ag)^{\mathbf{x}} = f^{\mathbf{x}} + a\, g^{\mathbf{x}}. \tag{4.25}$$

Für diesen Vektorraum über dem Körper K *wollen wir schreiben* K^V. Es ist keine Frage, daß auch für *endlich-dimensionale Vektorräume* V die Dimension von K^V i.a. *nicht endlich* ist. Mit den Indikatorfunktionen der einelementigen Teilmengen $\{\mathbf{x}\}$ von V kann man die Elemente aus K^V schreiben als

$$f^{\mathbf{x}} = \sum_{\mathbf{a} \in V} f^{\mathbf{a}}\, I_{\{\mathbf{a}\}}(\mathbf{x}). \tag{4.26}$$

Da $f^{\mathbf{x}}$ nur endlich viele $\mathbf{a}$ aus V ungleich Null ist, steht auf der rechten Seite von (4.26) eine endliche Summe. Wenn man bedenkt, daß man die Indikatorfunktion für die einelementigen Teilmengen auch definieren kann über

$$I_{\{\mathbf{a}\}}(\mathbf{x}) = \begin{cases} 1 & \text{für} \quad \mathbf{x} = \mathbf{a} \\ 0 & \text{für} \quad \mathbf{x} \neq \mathbf{a} \end{cases}, \tag{4.27}$$

liegt es nahe,

$$I_{\{\mathbf{a}\}}(\mathbf{x}) = \delta_{\mathbf{a}}^{\mathbf{x}} \tag{4.28}$$

zu schreiben und auch für (4.26) die Summationskonvention anzuwenden

$$f^x = f^a I_{\{a\}}(x) = f^a \delta_a^x \equiv \sum_{a \in V} f^a I_{\{a\}}(x) = \sum_{a \in V} f^a \delta_a^x . \tag{4.29}$$

Die Funktion f läßt sich dann mit der Summationskonvention schreiben als

$$f = f^a I_{\{a\}}. \tag{4.30}$$

Durch die Zuordnung $a \to I_{\{a\}}$ kann man jedes Element aus V als Element aus K^V betrachten, und umgekehrt entspricht jede solche Indikatorfunktion einem Element aus V.

Wir definieren einen linearen Teilraum V_0 von K^V als Menge aller endlichen Linearkombinationen von Funktionen der Form

$$I_{\{a\}} - a^i I_{\{a_i\}} \quad \text{mit } a = a^i a_i, \tag{4.31}$$

wobei in der üblichen Weise die Summationskonvention anzuwenden ist. Anschaulich erkennt man leicht, daß man hier vermutlich *nicht alle* Vektoren (Elemente) von K^V erhält. Ein direkter Beweis ist aber nicht ganz einfach, da V_0 sehr umfangreich und z. B. i. a. sicher nicht endlich-dimensional ist. *Deshalb wollen wir den Trick anwenden, den Vektorraum* V_0 *als Kern einer linearen Abbildung* A *zu kennzeichnen.* Diese Kennzeichnung ist sehr bequem, um die Eigenschaften des Quotientenraums K^V/V_0 zu untersuchen. Wir definieren eine lineare Abbildung A von K^V auf den Vektorraum V durch

$$A(f^a I_{\{a\}}) = f^a a. \tag{4.32}$$

Hier ist auf der rechten Seite die erweiterte Summationskonvention entsprechend (4.29) anzuwenden. Die Abbildung A ist linear, denn es gilt

$$\begin{aligned} A(f^a I_{\{a\}} + a g^a I_{\{a\}}) &= A((f^a + a g^a) I_{\{a\}}) = (f^a + a g^a) a \\ &= f^a a + a g^a a = A(f) + a A(g). \end{aligned} \tag{4.33}$$

Da für ein Element der Form (4.31) gilt

$$A(I_{\{a\}} - a^i I_{\{a_i\}}) = a - a^i a_i = 0, \tag{4.34}$$

werden alle Elemente aus V_0 auf den Nullvektor abgebildet, d. h. V_0 ist ein Teilraum des Kerns der Abbildung A:

$$V_0 \subset \mathrm{Ke}(A). \tag{4.35}$$

Man kann nun umgekehrt zeigen, daß jedes Element aus dem Kern der Abbildung A ein Element von V_0 ist: Es sei $f^a I_{\{a\}} \in \mathrm{Ke}(A)$, dann gilt

$$A(f^a I_{\{a\}}) = f^a a = 0. \tag{4.36}$$

Wenn alle f^a gleich Null sind, ist $f^a a$ der Nullvektor, der sicher Element von V_0 ist. Es sei f^a ungleich Null für die endlich vielen Vektoren a_i. Wir schreiben

$$f^a a = f^i a_i \quad \text{mit} \quad f^{a_i} = f^i \neq 0. \tag{4.37}$$

Die zweite Gleichung von (4.36) kann man z. B. nach $\mathbf{a}_1$ auflösen und erhält

$$\mathbf{a}_1 = c^j \mathbf{a}_j \quad \text{mit} \quad j \neq 1, c^j = -\frac{f^j}{f^1}. \tag{4.38}$$

Wegen

$$f^1 (I_{\{\mathbf{a}_1\}} - c^j I_{\{\mathbf{a}_j\}}) = f^1 I_{\{\mathbf{a}_1\}} - f^1 c^j I_{\{\mathbf{a}_j\}} = f^1 I_{\{\mathbf{a}_1\}} + f^j I_{\{\mathbf{a}_j\}} = f^{\mathbf{a}} I_{\{\mathbf{a}\}} \tag{4.39}$$

ist also jedes Element aus K^V, das (4.36) erfüllt, proportional zu einem Element der Form (4.31), also ein Element aus V_0 womit gezeigt wurde $\text{Ke}(A) \subset V_0$. Mit (4.35) ergibt sich also, daß V_0 genau der Kern der Abbildung A ist:

$$V_0 = \text{Ke}(A). \tag{4.40}$$

Mit den Überlegungen der S. 44 erhält man sofort, daß die zu den Vektoren $\mathbf{a}_i$ *gehörenden Äquivalenzklassen* $\{[I_{\{\mathbf{a}_i\}}]\}$ *aus* K^V/V_0 *genau dann linear unabhängig sind, wenn die Vektoren* $\mathbf{a}_i$ *linear unabhängig sind. Der Quotientenraum* K^V/V_0 *der auch einstufiger Tensorraum genannt wird, ist also isomorph zu* V.

Bemerkung:
Dem Beweis für (4.40), insbesondere der Beziehung (4.39) entnimmt man leicht, wie man die wichtigen Eigenschaften von V_0 auch ohne die Abbildung A direkt erhalten kann. Denn die wesentliche Aussage des Beweises besagt gerade, daß alle Elemente aus V_0, also daß jede endliche Linearkombination von Funktionen der Form (4.31) sogar proportional zu *einer* Funktion der Form (4.31) ist.

Für die Konstruktion des Tensorprodukts aus den Vektorräumen V und W definieren wir den Vektorraum aller Abbildungen f von $V \times W$ in den Körper K, die nur für *endlich viele* Elemente $(\mathbf{x}, \mathbf{y})$ aus $V \times W$ ungleich Null sind. *Für diesen Vektorraum schreiben wir* $K^{V \times W}$. Schreibt man die Funktionswerte dieser Abbildungen analog zu (4.24) bis (4.29) in der Form

$$f(\mathbf{x}, \mathbf{y}) = f^{(\mathbf{x}, \mathbf{y})} = f^{(\mathbf{a}, \mathbf{b})} I_{\{(\mathbf{a}, \mathbf{b})\}}(\mathbf{x}, \mathbf{y}) = f^{(\mathbf{a}, \mathbf{b})} \delta^{(\mathbf{x}, \mathbf{y})}_{(\mathbf{a}, \mathbf{b})}, \tag{4.41}$$

wobei wieder die erweiterte Summationskonvention eingeführt wurde, läßt sich die Definitionsgleichung für die Vektorraumverknüpfungen schreiben als

$$(f + ag)^{(\mathbf{x}, \mathbf{y})} = f^{(\mathbf{x}, \mathbf{y})} + a\, g^{(\mathbf{x}, \mathbf{y})}. \tag{4.42}$$

Für die Funktionen aus $K^{V \times W}$ erhält man die Darstellung

$$f = f^{(\mathbf{a}, \mathbf{b})} I_{\{(\mathbf{a}, \mathbf{b})\}}. \tag{4.43}$$

Der Unterraum V_0 von $K^{V \times W}$ werde aufgespannt von den Funktionen der Form

$$I_{\{(\mathbf{a}, \mathbf{b})\}} - a^i b^k I_{\{(\mathbf{a}_i, \mathbf{b}_k)\}} \quad \text{mit} \quad \mathbf{a} = a^i \mathbf{a}_i \in V, \; \mathbf{b} = b^k \mathbf{b}_k \in W. \tag{4.44}$$

Man stellt leicht fest, daß zu diesem Vektorraum V_0 alle endlichen Linearkombinationen von Funktionen der Form

$$I_{\{(\mathbf{0}, \mathbf{b})\}}, \; I_{\{(\mathbf{a}, \mathbf{0})\}} \quad \text{für beliebige } \mathbf{a} \in V \text{ und } \mathbf{b} \in W \tag{4.45}$$

und

$$I_{\{(\mathbf{a}, \mathbf{b})\}} - a^j I_{\{(\mathbf{a}_j, \mathbf{b})\}} \quad \text{mit} \quad \mathbf{a} = a^j \mathbf{a}_j \in V, \; \mathbf{b} \in W \tag{4.46}$$

gehören.

Wir versuchen wieder, den Vektorraum V_0 *als Kern von linearen Abbildungen zu kennzeichnen.* Es sei **u** ein Element aus W*, dem algebraischen Dualraum von W. Dann kann man leicht überprüfen, daß durch

$$L_{\mathbf{u}}(f) = L_{\mathbf{u}}(f^{(\mathbf{a},\mathbf{b})} I_{\{(\mathbf{a},\mathbf{b})\}}) = (\mathbf{u},\mathbf{b}) f^{(\mathbf{a},\mathbf{b})} I_{\{\mathbf{a}\}} \tag{4.47}$$

für jedes $\mathbf{u} \neq 0$ eine lineare Abbildung von $K^{V \times W}$ auf K^V definiert wird. Schließt man die durch (4.32) definierte Abbildung A an, erhält man insgesamt eine lineare Abbildung von $K^{V \times W}$ auf V:

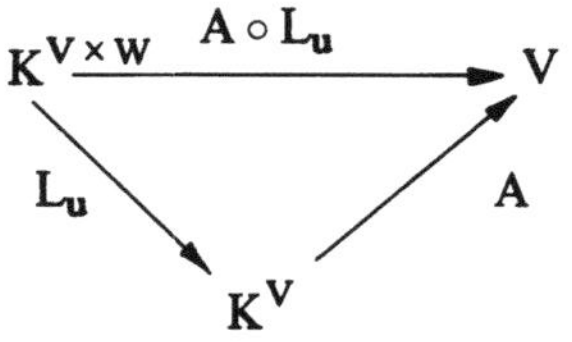

Der Vektorraum V_0 ist ein linearer Teilraum des Kerns von $A \circ L_{\mathbf{u}}$: Es gilt nämlich für die Funktionen der Form (4.44)

$$\begin{aligned} A \circ L_{\mathbf{u}}(I_{\{(\mathbf{a},\mathbf{b})\}} - a^i b^k I_{\{(\mathbf{a}_i,\mathbf{b}_k)\}}) &= A((\mathbf{u},\mathbf{b}) I_{\{\mathbf{a}\}} - (\mathbf{u},\mathbf{b}_k) b^k a^i I_{\{\mathbf{a}_i\}}) \\ &= A((\mathbf{u},\mathbf{b}) I_{\{\mathbf{a}\}} - (\mathbf{u},\mathbf{b}) a^i I_{\{\mathbf{a}_i\}}) = (\mathbf{u},\mathbf{b})(\mathbf{a} - a^i \mathbf{a}_i) = 0. \end{aligned} \tag{4.48}$$

Da deshalb jede endliche Linearkombination solcher Funktionen ebenfalls auf Null abgebildet wird, ist $V_0 \subset \mathrm{Ke}(A \circ L_{\mathbf{u}})$ nachgewiesen worden. Da dies für beliebige $\mathbf{u} \in W^*$ gilt (auch $\mathbf{u} = 0$), folgt hieraus

$$V_0 \subset \bigcap_{\mathbf{u} \in W^*} \mathrm{Ke}(A \circ L_{\mathbf{u}}). \tag{4.49}$$

Hiervon kann man auch die umgekehrte Inklusion nachweisen. Es sei

$$f = f^{(\mathbf{a},\mathbf{b})} I_{\{(\mathbf{a},\mathbf{b})\}} \in \bigcap_{\mathbf{u} \in W^*} \mathrm{Ke}(A \circ L_{\mathbf{u}}). \tag{4.50}$$

Dies ist gleichwertig damit, daß für alle $\mathbf{u} \in W^*$ gilt

$$A \circ L_{\mathbf{u}}(f^{(\mathbf{a},\mathbf{b})} I_{\{(\mathbf{a},\mathbf{b})\}}) = (\mathbf{u},\mathbf{b}) f^{(\mathbf{a},\mathbf{b})} \mathbf{a} = 0. \tag{4.51}$$

Dies ist erfüllt, wenn $\mathbf{b} = 0$ ist, oder anders ausgedrückt, wenn $f^{(\mathbf{a},\mathbf{b})}$ höchstens für $f^{(\mathbf{a},0)}$ ungleich Null ist. Es ist dann

$$f = f^{(\mathbf{a},0)} I_{\{(\mathbf{a},0)\}} \tag{4.52}$$

eine Linearkombination von Funktionen einer Form, wie sie bei (4.45) als Elemente von V_0 erkannt worden sind. Setzt man in (4.50) alle Werte $f^{(\mathbf{a},0)}$ gleich Null, erhält man eine Funktion f′, für die ebenfalls gilt

$$A \circ L_{\mathbf{u}}(f') = (\mathbf{u},\mathbf{b}) f^{(\mathbf{a},\mathbf{b})} \mathbf{a} = 0 \quad (\text{für alle } \mathbf{u} \in W^*). \tag{4.53}$$

Wenn man nachweisen kann, daß alle solchen f′ Elemente von V_0 sind, ist wegen der Vektorraumeigenschaft von V_0 auch die ursprüngliche Funktion f Element von V_0.

Da es für jedes $\mathbf{b} \neq 0$ ein $\mathbf{u} \in W^*$ gibt mit $(\mathbf{u}, \mathbf{b}) \neq 0$, ist (4.53) gleichwertig mit

$$f^{(\mathbf{a},\mathbf{b})}\,\mathbf{a} = 0. \qquad (4.54)$$

Sind alle $f^{(\mathbf{a},\mathbf{b})}$ gleich Null, ist f' Element von V_0. Sind nicht alle $f^{(\mathbf{a},\mathbf{b})}$ gleich Null, kann man die Vektoren $\mathbf{a}$ aus V und $\mathbf{b}$ aus W, für die $f^{(\mathbf{a},\mathbf{b})}$ ungleich Null ist, numerieren und setzen

$$f^{(\mathbf{a}_i, \mathbf{b}_k)} = f^{ik}. \qquad (4.55)$$

Dann ist (4.54) gleichwertig mit

$$f^{ik}\,\mathbf{a}_i = 0 \quad \text{für alle k.} \qquad (4.56)$$

Für jedes k gibt es mindestens ein $f^{ik} \neq 0$, das wir schreiben wollen als $f^{i(k)k}$. Dann kann man (4.56) nach $\mathbf{a}_{i(k)}$ auflösen:

$$\mathbf{a}_{i(k)} = c^{jk}\mathbf{a}_j \ \text{ mit } \ j \neq i(k) \quad \text{und} \quad c^{jk} = -\frac{f^{jk}}{f^{i(k)k}}. \qquad (4.57)$$

Wenn man in der folgenden Summe beachtet, daß für festes k jeweils nur über die Indizes $j \neq i(k)$ zu summieren ist, erhält man

$$\begin{aligned} & f^{i(k)k}\left[I_{\{(\mathbf{a}_{i(k)}, \mathbf{b}_k)\}} - c^{jk} I_{\{(\mathbf{a}_j, \mathbf{b}_k)\}}\right] = \\ & = f^{i(k)k} I_{\{(\mathbf{a}_{i(k)}, \mathbf{b}_k)\}} - f^{i(k)k} c^{jk} I_{\{(\mathbf{a}_j, \mathbf{b}_k)\}} \\ & = f^{i(k)k} I_{\{(\mathbf{a}_{i(k)}, \mathbf{b}_k)\}} + f^{jk} I_{\{(\mathbf{a}_j, \mathbf{b}_k)\}} = f^{ik} I_{\{(\mathbf{a}_i, \mathbf{b}_k)\}} = f'. \end{aligned} \qquad (4.58)$$

Damit ist f' als Summe von Funktionen der Form (4.46) dargestellt worden, womit also aus (4.53) auf $f' \in V_0$ geschlossen wurde. Damit ist also für jedes $f \in \bigcap_{\mathbf{u} \in W^*} \mathrm{Ke}(A \circ L_{\mathbf{u}})$ gezeigt worden, daß es auch Element von V_0 ist. Mit (4.49) ergibt sich deshalb

$$V_0 = \bigcap_{\mathbf{u} \in W^*} \mathrm{Ke}(A \circ L_{\mathbf{u}}). \qquad (4.59)$$

Bemerkung:
Man erkennt an diesem Beweis (insbes. (4.58)), wie man auch ohne die Abbildungen $A \circ L_{\mathbf{u}}$ die Eigenschaften von V_0 hätte untersuchen können. Man hätte sich dann V_0 definieren müssen als endliche Linearkombination aus Funktionen der Form (4.45, 46). Die Funktionen (4.46) haben die Eigenschaft, nur auf den zu $\mathbf{b} = 0$ parallelen Geraden von $V \times W$ ungleich Null zu sein, sind also für verschiedene $\mathbf{b}$ sicher linear unabhängig. Um die Beziehung (4.5) zu erhalten, muß man dann beweisen, daß auch alle Funktionen der Form (4.44) als endliche Linearkombinationen solcher spezieller Funktionen zu erhalten sind.

Nachdem so viel Mühe aufgewandt wurde, V_0 zu kennzeichnen, ist es nicht mehr schwierig, die wichtigen Eigenschaften des Quotientenraums $K^{V \times W}/V_0$ nachzuweisen. Dieser Vektorraum besteht nicht nur aus dem Nullvektor, da $V_0 \neq K^{V \times W}$ ist, und zu jedem Paar $(\mathbf{a}, \mathbf{b})$ gibt es eine Klasse, die repräsentiert wird durch $I_{\{(\mathbf{a}, \mathbf{b})\}}$. Diese Klasse nennt man das *Tensorprodukt* oder *dyadische Produkt* zweier Vektoren $\mathbf{a}$ und $\mathbf{b}$ und schreibt:

$$\{[I_{\{(\mathbf{a}, \mathbf{b})\}}]\} \equiv \mathbf{a} \otimes \mathbf{b}, \ \ \mathbf{a} \in V, \ \ \mathbf{b} \in W. \qquad (4.60)$$

Den Vektorraum $K^{V\times W}/V_0$ nennt man das *Tensorprodukt der Vektorräume* V und W und schreibt:

$$K^{V\times W}/V_0 = V \otimes W. \tag{4.61}$$

Die Schreibweise als Produkt hat nicht nur formale Bedeutung. Denn mit (4.17, 18, 19) folgt aus (4.44)

$$(a^i \mathbf{a}_i) \otimes (b^k \mathbf{b}_k) = a^i b^k \mathbf{a}_i \otimes \mathbf{b}_k, \tag{4.62}$$

was insbesondere liefert

$$0 \otimes \mathbf{b} = \mathbf{a} \otimes 0 = 0. \tag{4.63}$$

Die Parallele zum vorne behandelten einstufigen Tensorraum wird offensichtlich, wenn man die kanonische Abbildung Φ auf ein allgemeines Element des Vektorraums $K^{V\times W}$ anwendet und (4.60) berücksichtigt:

$$\Phi(f^{(\mathbf{a},\mathbf{b})} I_{\{(\mathbf{a},\mathbf{b})\}}) = f^{(\mathbf{a},\mathbf{b})} \Phi(I_{\{(\mathbf{a},\mathbf{b})\}}) = f^{(\mathbf{a},\mathbf{b})} \{[I_{\{(\mathbf{a},\mathbf{b})\}}]\} = f^{(\mathbf{a},\mathbf{b})} \mathbf{a} \otimes \mathbf{b}. \tag{4.64}$$

Hier ist vielleicht eine Bemerkung zur Verwendung der erweiterten Summationskonvention angebracht. Häufig werden Tensoren nur in der Form

$$T_1 = f^{ik} \mathbf{a}_i \otimes \mathbf{b}_k \quad \text{anstelle} \quad T_1 = f^{(\mathbf{a},\mathbf{b})} \mathbf{a} \otimes \mathbf{b} \tag{4.65}$$

geschrieben. Wenn die $\mathbf{a}_i$ *bzw.* $\mathbf{b}_k$ ***nicht eine Basis*** *sind, hat diese Schreibweise den Nachteil, daß die Addition zweier Tensoren* ***nicht einfach*** *anzugeben ist. Denn in*

$$T_2 = g^{jl} \tilde{\mathbf{a}}_j \otimes \tilde{\mathbf{b}}_l \quad (= g^{(\mathbf{a},\mathbf{b})} \mathbf{a} \otimes \mathbf{b}) \tag{4.66}$$

stimmen i. a. die Vektoren $\tilde{\mathbf{a}}_j$ *und* $\tilde{\mathbf{b}}_l$ ***nicht*** *mit den Vektoren* $\mathbf{a}_i$ *und* $\mathbf{b}_k$ *überein. Erst wenn man die* $\mathbf{a}_i$ *und* $\tilde{\mathbf{a}}_j$ *bzw. die* $\mathbf{b}_k$ *und* $\tilde{\mathbf{b}}_l$ *jeweils mit einer* ***gemeinsamen Numerierung*** *versieht und die Summen über alle Vektoren erstreckt, indem geeignet viele Nullen als Koeffizienten hinzugefügt werden, erhält man* $T_1 + T_2$ *durch komponentenweises Addieren. Dies ist bei der erweiterten Summationskonvention durch die Verwendung der Funktionen* $f^{(\mathbf{a},\mathbf{b})}$ *bzw.* $g^{(\mathbf{a},\mathbf{b})}$ *unproblematisch:*

$$T_1 + aT_2 = f^{(\mathbf{a},\mathbf{b})} \mathbf{a} \otimes \mathbf{b} + a\, g^{(\mathbf{a},\mathbf{b})} \mathbf{a} \otimes \mathbf{b} = (f^{(\mathbf{a},\mathbf{b})} + a g^{(\mathbf{a},\mathbf{b})})\, \mathbf{a} \otimes \mathbf{b}. \tag{4.67}$$

Der entscheidende Satz, der liefert, daß man genügend viele von Null verschiedene Produkte bei dieser Konstruktion erhalten hat, lautet nun:

Sind die Vektoren $\mathbf{a}_1, \ldots, \mathbf{a}_n$ *linear unabhängige Vektoren aus* V *und sind* $\mathbf{b}_1, \ldots, \mathbf{b}_m$ *linear unabhängige Vektoren aus* W, *sind die Tensorprodukte*

$$\mathbf{a}_i \otimes \mathbf{b}_k \tag{4.68}$$

linear unabhängig.

Beweis:

Zu jeder Abbildung $A \circ L_{\mathbf{u}}$ von $K^{V\times W}$ in V kann man nach der Überlegung bei (4.23) wegen (4.49) mit der kanonischen Abbildung Φ von $K^{V\times W}$ auf $K^{V\times W}/V_0 = V \otimes W$ eine Abbildung $(A \widetilde{\circ L_{\mathbf{u}}})$ von $V \otimes W$ in V definieren durch

$$(A \widetilde{\circ L_{\mathbf{u}}}) \circ \Phi = A \circ L_{\mathbf{u}}. \tag{4.69}$$

Das zugehörige Diagramm hat das Aussehen:

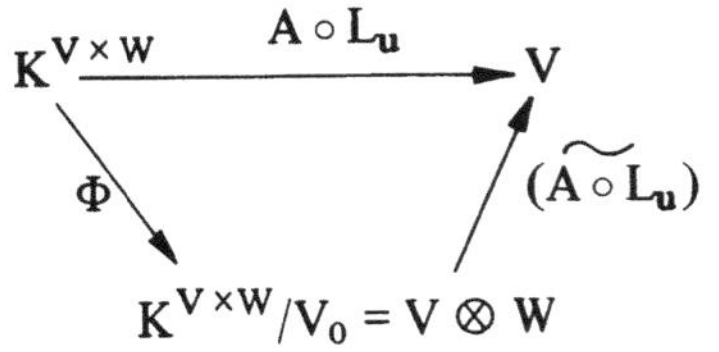

Auf eine Linearkombination

$$a^{ik} \mathbf{a}_i \otimes \mathbf{b}_k = 0 \tag{4.70}$$

wenden wir nun die Abbildung $(\widetilde{A \circ L_u})$ an und erhalten

$$\begin{aligned} 0 &= (\widetilde{A \circ L_u})\,(a^{ik} \mathbf{a}_i \otimes \mathbf{b}_k) = A \circ L_u (a^{ik} I\{(\mathbf{a}_i, \mathbf{b}_k)\}) \\ &= (\mathbf{u}, \mathbf{b}_k)\, a^{ik} \mathbf{a}_i \quad \text{für alle } \mathbf{u} \in W^*. \end{aligned} \tag{4.71}$$

Da es genügend viele $\mathbf{u} \in W^*$ gibt mit $(\mathbf{u}, \mathbf{b}_k) \neq 0$, ist dies gleichwertig mit

$$a^{ik} \mathbf{a}_i = 0 \quad \text{für alle } k. \tag{4.72}$$

Aus der linearen Unabhängigkeit der $\mathbf{a}_i$ folgt hieraus

$$a^{ik} = 0 \quad \text{für alle } i, k, \tag{4.73}$$

womit nachgewiesen wurde, daß die Tensorprodukte $\mathbf{a}_i \otimes \mathbf{b}_k$ unter den im Satz angegebenen Voraussetzungen linear unabhängig sind.

Aus diesem Satz folgt sofort, daß der Tensorraum $V \otimes W$ von den *dyadischen Produkten* oder den *zerfallenden Tensoren,* wie man diese Produkte auch nennt, aufgespannt wird und daß die Dimension von $V \otimes W$ für endlich-dimensionale Vektorräume V und W durch das Produkt der Dimensionen der einzelnen Vektorräume gegeben ist: Denn sind $\mathbf{b}_1$ bis $\mathbf{b}_n$ eine Basis von V und $\mathbf{b}'_1$ bis $\mathbf{b}'_m$ eine Basis von W, sind die Tensoren

$$\mathbf{b}_j \otimes \mathbf{b}'_l \quad j = 1, \ldots, n, \quad l = 1, \ldots, m \tag{4.74}$$

eine Basis von $V \otimes W$. Die lineare Unabhängigkeit folgt aus dem bewiesenen Satz. Schreiben wir ein Element von $V \otimes W$ in der Form

$$T = a^{ik} \mathbf{a}_i \otimes \mathbf{c}_k \quad \text{mit} \quad \mathbf{a}_i \in V \quad \text{und} \quad \mathbf{c}_k \in W, \tag{4.75}$$

gilt mit

$$\mathbf{a}_i = a_i^j \mathbf{b}_j \quad \text{und} \quad \mathbf{c}_k = c_k^l \mathbf{b}'_l \tag{4.76}$$

wegen (4.62)

$$T = a^{ik} (\mathbf{a}_i \otimes \mathbf{c}_k) = a^{ik} (a_i^j \mathbf{b}_j \otimes c_k^l \mathbf{b}'_l) = a^{ik} a_i^j c_k^l \mathbf{b}_j \otimes \mathbf{b}'_l = \tilde{a}^{jl} \mathbf{b}_j \otimes \mathbf{b}'_l. \tag{4.77}$$

Damit ist der beliebige Tensor T aus $V \otimes W$ eine Linearkombination von den Tensoren (4.74), also sind diese Tensoren eine Basis von $V \otimes W$. Da die Anzahl dieser Basisvektoren nm ist, ist die Dimension von $V \otimes W$ gleich dem Produkt der Dimensionen der Vektorräume. Als Konsequenz ergibt sich auch, daß die in (4.77) vorkommenden Koeffizienten $\tilde{a}^{jl}$ eindeutig sind. Wählt man für W den Körper K, erhält man sofort, daß $V \otimes K$ isomorph zu V ist, wobei die Tensormultiplikation zur üblichen Multiplikation eines Vektors mit einem Skalar wird. Es ist also insbesondere $K \otimes K$ isomorph zu K.

Die besondere Bedeutung des Tensorraums besteht darin, daß mit seiner Hilfe die Untersuchung *bilinearer Abbildungen* von $V \times W$ in einen Vektorraum U auf die Untersuchung *linearer Abbildungen* von $V \otimes W$ in U zurückgeführt werden kann: Es sei B eine bilineare Abbildung von $V \times W$ in U. Für alle $\mathbf{a} \otimes \mathbf{b}$ definieren wir durch

$$B(\mathbf{a}, \mathbf{b}) = L(\mathbf{a} \otimes \mathbf{b}) \tag{4.78}$$

eine Abbildung L *aus* $V \otimes W$ in U. Diese Abbildung L ist nur für die Elemente von $V \otimes W$ definiert, die sich in der Form $\mathbf{a} \otimes \mathbf{b}$ schreiben lassen. Da B bilinear ist, ist L für alle Elemente seines Definitionsbereichs *linear*. Denn für $\mathbf{a} = a^i \mathbf{a}_i$ und $\mathbf{b} = b^k \mathbf{b}_k$ gilt

$$\begin{aligned} L(a^i b^k \mathbf{a}_i \otimes \mathbf{b}_k) &= L(\mathbf{a} \otimes \mathbf{b}) = B(\mathbf{a}, \mathbf{b}) = B(a^i \mathbf{a}_i, b^k \mathbf{b}_k) = a^i b^k B(\mathbf{a}_i, \mathbf{b}_k) \\ &= a^i b^k L(\mathbf{a}_i \otimes \mathbf{b}_k). \end{aligned} \tag{4.79}$$

Durch

$$\tilde{L}(f^{(\mathbf{a}, \mathbf{b})} \mathbf{a} \otimes \mathbf{b}) = f^{(\mathbf{a}, \mathbf{b})} L(\mathbf{a} \otimes \mathbf{b}) \tag{4.80}$$

läßt sich L zu einer linearen Abbildung $\tilde{L}$ *von* $V \otimes W$ in U *fortsetzen.* Umgekehrt läßt sich *jede lineare* Abbildung von $V \otimes W$ in U zur Definition einer *bilinearen Abbildung* von $V \times W$ in U heranziehen. Wählt man für U den Körper K, spricht man von *Bilinearformen auf* $V \times W$, die dann als *Linearformen auf* $V \otimes W$ betrachtet werden können und umgekehrt. Definiert man eine Abbildung E von $V \times W$ in $K^{V \times W}$ durch

$$E(\mathbf{a}, \mathbf{b}) = I_{\{(\mathbf{a}, \mathbf{b})\}} \quad \text{für alle} \quad (\mathbf{a}, \mathbf{b}) \in V \times W, \tag{4.81}$$

kann man sich die beschriebene Situation mit dem folgenden Diagramm veranschaulichen:

$$\begin{array}{ccc} V \times W & \xrightarrow{\text{B (bilinear)}} & U \\ \Big\downarrow E & & \Big\uparrow \text{L (linear)} \\ K^{V \times W} & \xrightarrow{\Phi} & V \otimes W = K^{V \times W}/V_0 \end{array}$$

Bemerkung:

Die hier gebrachte Konstruktion des Tensorprodukts wirkt auf den ersten Blick vielleicht etwas aufwendig, ist aber die einfachste mir bekannte Konstruktion für allgemeine Vektorräume, bei der die Produkteigenschaft (4.62) sofort klar ist und bei der man den wichtigen Satz über die lineare Unabhängigkeit gewisser Tensoren beweisen kann. Bei vielen in der Physik üblichen Konstruktionen wird dies meist nicht nachgewiesen. Tensorraumdefinitionen mit Basisvektoren wirken auf den ersten Blick vielleicht etwas einfacher, sind aber für unendlich-dimensionale Vektorräume nicht so einfach durchzuführen. Da dieser Fall aber in der Physik wichtig ist, wenn man aus einem Vektorraum von Funktionen $f(x)$ und einem Vektorraum von Funktionen $g(y)$, wobei x und y Elemente unterschiedener Mengen sind, mit allen möglichen Produkten $f(x)\,g(y)$ einen Vektorraum von Funktionen $h(x, y)$ – dies ist das Tensorprodukt der beiden Vektorräume – aufbauen will, was besonders in der Vielteilchenquantentheorie benötigt wird, wurde hier eine Konstruktion ohne Basisvektoren gewählt.

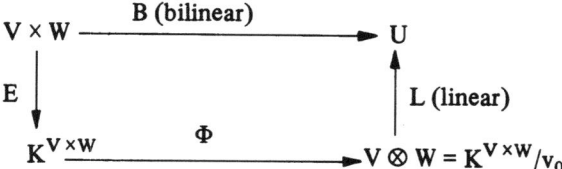

Wenn man mit den Vektorräumen der linearen Funktionale Tensorräume definiert, kann man ausnutzen, daß die Elemente dieser Vektorräume noch die Eigenschaft haben, lineare Abbildungen der entsprechenden Vektorräume in den Körper zu sein. Wir wollen die Räume $V^* \otimes W$, $V \otimes W^*$ und $V^* \otimes W^*$ betrachten. Damit man an der Schreibweise erkennen kann, aus welchen Vektorräumen die Vektoren sind, sollen hier mit $\mathbf{v}_i$ bzw. $\mathbf{v}^j$ Vektoren aus V bzw. V^* und mit $\mathbf{w}_k$ bzw. $\mathbf{w}^l$ Vektoren aus W bzw. W^* gekennzeichnet werden. Da in diesem Zusammenhang keine Addition von Tensoren benötigt wird, soll auf die erweiterte Summationskonvention verzichtet und nur die übliche angewendet werden.

Es sei T_1 ein Element aus $V^* \otimes W$. Wir schreiben

$$T_1 = a_j^k \mathbf{v}^j \otimes \mathbf{w}_k. \tag{4.82}$$

Zu jedem solchen T_1 kann man durch

$$A(\mathbf{v}) = a_j^k \mathbf{w}_k (\mathbf{v}^j, \mathbf{v}) \tag{4.83}$$

eine lineare Abbildung A von V in W definieren. Da nur endlich viele a_j^k ungleich Null sind, ist der Bildraum dieser linearen Abbildung endlich-dimensional. Der Bildraum für einen zerfallenden Tensor $\mathbf{v}^1 \otimes \mathbf{w}_1 \neq 0$ ist eindimensional, nämlich der von $\mathbf{w}_1$ aufgespannte Vektorraum:

$$(\mathbf{v}^1 \otimes \mathbf{w}_1)(\mathbf{v}) = \mathbf{w}_1 (\mathbf{v}^1, \mathbf{v}). \tag{4.84}$$

Entsprechend kann man mit jedem

$$T_2 = b_l^i \mathbf{v}_i \otimes \mathbf{w}^l \quad \text{aus } V \otimes W^* \quad \text{durch} \tag{4.85}$$

$$B(\mathbf{w}) = b_l^i \mathbf{v}_i (\mathbf{w}^l, \mathbf{w}) \tag{4.86}$$

eine lineare Abbildung B von W in V definieren. Auch hier ist der Bildraum ein endlichdimensionaler Teilraum, der für einen zerfallenden Tensor $\mathbf{v}_1 \otimes \mathbf{w}^1 \neq 0$ eindimensional ist.

Mit dem Tensor

$$T_3 = c_{jl} \mathbf{v}^j \otimes \mathbf{w}^l \quad \text{aus } V^* \otimes W^* \tag{4.87}$$

kann man eine lineare Abbildung C von V in W^* definieren durch

$$C(\mathbf{v}) = c_{jl} \mathbf{w}^l (\mathbf{v}^j, \mathbf{v}). \tag{4.88}$$

Wie bei A und B ist der Bildraum endlich-dimensional. Wenn die Vektorräume V und W und damit auch V^* und W^* selbst nur endlich-dimensional sind, erhält man also alle linearen Abbildungen. Führt man in den dualen Paaren (V, V^*) und (W, W^*) duale Basissysteme ein und gibt die Tensoren bezüglich der aus diesen Basissystemen gebildeten Basistensoren (4.74) an, kann man die Zuordnung der Abbildungen zu den entsprechenden Tensoren über die mehrmals angegebenen Regeln über die Indexstellung erhalten. Mit den Basisvektoren

$$\mathbf{b}_i \in V, \mathbf{d}^j \in V^*, \quad \tilde{\mathbf{b}}_k \in W \quad \text{und} \quad \tilde{\mathbf{d}}^l \in W^*, \tag{4.89}$$

wobei gilt

$$(\mathbf{d}^j, \mathbf{b}_i) = \delta^j_i \quad \text{bzw.} \quad (\tilde{\mathbf{d}}^l, \tilde{\mathbf{b}}_k) = \delta^l_k, \tag{4.90}$$

erhält man die folgenden Entsprechungen:

$$V \xrightarrow{A} W \qquad \longleftrightarrow \qquad T_1 = a_j^k \mathbf{d}^j \otimes \tilde{\mathbf{b}}_k \in V^* \otimes W$$
$$A(\mathbf{b}_i) = a_i^k \tilde{\mathbf{b}}_k \qquad\qquad T_1(\mathbf{v}) = a_j^k \tilde{\mathbf{b}}_k (\mathbf{d}^j, \mathbf{v})$$

$$W \xrightarrow{B} V \qquad \longleftrightarrow \qquad T_2 = b_l^i \mathbf{b}_i \otimes \tilde{\mathbf{d}}^l \in V \otimes W^*$$
$$B(\tilde{\mathbf{b}}_k) = b_k^i \mathbf{b}_i \qquad\qquad T_2(\mathbf{w}) = b_l^i \mathbf{b}_i (\tilde{\mathbf{d}}^l, \mathbf{w})$$

$$V \xrightarrow{C} W^* \qquad \longleftrightarrow \qquad T_3 = c_{jl} \mathbf{d}^j \otimes \tilde{\mathbf{d}}^l \in V^* \otimes W^*$$
$$C(\mathbf{b}_i) = c_{il} \tilde{\mathbf{d}}^l \qquad\qquad T_3(\mathbf{v}) = c_{jl} \tilde{\mathbf{d}}^l (\mathbf{d}^j, \mathbf{v})$$

Dieses eindeutige Entsprechen der Tensoren und linearen Abbildungen in endlich-dimensionalen Vektorräumen hat dazu geführt, daß häufig von Tensoren gesprochen wird, wenn es sich in erster Linie um lineare Abbildungen handelt, während es gar nicht wichtig ist, daß man diese linearen Abbildungen als Elemente eines Tensorprodukts von Vektorräumen betrachten kann. Dies hat vor allem seinen Grund darin, daß das Wort „Tensor" abgeleitet wird von gewissen linearen Abbildungen, die die Spannung bei elastischen Verformungen beschreiben: Die (pseudo-)vektoriellen Flächenelemente (vgl. S. 135) werden durch den Deformationstensor (Reibungstensor) auf Spannungen (Drücke) abgebildet. Deshalb wird häufig in der Physik *anstelle* des Begriffs „lineare Abbildung" das Wort „Tensor" verwendet. Wenn also dem Anfänger nicht klar geworden sein sollte, was eigentlich der Unterschied zwischen dem aus der Mathematik bekannten Begriff der linearen Abbildung und dem eventuell in der Physikvorlesung eingeführten Begriff Tensor ist, kann er sich in der Regel darauf verlassen, daß es keinen gibt. Die hier gebrachten Tensorprodukte von Vektorräumen kommen in der Physik normalerweise nur vor, um Multilinearformen als Linearformen schreiben zu können oder in der Quantenmechanik, wenn man die Zustandsvektoren eines Vielteilchensystems als Linearkombinationen von Tensorprodukten von Einteilchenzustandsvektoren angeben will, wobei man beachten muß, daß diese Tensorprodukte häufig nicht einmal Tensoren genannt werden.

4.2. Tensoren höherer Stufenzahl

Wählt man bei einem Tensorprodukt als einen der Faktoren selbst wieder ein Tensorprodukt, was möglich ist, da jeder Tensorraum ein Vektorraum ist, erhält man z. B. die Tensorräume

$$(U \otimes V) \otimes W \quad \text{und} \quad U \otimes (V \otimes W). \tag{4.91}$$

Wenn man in dieser Weise fortfährt, ergeben sich Produkte von p Faktoren, die auf unterschiedliche Weise geklammert sind. Wünschenswert ist nun, daß man diese Klammern alle weglassen kann. Dies ist möglich, wenn die Tensorräume in einfacher Weise isomorph sind.

Man wird also versuchen, zu setzen

$$(\mathbf{a} \otimes \mathbf{b}) \otimes \mathbf{c} = \mathbf{a} \otimes (\mathbf{b} \otimes \mathbf{c}) = \mathbf{a} \otimes \mathbf{b} \otimes \mathbf{c} \quad \text{mit} \quad \mathbf{a} \in U, \mathbf{b} \in V, \mathbf{c} \in W. \tag{4.92}$$

Wenn man die Konstruktion des einstufigen Tensorraums mit der des zweistufigen vergleicht, liegt es nahe, einen p-stufigen Tensorraum durch eine kanonische Abbildung Φ von $K^{\overset{p}{\underset{i=1}{\times}} V_i}$ auf einen geeigneten Quotientenraum zu erhalten, wobei dann gesetzt wird:

$$\Phi(I_{\{(\mathbf{a}_1, \ldots, \mathbf{a}_p)\}}) = \mathbf{a}_1 \otimes \ldots \otimes \mathbf{a}_p \quad \text{mit} \quad \mathbf{a}_i \in V_i. \tag{4.93}$$

Unter diesem Gesichtspunkt ist die Beziehung (4.92) gar nicht mehr so einfach, wie sie auf den ersten Blick aussieht. Denn für die beiden ersten Ausdrücke sind die kanonischen Abbildungen bekannt. Es lautet nämlich (4.92) mit (4.93)

$$\Phi(I_{\{(\Phi(I_{\{(\mathbf{a},\mathbf{b})\}}), \mathbf{c})\}}) = \Phi(I_{\{(\mathbf{a}, \Phi(I_{\{(\mathbf{b},\mathbf{c})\}}))\}}) = \Phi(I_{\{(\mathbf{a},\mathbf{b},\mathbf{c})\}}) \tag{4.94}$$

Eigentlich müßten alle kanonischen Abbildungen Φ in dieser Formel unterschieden werden, da sie verschiedene Definitionsbereiche haben.

Wir wollen den p-stufigen Tensorraum als Quotientenraum (Faktorraum) konstruieren und zeigen, daß dieser Raum zu den verschieden geklammerten p-stufigen Tensorprodukten isomorph ist. Im Unterschied zur Behandlung des zweistufigen Produkts kann man hier ausnutzen, daß die geklammerten Tensorprodukte schon definiert sind.

Den Vektorraum aller Funktionen von dem p-fachen cartesischen Produkt der Vektorräume

$$\overset{p}{\underset{i=1}{\times}} V_i = V_1 \times V_2 \times \ldots \times V_p \tag{4.95}$$

in den Körper K, die nur für endlich viele Argumentwerte ungleich Null sind, nennen wir $K^{\overset{p}{\underset{i=1}{\times}} V_i}$. Für die Funktionswerte schreiben wir mit $\mathbf{x}_i \in V_i$ bzw. $\mathbf{a}_i \in V_i$

$$\begin{aligned} f(\mathbf{x}_1, \ldots, \mathbf{x}_p) &= f^{(\mathbf{x}_1, \ldots, \mathbf{x}_p)} = f^{(\mathbf{a}_1, \ldots, \mathbf{a}_p)} I^{(\mathbf{x}_1, \ldots, \mathbf{x}_p)}_{\{(\mathbf{a}_1, \ldots, \mathbf{a}_p)\}} \\ &= f^{(\mathbf{a}_1, \ldots, \mathbf{a}_p)} \delta^{(\mathbf{x}_1, \ldots, \mathbf{x}_p)}_{(\mathbf{a}_1, \ldots, \mathbf{a}_p)} = f^{(\mathbf{a}_1, \ldots, \mathbf{a}_p)} \delta^{\mathbf{x}_1}_{\mathbf{a}_1} \ldots \delta^{\mathbf{x}_p}_{\mathbf{a}_p}. \end{aligned} \tag{4.96}$$

Hier ist wieder die erweiterte Summationskonvention anzuwenden: Über alle gleich benannten Vektoren ist zu summieren.

Es sei $V_0(p)$ der Untervektorraum von $K^{\overset{p}{\underset{i=1}{\times}} V_i}$, der durch die endlichen Linearkombinationen von Funktionen der Form

$$I_{\{(\mathbf{b}_1, \ldots, \mathbf{b}_p)\}} - f_1^{\mathbf{a}_1} \ldots f_p^{\mathbf{a}_p} I_{\{(\mathbf{a}_1, \ldots, \mathbf{a}_p)\}} \quad \text{mit} \quad \mathbf{b}_i = f_i^{\mathbf{a}_i} \mathbf{a}_i \in V_i \tag{4.97}$$

aufgespannt wird. Man erkennt sofort, daß dies für p = 1 bzw. p = 2 den Beziehungen (4.31) bzw. (4.44) entspricht, wenn man sie mit der erweiterten Summationskonvention schreibt. Zwischen den Vektorräumen $V_0(p)$ für verschiedene p besteht ein wichtiger Zusammenhang: Ist f ein Element aus $K^{\overset{p-1}{\underset{i=1}{\times}} V_i}$ läßt sich durch

$$\tilde{f}^{(x_1, \dots, x_p)} = f^{(x_1, \dots, x_{p-1})} I^{(x_p)}_{\{b_p\}} \tag{4.98}$$

ein Element aus $K^{\overset{p}{\underset{i=1}{\times}} V_i}$ definieren. Diese Funktion kann man in der folgenden Weise schreiben

$$\tilde{f} = f^{(a_1, \dots, a_{p-1})} I_{\{(a_1, \dots, a_{p-1})\}} I_{\{b_p\}} = f^{(a_1, .., a_{p-1})} I_{\{(a_1, .., a_{p-1}, b_p)\}}. \tag{4.99}$$

Nun gilt folgende Aussage: Ist f Element von $V_0(p-1)$, ist für beliebige Vektoren $\mathbf{b}_p$ aus V_p $\tilde{f}$ ein Element von $V_0(p)$. Um dies zu beweisen, braucht man nur (4.97) für $p-1$ aufzuschreiben. Wird eine endliche Linearkombination dieser Funktionen mit $I_{\{b_p\}}$ multipliziert, kann man dies mit jedem Summanden machen. Mit (4.99) haben die einzelnen Summanden die Form (4.97), wenn man dort $\mathbf{b}_p = \mathbf{a}_p$ setzt. Also ist diese endliche Linearkombination Element von $V_0(p)$.
Man kann mit dem zweistufigen Tensorprodukt durch

$$T(q) \otimes T(p-q), \quad T(q) = T(r) \otimes T(q-r), \quad T(2) = V_i \otimes V_{i+1} \tag{4.100}$$

verschieden geklammerte p-stufige Tensorprodukte definieren, bei denen in jeder Klammer immer nur zwei Faktoren stehen. Zu ihnen gehört das Tensorprodukt

$$(..(V_1 \otimes V_2) \otimes .. \otimes V_{p-1}) \otimes V_p. \tag{4.101}$$

Wir definieren nun eine Abbildung Ψ_p von $K^{\overset{p}{\underset{i=1}{\times}} V_i}$ in dieses Tensorprodukt durch

$$\Psi_p (f^{(a_1, \dots, a_p)} I_{\{(a_1, \dots, a_p)\}}) = f^{(a_1, \dots, a_p)} (..(\mathbf{a}_1 \otimes .) \otimes \dots) \otimes \mathbf{a}_p. \tag{4.102}$$

Man überprüft leicht, daß die Abbildung Ψ_p linear ist. Die folgenden Überlegungen bleiben richtig, wenn man statt (4.101) ein beliebiges, anderes durch (4.100) bildbares Tensorprodukt als Bildraum gewählt hätte. Für p = 1 und p = 2 ist Ψ_p gerade die kanonische Abbildung. Als erstes überprüfen wir, daß jedes Element aus $V_0(p)$ im Kern dieser linearen Abbildung liegt, daß also gilt

$$V_0(p) \subset \mathrm{Ke}(\Psi_p). \tag{4.103}$$

Wendet man Ψ_p auf ein Element der Form (4.97) an, erhält man

$$\begin{aligned} &\Psi_p (I_{\{(b_1, \dots, b_p)\}} - f_1^{a_1} \dots f_p^{a_p} I_{\{(a_1, \dots, a_p)\}}) = \\ &= (\dots(\mathbf{b}_1 \otimes \mathbf{b}_2) \otimes \dots) \otimes \mathbf{b}_p - f_1^{a_1} \dots f_{p-1}^{a_{p-1}} (..(\mathbf{a}_1 \otimes \mathbf{a}_2) \otimes \dots) \otimes f_p^{a_p} \mathbf{a}_p \\ &= \{(..(\mathbf{b}_1 \otimes \mathbf{b}_2) \otimes \dots) - f_1^{a_1} \dots f_{p-1}^{a_{p-1}} (..(\mathbf{a}_1 \otimes \mathbf{a}_2) \otimes \dots)\} \otimes \mathbf{b}_p \\ &= (..((\mathbf{b}_1 - f_1^{a_1} \mathbf{a}_1) \otimes \mathbf{b}_2) \otimes \dots) \otimes \mathbf{b}_p = 0. \end{aligned} \tag{4.104}$$

Die umgekehrte Implikation

$$\mathrm{Ke}(\Psi_p) \subset V_0(p) \tag{4.105}$$

beweisen wir durch vollständige Induktion nach p. Für p = 1 und p = 2 folgt (4.105) aus (4.40) bzw. der Definition des zweistufigen Tensorraums. Es sei f Element aus $Ke(\Psi_p)$, was gleichwertig ist mit

$$f^{(a_1,\dots,a_p)}(..(\mathbf{a}_1 \otimes .)\dots)\otimes \mathbf{a}_p = 0. \tag{4.106}$$

Wenn $f \equiv 0$ ist, ist es sicher Element von $V_0(p)$. Ist also f nicht das Nullelement, gibt es gewisse $\mathbf{c}_i \neq 0$ aus V_p mit

$$f^{(a_1,\dots,a_{p-1},c_i)} \equiv f^{i(a_1,\dots,a_{p-1})} \not\equiv 0 \tag{4.107}$$

und

$$\begin{aligned} f &= f^{(a_1,\dots,a_{p-1},a_p)}\, I_{\{(a_1,\dots,a_{p-1},a_p)\}} \\ &= f^{i(a_1,\dots,a_{p-1})}\, I_{\{(a_1,\dots,a_{p-1},c_i)\}}. \end{aligned} \tag{4.108}$$

Schreibt man die $\mathbf{c}_i$ als Linearkombinationen linear unabhängiger Vektoren $\mathbf{b}_j$ aus V_p

$$\mathbf{c}_i = c_i^j\, \mathbf{b}_j, \tag{4.109}$$

ist (4.106) gleichwertig mit

$$\begin{aligned} 0 &= f^{i(a_1,\dots,a_{p-1})}(\dots(\mathbf{a}_1 \otimes .)\,..\,\mathbf{a}_{p-1}) \otimes c_i^j\, \mathbf{b}_j \\ &= (c_i^j f^{i(a_1,\dots,a_{p-1})}(\dots(\mathbf{a}_1 \otimes .)\dots \otimes \mathbf{a}_{p-1})) \otimes \mathbf{b}_j. \end{aligned} \tag{4.110}$$

Da die $\mathbf{b}_j$ linear unabhängig sind, kann man lineare Funktionale $\mathbf{d}^k$ aus V_p^* definieren mit der Eigenschaft

$$(\mathbf{d}^k, \mathbf{b}_j) = \delta_j^k, \tag{4.111}$$

mit denen durch

$$\begin{aligned} &L_{\mathbf{d}^k}(f^{(a_1,\dots,a_p)}(..(\mathbf{a}_1 \otimes .)..)\otimes \mathbf{a}_p) = \\ &\qquad = f^{(a_1,\dots,a_p)}(..(\mathbf{a}_1 \otimes .)..)(\mathbf{d}^k, \mathbf{a}_p) \end{aligned} \tag{4.112}$$

lineare Abbildungen von $(..(V_1 \otimes V_2)\dots)\otimes V_p$ in $(..(V_1 \otimes V_2)\dots)$ definiert werden. Durch Anwenden dieser linearen Abbildungen auf (4.110) erhält man

$$0 = c_i^k f^{i(a_1,\dots,a_{p-1})}(..(\mathbf{a}_1 \otimes \mathbf{a}_2)\dots)\otimes \mathbf{a}_{p-1} \tag{4.113}$$

für alle möglichen k, woraus folgt, daß die Funktionen

$$f^k = c_i^k f^{i(a_1,\dots,a_{p-1})}\, I_{\{(a_1,\dots,a_{p-1})\}} \tag{4.114}$$

Elemente aus $Ke(\Psi_{p-1})$ sind. Nach der Induktionsannahme sind deshalb alle f^k Elemente aus $V_0(p-1)$. Wegen der bei (4.99) formulierten Aussage sind deshalb alle Funktionen

$$\tilde{f}^k = c_i^k f^{i(a_1,\dots,a_{p-1})}\, I_{\{(a_1,\dots,a_{p-1},b)\}} \tag{4.115}$$

für beliebige $\mathbf{b}$ aus V_p Elemente aus $V_0(p)$. Setzt man insbesondere $\mathbf{b}$ gleich $\mathbf{b}_k$ und summiert über k, gilt also

$$c_i^k f^{i(a_1,\dots,a_{p-1})}\, I_{\{(a_1,\dots,a_{p-1},b_k)\}} \in V_0(p). \tag{4.116}$$

Wenn man hier den Nullvektor abzieht, bleibt die Funktion ein Element aus $V_0(p)$:

$$
\begin{aligned}
&c_i^k f^{i(a_1,\dots,a_{p-1})} I_{\{(a_1,\dots,a_{p-1},b_k)\}} \\
&\quad -(f^{i(a_1,\dots,a_{p-1})} I_{\{(a_1,\dots,a_{p-1},c_i)\}} - f^{i(a_1,\dots,a_{p-1})} I_{\{(a_1,\dots,a_{p-1},c_i)\}}) \\
&= -f^{i(a_1,\dots,a_{p-1})} [I_{\{(a_1,\dots,a_{p-1},c_i)\}} - c_i^k I_{\{(a_1,\dots,a_{p-1},b_k)\}}] \\
&\qquad + f^{i(a_1,\dots,a_{p-1})} I_{\{(a_1,\dots,a_{p-1},c_i)\}}.
\end{aligned}
\tag{4.117}
$$

Da in der eckigen Klammer Elemente aus $V_0(p)$ stehen, ist die erste Summe Element aus $V_0(p)$. Damit muß aber auch der zweite Term ein Element aus $V_0(p)$ sein. Wegen (4.108) ist dies gerade das beliebige f aus dem Kern von Ψ_p.

Den Quotientenraum $K^{\overset{p}{\underset{i=1}{\times}} V_i}/V_0(p)$ nennt man das p-stufige Tensorprodukt von V_1 bis V_p und schreibt

$$
K^{\overset{p}{\underset{i=1}{\times}} V_i}/V_0(p) = \bigotimes_{i=1}^{p} V_i = V_1 \otimes V_2 \otimes \dots \otimes V_p. \tag{4.118}
$$

Mit der kanonischen Abbildung Φ, die durch (4.93) gegeben ist, erhält man für ein allgemeines Element aus $K^{\overset{p}{\underset{i=1}{\times}} V_i}$

$$
\Phi(f^{(a_1,\dots,a_p)} I_{\{(a_1,\dots,a_p)\}}) = f^{(a_1,\dots,a_p)} \mathbf{a}_1 \otimes \dots \otimes \mathbf{a}_p, \tag{4.119}
$$

wobei auf beiden Seiten über die gleich gekennzeichneten Vektoren zu summieren ist. Daß die Funktionen der Form (4.97) in $V_0(p)$ liegen, liefert

$$
\mathbf{b}_1 \otimes \dots \otimes \mathbf{b}_p = f_1^{a_1} \dots f_p^{a_p} \mathbf{a}_1 \otimes \dots \otimes \mathbf{a}_p \quad \text{für} \quad \mathbf{b}_i = f_i^{a_i} \mathbf{a}_i \in V_i. \tag{4.120}
$$

Da die Abbildung Ψ_p als Bildbereich das gesamte Tensorprodukt (4.101) hat und wegen (4.103, 105) $V_0(p)$ gleich dem Kern der Abbildung ist, erhält man mit den Überlegungen der S. 44, daß der Quotientenraum $\bigotimes_{i=1}^{p} V_i$ isomorph zu dem Tensorprodukt (4.101) ist. Da die gleichen Überlegungen auch mit den anderen durch (4.100) bildbaren verschieden geklammerten Tensorprodukten durchführbar sind, erhält man Isomorphismen auch zu diesen Räumen:

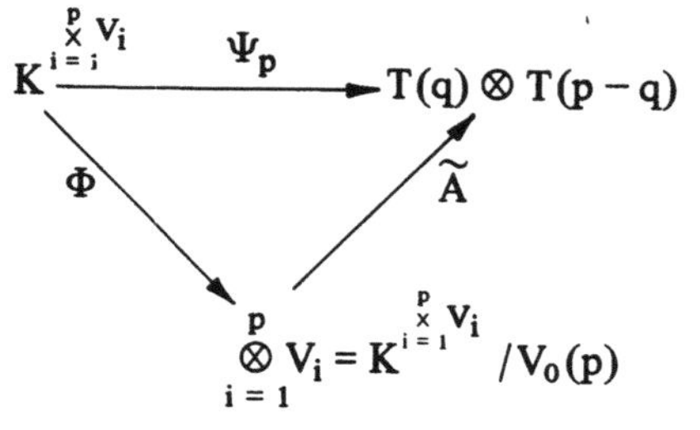

Es ist üblich, die verschieden geklammerten Tensorprodukte mit diesen Isomorphismen zu identifizieren, was bedeutet, daß in Tensorprodukten Klammern weggelassen werden können. Da bei manchen Betrachtungen die Stufenzahl eines Tensors eine Rolle spielt, soll nach dem Tensorsymbol manchmal in Klammern die Stufenzahl aufgeführt werden.
Es sei

$$T_1(p) = f^{(a_1, \ldots, a_p)}\, \mathbf{a}_1 \otimes \ldots \otimes \mathbf{a}_p \tag{4.121}$$

ein p-stufiger Tensor aus $\bigotimes_{i=1}^{p} V_i$ und

$$T_2(q) = g^{(a_{p+1}, \ldots, a_{p+q})}\, \mathbf{a}_{p+1} \otimes \ldots \otimes \mathbf{a}_{p+q} \tag{4.122}$$

ein q-stufiger Tensor aus $\bigotimes_{i=q+1}^{p+q} V_i$, dann ist das Tensorprodukt

$$\begin{aligned} T_3(p+q) &= T_1(p) \otimes T_2(q) = \\ &= [f^{(a_1, \ldots, a_p)}\, \mathbf{a}_1 \otimes .. \otimes \mathbf{a}_p] \otimes [g^{(a_{p+1}, \ldots, a_{p+q})}\, \mathbf{a}_{p+1} \otimes .. \otimes \mathbf{a}_{p+q}] \\ &= f^{(a_1, \ldots, a_p)}\, g^{(a_{p+1}, \ldots, a_{p+q})}\, \mathbf{a}_1 \otimes .. \otimes \mathbf{a}_p \otimes \mathbf{a}_{p+1} \otimes .. \otimes \mathbf{a}_{p+q} \end{aligned} \tag{4.123}$$

ein Tensor aus $\bigotimes_{i=1}^{p+q} V_i$. Man muß beachten, daß das Produkt zweier Tensoren i.a. nicht Element der ursprünglichen Tensorräume ist.

Der wichtige Satz über linear unabhängige p-stufige Tensoren lautet:
Sind die Vektoren $\mathbf{b}^1_{j_1}$ *mit* $j_1 = 1, 2, .., n_1, \mathbf{b}^2_{j_2}$ *mit* $j_2 = 1, 2, .., n_2, \ldots, \mathbf{b}^p_{j_p}$ *mit* $j_p = 1, 2, .. n_p$ *jeweils linear unabhängige Vektoren aus* $V_1, V_2, \ldots, $ *bzw.* V_p *, sind die Tensoren*

$$\mathbf{b}^1_{j_1} \otimes \mathbf{b}^2_{j_2} \otimes \ldots \otimes \mathbf{b}^p_{j_p} \tag{4.124}$$

für alle möglichen verschiedenen Indexmengen $(j_1, j_2, \ldots, j_p)$ *linear unabhängige Tensoren aus* $\bigotimes_{i=1}^{p} V_i$. Dies sieht man leicht durch vollständige Induktion nach p ein, indem man ausnutzt, daß die Tensoren (4.124) genau dann linear unabhängig sind, wenn es die Tensoren

$$(\mathbf{b}^1_{j_1} \otimes \mathbf{b}^2_{j_2} \otimes \ldots \otimes \mathbf{b}^{p-1}_{j_{p-1}}) \otimes \mathbf{b}^p_{j_p} \tag{4.125}$$

sind. Hierfür kann man den bewiesenen Satz über die lineare Unabhängigkeit zweistufiger Tensoren ausnutzen. Hieraus folgt wie beim zweistufigen Tensorraum, daß $\bigotimes_{i=1}^{p} V_i$ die Dimension $n_1 \cdot n_2 \cdots n_p$ hat, wenn die Vektorräume V_i die Dimensionen n_i haben.

Der entsprechende Satz, der für bilineare Abbildungen formuliert wurde, wird zu einem Satz über multilineare Abbildungen:

Jede multilineare Abbildung M *von* $\overset{p}{\underset{i=1}{\times}} V_i$ *in einen Vektorraum* U *kann zur Definition einer linearen Abbildung von* $\overset{p}{\underset{i=1}{\otimes}} V_i$ *in* U *verwendet werden, und umgekehrt liefert jede lineare Abbildung von* $\overset{p}{\underset{i=1}{\otimes}} V_i$ *in* U *eine multilineare Abbildung von* $\overset{p}{\underset{i=1}{\times}} V_i$ *in* U. Definiert man eine Abbildung E von $\overset{p}{\underset{i=1}{\times}} V_i$ in $K^{\overset{p}{\underset{i=1}{\times}} V_i}$ durch

$$E(a_1, \ldots, a_p) = I_{\{(a_1, \ldots, a_p)\}}, \tag{4.126}$$

kann man sich dies mit einem Diagramm veranschaulichen:

$$\begin{array}{ccc} \overset{p}{\underset{i=1}{\times}} V_i & \xrightarrow{\text{M (multilinear)}} & U \\ \Big\downarrow E & & \Big\uparrow \text{L (linear)} \\ K^{\overset{p}{\underset{i=1}{\times}} V_i} & \xrightarrow{\Phi} & \overset{p}{\underset{i=1}{\otimes}} V_i = K^{\overset{p}{\underset{i=1}{\times}} V_i} / V_0(p) \end{array}$$

4.3. Symmetrische und antisymmetrische Tensoren

In der physikalischen Anwendung der Tensorprodukte von Vektorräumen ist besonders der Fall interessant, daß es sich in dem Tensorprodukt $\overset{p}{\underset{i=1}{\otimes}} V_i$ immer um den gleichen Vektorraum V handelt. Für diesen Tensorraum wollen wir $\overset{p}{\otimes} V$ schreiben. Normalerweise ist das Produkt von Tensoren nicht Element des gleichen Tensorraums. Führt man die direkte Summe aller Tensorräume für alle p ein, sind die Tensorprodukte der Elemente dieses Vektorraums wieder Elemente des gleichen Raums. Setzt man noch

$$\overset{0}{\otimes} V = K, \quad \overset{1}{\otimes} V = V, \tag{4.127}$$

sind auch K und V lineare Teilräume dieses Raums. Man schreibt

$$\overset{\infty}{\underset{p=0}{\oplus}} (\overset{p}{\otimes} V) = K \oplus V \oplus (\overset{2}{\otimes} V) \oplus \ldots \oplus (\overset{p}{\otimes} V) \oplus \ldots. \tag{4.128}$$

Dies ist sinnvoll, wenn die Dimension von V größer als 1 ist, da sonst alle Tensorprodukte isomorph zu K bzw. $\{0\}$ sind. Ein Element aus (4.128) ist eine *endliche Summe* von Tensoren verschiedener Stufenzahl.

Wenn in einem Vektorraum V neben den üblichen Vektorraumverknüpfungen zusätzlich eine distributive Multiplikation erklärt ist, nennt man einen Vektorraum eine *(Vektor-) Algebra*. Diese Multiplikation p_2 ist eine Abbildung von $V \times V$ in V. Das Ergebnis der

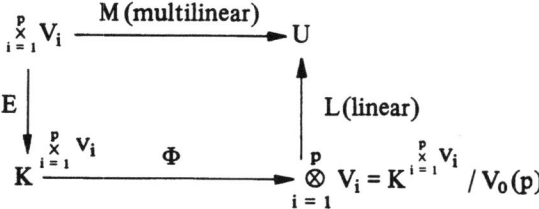

Produktbildung $p_2(x,y)$ ist also im Unterschied zum Skalarprodukt Element des Vektorraums V, und es gilt

$$p_2(x, y + az) = p_2(x, y) + a\, p_2(x, z), \tag{4.129}$$

$$p_2(ax + y, z) = a p_2(x, z) + p_2(y, z). \tag{4.130}$$

Wenn für dieses Produkt auch das Assoziativgesetz gilt, spricht man von einer *assoziativen Algebra.* Zu den bekanntesten assoziativen Algebren gelangt man, wenn man in dem Vektorraum der linearen Abbildungen eines Vektorraums in sich neben den üblichen Vektorraumverknüpfungen als Produkt das Hintereinanderschalten zweier Abbildungen einführt.

In der direkten Summe der Tensorräume $\overset{\infty}{\underset{p=0}{\oplus}} (\overset{p}{\otimes} V)$ ist das Tensorprödukt eine solche distributive und assoziative Multiplikation. Daher wird $\overset{\infty}{\underset{p=0}{\oplus}} (\overset{p}{\otimes} V)$ die *von* V *(und* K*) erzeugte Tensoralgebra* genannt.

Da es sich bei dem Tensorraum $\overset{p}{\otimes} V$ um einen Spezialfall handelt, kann man wichtige zusätzliche Eigenschaften für die Elemente dieser Tensorräume erwarten. Dazu betrachten wir die Funktionen $f^{(x_1, \dots x_p)}$ aus $K^{\overset{p}{\times} V}$, wobei für das p-fache cartesische Produkt von V mit sich selbst $\overset{p}{\times} V$ geschrieben wurde. Gewisse dieser Funktionen können nun die Eigenschaft haben, sich beim Vertauschen ihrer Argumente nicht oder nur einfach zu verändern. Wir wollen die Fälle behandeln, wenn sie sich nicht ändern oder nur ihr Vorzeichen wechseln, wenn also für beliebig herausgegriffene Argumentstellen i und j gilt

$$f_S^{(x_1, \dots, x_i, \dots, x_j, \dots, x_p)} = f_S^{(x_1, \dots, x_j, \dots, x_i, \dots, x_p)} \tag{4.131}$$

bzw.

$$f_A^{(x_1, \dots, x_i, \dots, x_j, \dots, x_p)} = - f_A^{(x_1, \dots, x_j, \dots, x_i, \dots, x_p)}. \tag{4.132}$$

Diese Eigenschaften sind natürlich nur dann sinnvoll zu definieren, wenn V_i und V_j und damit alle Vektorräume gleich sind. Man überprüft leicht, daß diese Funktionen f_S und f_A lineare Teilräume T_S und T_A von $K^{\overset{p}{\times} V}$ bilden, die für $p \geqslant 2$ nur den Nullvektor als gemeinsames Element enthalten. Bei der kanonischen Abbildung Φ gehen diese Teilräume in Unterräume von $\overset{p}{\otimes} V$ über, die ebenfalls nur den Nullvektor als gemeinsames Element enthalten. Die Teilräume $\Phi(T_S)$ und $\Phi(T_A)$ werden Räume der p-stufigen symmetrischen bzw. antisymmetrischen Tensoren genannt. Es ist üblich, die Symmetrie und Antisymmetrie auch für 0-stufige und 1-stufige Tensoren zu definieren. Da hier keine Vertauschungen von Argumenten auftreten, sind in diesen Räumen alle Elemente sowohl symmetrisch als auch antisymmetrisch.

Bei der Rechnung mit symmetrischen und antisymmetrischen Tensoren ist von grundlegender Bedeutung das Rechnen mit Summen über Permutationen. Gegeben sei ein p-tupel von verschiedenen natürlichen Zahlen $(k_1, \dots, k_p)$. Durch eine gewisse endliche Zahl von Nachbarvertauschungen erhält man ein neues p-tupel

$$P(k_1, \dots, k_p) = (i_1, \dots, i_p)\,. \tag{4.133}$$

Diese Umordnung wird *Permutation* genannt. Eine Nachbarvertauschung ist eine spezielle Permutation und wird auch *Transposition* genannt. Man erkennt sofort, daß die Menge der Permutationen einer p-elementigen Menge eine endliche Gruppe ist, wenn man die Verknüpfungen zweier Permutationen als Hintereinanderschalten von Permutationen definiert. Beim Gebrauch des Wortes Permutation ist zu beachten, daß häufig auch das neue p-tupel, also die durch die Permutation erhaltene Anordnung bzw. das Bild der Permutation, Permutation genannt wird. Durch vollständige Induktion nach p zeigt man leicht, daß die Gruppe der Permutationen einer p-elementigen Menge gerade p! Elemente enthält mit

$$p! = p(p-1)\dots 2\cdot 1, \quad 1! = 1,\ 0! = 1. \tag{4.134}$$

Wenn nichttriviale Vertauschungen möglich sein sollen, ist $p \geqslant 2$ und die Anzahl der Gruppenelemente immer eine gerade Zahl. Mit der normalen Multiplikation als Verknüpfung ist $\{1, -1\}$ eine abelsche Gruppe. Da das Hintereinanderschalten einer Permutation P und der inversen Permutation P^{-1} immer eine gerade Anzahl von Transpositionen liefert, wird jede Permutation entweder durch eine gerade oder ungerade Anzahl von Transpositionen erhalten. Wenn wir nun jede Transposition auf -1 von $\{1, -1\}$ abbilden, erhalten wir eindeutig und widerspruchsfrei einen Gruppenhomomorphismus von der Permutationsgruppe auf die Gruppe $\{1, -1\}$. Die Permutationen, die durch diesen Homomorphismus auf 1 abgebildet werden, sind eine Untergruppe und werden *gerade Permutationen* genannt, die übrigen heißen *ungerade Permutationen*. Die Funktionswerte dieses Gruppenhomomorphismus heißen *Signum der Permutation*.

Es sei

$$P(1, 2, \dots, p) = (i_1, i_2, \dots, i_p) \tag{4.135}$$

das Bild der Permutation P. Das Ergebnis der zugehörigen inversen Permutation P^{-1} schreiben wir als

$$P^{-1}(1, 2, \dots, p) = (\tilde{i}_1, \tilde{i}_2, \dots, \tilde{i}_p). \tag{4.136}$$

Die grundlegende Beziehung, sowohl für die Untersuchung der symmetrischen, wie der antisymmetrischen Tensoren lautet mit diesen Bezeichnungen

$$f^{(a_1, \dots, a_p)}\, \mathbf{a}_{i_1} \otimes \dots \otimes \mathbf{a}_{i_p} = f^{(a_{\tilde{i}_1}, \dots, a_{\tilde{i}_p})}\, \mathbf{a}_1 \otimes \dots \otimes \mathbf{a}_p, \tag{4.137}$$

wobei auf beiden Seiten die erweiterte Summationskonvention anzuwenden ist. Diese Gleichung kann man sich am einfachsten klarmachen, wenn man sie als Umbenennung der Vektoren liest: Wir nennen $\mathbf{a}_{i_j}$ um in $\mathbf{b}_j$, was gleichbedeutend damit ist, daß $\mathbf{a}_j$ in $\mathbf{b}_{\tilde{i}_j}$ umbenannt wird. Wegen der Summation über die gleich benannten Vektoren kann man für $\mathbf{b}$ wieder $\mathbf{a}$ schreiben und erhält (4.137). Dies soll an einem Beispiel erläutert werden: Wegen

$$I^{(x_1, x_2, x_3)}_{\{(a_1, a_2, a_3)\}} = I^{(x_1)}_{\{a_1\}}\, I^{(x_2)}_{\{a_2\}}\, I^{(x_3)}_{\{a_3\}} = \delta^{x_1}_{a_1}\, \delta^{x_2}_{a_2}\, \delta^{x_3}_{a_3} \tag{4.138}$$

kann man die zu

$$T = \mathbf{a} \otimes \mathbf{b} \otimes \mathbf{c} \tag{4.139}$$

gehörende Funktion schreiben als

$$f^{(a_1, a_2, a_3)} = \delta_a^{a_1}\, \delta_b^{a_2}\, \delta_c^{a_3}. \tag{4.140}$$

Dann erhält man mit der erweiterten Summationskonvention z. B.

$$f^{(a_1, a_2, a_3)}\, \mathbf{a}_2 \otimes \mathbf{a}_3 \otimes \mathbf{a}_1 = \mathbf{b} \otimes \mathbf{c} \otimes \mathbf{a} = f^{(a_3, a_1, a_2)}\, \mathbf{a}_1 \otimes \mathbf{a}_2 \otimes \mathbf{a}_3, \tag{4.141}$$

$$f^{(a_1, a_2, a_3)}\, \mathbf{a}_3 \otimes \mathbf{a}_1 \otimes \mathbf{a}_2 = \mathbf{c} \otimes \mathbf{a} \otimes \mathbf{b} = f^{(a_2, a_3, a_1)}\, \mathbf{a}_1 \otimes \mathbf{a}_2 \otimes \mathbf{a}_3. \tag{4.142}$$

Für die Untersuchung der symmetrischen Tensoren ist es praktisch, das *Symmetrisierungssymbol* einzuführen:

$$s_{i_1, \dots, i_p}^{k_1, \dots, k_p} = s_{k_1, \dots, k_p}^{i_1, \dots, i_p} \begin{cases} = 1, & \text{wenn } (i_1, \dots, i_p) \text{ durch eine Permutation} \\ & \text{aus } (k_1, \dots, k_p) \text{ entsteht,} \\ = 0 & \text{sonst.} \end{cases} \tag{4.143}$$

Wenn keine Mißverständnisse auftreten können, werden die Kommata zwischen den Indizes auch weggelassen. Da es genau $p!$ verschiedene Anordnungen von $\{1, 2, .., p\}$ gibt, gilt bei Anwendung der Summationskonvention

$$s_{i_1, .., i_p}^{1, .., p}\, s_{k_1, \dots, k_p}^{i_1, \dots, i_p} = p!\, s_{k_1, \dots, k_p}^{1, 2, \dots, p}. \tag{4.144}$$

Es sei

$$T = f^{(a_1, \dots, a_p)}\, \mathbf{a}_1 \otimes \dots \otimes \mathbf{a}_p \tag{4.145}$$

ein Tensor aus $\overset{p}{\otimes} V$. Mit dem Symmetrisierungssymbol bilden wir ihn ab auf

$$S(T) = \frac{1}{p!}\, f^{(a_1, \dots, a_p)}\, s_{1, \dots, p}^{i_1, \dots, i_p}\, \mathbf{a}_{i_1} \otimes \dots \otimes \mathbf{a}_{i_p}. \tag{4.146}$$

Hier ist zu beachten, daß *neben der üblichen noch die erweiterte Summationskonvention* anzuwenden ist. Man überprüft leicht, daß durch (4.146) eine lineare Abbildung S des p-stufigen Tensorraums $\overset{p}{\otimes} V$ in sich definiert wurde. Da dieser Tensorraum von den zerfallenden Tensoren, den p-fachen Tensorprodukten von Vektoren, aufgespannt wird, soll S für einen solchen Tensor angegeben werden:

$$S(\mathbf{a}_1 \otimes \dots \otimes \mathbf{a}_p) = \frac{1}{p!}\, s_{1 \dots p}^{i_1 \dots i_p}\, \mathbf{a}_{i_1} \otimes \dots \otimes \mathbf{a}_{i_p}. \tag{4.147}$$

Dieser Tensor ist genau dann gleich Null, wenn mindestens einer der Vektoren $\mathbf{a}_i$ der Nullvektor ist: Mit einem beliebigen Funktional $\mathbf{u}$ aus V^* bilden wir jedes Element aus $\overset{p}{\otimes} V$ durch

$$\begin{aligned} M_{\mathbf{u}}(T) &= M_{\mathbf{u}}(f^{(a_1, \dots, a_p)}\, \mathbf{a}_1 \otimes \dots \otimes \mathbf{a}_p) = \\ &= f^{(a_1, \dots, a_p)}\, (\mathbf{u}, \mathbf{a}_1) \dots (\mathbf{u}, \mathbf{a}_p) \end{aligned} \tag{4.148}$$

in K ab. Dies ist ein lineares Funktional auf $\overset{p}{\otimes} V$. Für (4.147) erhält man

$$M_u \circ S(a_1 \otimes \ldots \otimes a_p) = \frac{1}{p!} s^{i_1 \ldots i_p}_{1 \ldots p} (u, a_{i_1}) \ldots (u, a_{i_p}). \tag{4.149}$$

Auf der rechten Seite von (4.149) steht gerade p!-mal der gleiche Summand, und man erhält

$$M_u \circ S(a_1 \otimes \ldots \otimes a_p) = (u, a_1) \ldots (u, a_p). \tag{4.150}$$

Dieses Produkt aus K ist genau dann gleich Null, wenn mindestens einer der Faktoren gleich Null ist. Für beliebige **u** aus V* ist dies gleichwertig damit, daß mindestens ein a_i gleich Null ist. Wegen der Linearität von M_u folgt also, daß $S(a_1 \otimes \ldots \otimes a_p)$ genau dann gleich Null ist, wenn mindestens ein a_i gleich Null ist.

Mit (4.137) kann man (4.146) etwas umformen. Es bedeutet in

$$s^{i_1 \ldots i_p}_{1 \ldots p} f^{(a_1, \ldots, a_p)} a_{i_1} \otimes \ldots \otimes a_{i_p} \tag{4.151}$$

die Summe über alle $i_1, \ldots, i_p$ nichts anderes als die Summe über alle möglichen Anordnungen, die man aus $(1, \ldots, p)$ durch alle p! Permutationen erhalten kann. Mit (4.137) und

$$s^{i_1 \ldots i_p}_{1 \ldots p} = s^{1 \ldots p}_{\tilde{i}_1 \ldots \tilde{i}_p} \tag{4.152}$$

erhält man

$$\begin{aligned} \frac{1}{p!} f^{(a_1, \ldots, a_p)} s^{i_1 \ldots i_p}_{1 \ldots p} a_{i_1} \otimes \ldots \otimes a_{i_p} = \\ = \frac{1}{p!} f^{(a_{\tilde{i}_1}, \ldots, a_{\tilde{i}_p})} s^{1 \ldots p}_{\tilde{i}_1 \ldots \tilde{i}_p} a_1 \otimes \ldots \otimes a_p. \end{aligned} \tag{4.153}$$

Diese Summe über alle Anordnungen, die man durch alle inversen Permutationen aus $(1, \ldots, p)$ erhält, ist ebenfalls eine Summe über alle möglichen Anordnungen, und es gilt

$$\begin{aligned} S(T) &= \frac{1}{p!} f^{(a_1, \ldots, a_p)} s^{i_1 \ldots i_p}_{1 \ldots p} a_{i_1} \otimes \ldots \otimes a_{i_p} \\ &= \frac{1}{p!} \left[f^{(a_{i_1}, \ldots, a_{i_p})} s^{1 \ldots p}_{i_1 \ldots i_p} \right] a_1 \otimes \ldots \otimes a_p. \end{aligned} \tag{4.154}$$

In der eckigen Klammer steht eine Funktion, die aus $f^{(a_1, \ldots, a_p)}$ gebildet wird, indem man genau alle Funktionen addiert, die man durch Permutationen der Argumente definieren kann. Die Symmetrie dieser Summenfunktion bei einem Vertauschen der Argumente in jedem Summanden ist offensichtlich und führt nach der Definition zur Symmetrie des zugehörigen Tensors. Also ist S(T) für einen beliebigen Tensor T aus $\overset{p}{\otimes} V$ symmetrisch. Ist nun $T = T_S$ selbst ein symmetrischer Tensor, ist (4.131) gleichbedeutend mit

$$f_S^{(a_{i_1}, \ldots, a_{i_p})} = f_S^{(a_1, \ldots, a_p)}, \tag{4.155}$$

wenn $(i_1, \ldots, i_p)$ durch eine Permutation aus $(1, \ldots, p)$ entsteht. Also steht in der eckigen Klammer von (4.154) p!-mal der gleiche Summand, und man erhält

$$S(T_S) = T_S. \tag{4.156}$$

Da S(T) für jeden Tensor T symmetrisch ist, folgt hieraus

$$S \circ S(T) = S(T). \tag{4.157}$$

Damit ist gezeigt, daß alle symmetrischen Tensoren in $S(\overset{p}{\otimes} V)$ liegen und daß die Bezeichnungen *Symmetrisierungssymbol* für (4.143) und *Symmetrisierungsoperator* für S berechtigt sind.

Wenn $(i_1, \ldots, i_p)$ durch eine Permutation aus $(1, \ldots, p)$ entsteht, überlegt man sich wie bei (4.137), daß gilt

$$S(f^{(a_1, \ldots, a_p)}\, a_{i_1} \otimes \ldots \otimes a_{i_p}) = \frac{1}{p!}\, f^{(a_1, \ldots, a_p)}\, s^{k_1 \ldots k_p}_{i_1 \ldots i_p}\, a_{k_1} \otimes \ldots \otimes a_{k_p}. \tag{4.158}$$

Dann läßt sich $S \circ S = S$ auch mit (4.144) erhalten:

$$\begin{aligned} S \circ S(T) &= \frac{1}{p!}\frac{1}{p!}\, f^{(a_1, \ldots, a_p)}\, s^{i_1 \ldots i}_{1 \ldots p}\, s^{k_1 \ldots k_p}_{i_1 \ldots i_p}\, a_{k_1} \otimes \ldots \otimes a_{k_p} \\ &= \frac{1}{p!}\, f^{(a_1, \ldots, a_p)}\, s^{k_1 \ldots k_p}_{1 \ldots p}\, a_{k_1} \otimes \ldots \otimes a_{k_p} = S(T). \end{aligned} \tag{4.159}$$

Für die Rechnung mit alternierenden Tensoren ist es praktisch, das *Antisymmetrisierungssymbol*, das auch *(verallgemeinertes) Kroneckersymbol* genannt wird, einzuführen:

$$\delta^{i_1, \ldots, i_p}_{k_1, \ldots, k_p} = \delta^{k_1, \ldots, k_p}_{i_1, \ldots, i_p} \begin{cases} = (-)\,1, & \text{wenn alle } i_1 \text{ bis } i_p \text{ verschieden sind} \\ & \text{und } (i_1, \ldots, i_p) \text{ durch eine (un)gerade} \\ & \text{Permutation aus } (k_1, \ldots, k_p) \text{ entsteht}, \\ = 0 & \text{sonst}. \end{cases} \tag{4.160}$$

Beispiele:

$$\delta^{1,2,3}_{1,2,3} = 1,\ \delta^{1,2,3}_{2,1,3} = -1,\ \delta^{1,2,3}_{2,3,1} = 1,\ \delta^{1,2,3}_{1,1,2} = 0,\ \delta^{1,1,1}_{1,2,3} = 0,\ \delta^{1,2,3}_{3,4,5} = 0.$$

Wenn keine Mißverständnisse auftreten können, werden die Kommata zwischen den Indizes auch weggelassen. Wenn das Kroneckersymbol ungleich Null ist, ist es gleich dem Signum der Permutation, die die eine Indexmenge in die andere überführt. Vertauscht man den Index an einer Stelle m mit dem Index an der Stelle n, tritt ein Vorzeichenwechsel ein:

$$\delta^{i_1, \ldots, i_m, \ldots, i_n, \ldots, i_p}_{k_1, \ldots\ldots\ldots\ldots\ldots, k_p} = -\,\delta^{i_1, \ldots, i_n, \ldots, i_m, \ldots, i_p}_{k_1, \ldots\ldots\ldots\ldots\ldots, k_p}. \tag{4.161}$$

Dies läßt sich durch Induktion nach $|n - m|$ zeigen. Hieraus folgt sofort, daß (4.132) gleichwertig ist mit

$$f_A^{(a_{i_1}, \ldots, a_{i_p})} = \delta^{i_1, \ldots, i_p}_{1, \ldots, p}\, f_A^{(a_1, \ldots, a_p)}. \tag{4.162}$$

Weil die Zahl der geraden bzw. ungeraden Permutationen gerade p!/2 ist, gilt bei Anwendung der üblichen Summationskonvention

$$\delta^{i_1 \dots i_p}_{1 \dots p}\, \delta^{k_1 \dots k_p}_{i_1 \dots i_p} = p!\, \delta^{k_1 \dots k_p}_{1 \dots p}. \tag{4.163}$$

Mit dem Kroneckersymbol definieren wir eine lineare Abbildung A von $\overset{p}{\otimes} V$ in sich durch

$$\begin{aligned} A(T) &= A(f^{(a_1, \dots, a_p)}\, \mathbf{a}_1 \otimes \dots \otimes \mathbf{a}_p) \\ &= \frac{1}{p!}\, f^{(a_1, \dots, a_p)}\, \delta^{i_1 \dots i_p}_{1 \dots p}\, \mathbf{a}_{i_1} \otimes \dots \otimes \mathbf{a}_{i_p}. \end{aligned} \tag{4.164}$$

Wieder ist hier neben der üblichen noch die erweiterte Summationskonvention anzuwenden. Wegen

$$\delta^{i_1 \dots i_p}_{1 \dots p} = \delta^{\tilde{i}_1 \dots \tilde{i}_p}_{1 \dots p} = \delta^{1 \dots p}_{\tilde{i}_1 \dots \tilde{i}_p} \tag{4.165}$$

für die durch (4.136) definierte Indexmenge erhält man wie bei (4.151) aus (4.137)

$$f^{(a_1, \dots, a_p)}\, \delta^{i_1 \dots i_p}_{1 \dots p}\, \mathbf{a}_{i_1} \otimes \dots \otimes \mathbf{a}_{i_p} = f^{(a_{\tilde{i}_1}, \dots, a_{\tilde{i}_p})}\, \delta^{1 \dots p}_{\tilde{i}_1 \dots \tilde{i}_p}\, \mathbf{a}_1 \otimes \dots \otimes \mathbf{a}_p, \tag{4.166}$$

womit aus (4.164) wird

$$\begin{aligned} A(T) &= \frac{1}{p!}\, f^{(a_1, \dots, a_p)}\, \delta^{i_1 \dots i_p}_{1 \dots p}\, \mathbf{a}_{i_1} \otimes \dots \otimes \mathbf{a}_{i_p} \\ &= \frac{1}{p!} \left[f^{(a_{\tilde{i}_1}, \dots, a_{\tilde{i}_p})}\, \delta^{1 \dots p}_{\tilde{i}_1 \dots \tilde{i}_p} \right] \mathbf{a}_1 \otimes \dots \otimes \mathbf{a}_p \\ &= \frac{1}{p!} \left[f^{(a_{i_1}, \dots, a_{i_p})}\, \delta^{1 \dots p}_{i_1 \dots i_p} \right] \mathbf{a}_1 \otimes \dots \otimes \mathbf{a}_p. \end{aligned} \tag{4.167}$$

In der eckigen Klammer steht eine Funktion von $\mathbf{a}_1$ bis $\mathbf{a}_p$, die aus $f^{(a_1, \dots, a_p)}$ in der folgenden Weise gebildet wird: Es werden p! Funktionen definiert, die durch alle möglichen Permutationen der Argumente aus f definiert werden können. Diese werden nicht einfach addiert, sondern je nachdem ob $(i_1, \dots i_p)$ bzw. $(\tilde{i}_1, \dots, \tilde{i}_p)$ durch eine gerade oder ungerade Permutation aus $(1, \dots, p)$ entsteht, wird das (+ 1)-fache bzw. das (− 1)-fache der neugebildeten Funktion addiert. Wenn man bei der so summierten Funktion zwei Argumente vertauscht, hat man dies bei jedem Summanden zu machen, wobei bei jedem Summanden das Signum der Permutation das Vorzeichen wechselt. Die neue Summe ist also gerade das Negative der ursprünglichen, womit der zugehörige Tensor A(T) sicher antisymmetrisch ist.

Ist nun T_A selbst antisymmetrisch, erhält man mit (4.162, 163)

$$\begin{aligned} A(T_A) &= \frac{1}{p!}\, f_A^{(a_{i_1}, \dots, a_{i_p})}\, \delta^{1, \dots, p}_{i_1 \dots i_p}\, \mathbf{a}_1 \otimes \dots \otimes \mathbf{a}_p \\ &= \frac{1}{p!}\, f_A^{(a_1, \dots, a_p)}\, \delta^{i_1 \dots i_p}_{1 \dots p}\, \delta^{1 \dots p}_{i_1 \dots i_p}\, \mathbf{a}_1 \otimes \dots \otimes \mathbf{a}_p \\ &= f_A^{(a_1, \dots, a_p)}\, \mathbf{a}_1 \otimes \dots \otimes \mathbf{a}_p = T_A. \end{aligned} \tag{4.168}$$

Da A(T) antisymmetrisch ist, folgt hieraus

$$A \circ A(T) = A(T). \tag{4.169}$$

Wenn $(i_1, \ldots, i_p)$ durch eine Permutation aus $(1, .., p)$ gebildet wird, erhält man durch Umbenennung aus (4.164)

$$A(f^{(a_1, .., a_p)} a_{i_1} \otimes .. \otimes a_{i_p}) = \frac{1}{p!} f^{(a_1, .., a_p)} \delta^{k_1 \ldots k_p}_{i_1 \ldots i_p} a_{k_1} \otimes \ldots \otimes a_{k_p}. \tag{4.170}$$

Hiermit läßt sich (4.169) aus (4.163) erhalten:

$$\begin{aligned} A \circ A(T) &= \frac{1}{p!} \frac{1}{p!} f^{(a_1, \ldots, a_p)} \delta^{i_1 \ldots i_p}_{1 \ldots p} \delta^{k_1 \ldots k_p}_{i_1 \ldots i_p} a_{k_1} \otimes \ldots \otimes a_{k_p} \\ &= \frac{1}{p!} f^{(a_1, \ldots, a_p)} \delta^{k_1 \ldots k_p}_{1 \ldots p} a_{k_1} \otimes \ldots \otimes a_{k_p} = A(T). \end{aligned} \tag{4.171}$$

Damit ist gezeigt, daß alle antisymmetrischen Tensoren in $A(\overset{p}{\otimes} V)$ liegen und daß die Bezeichnung Antisymmetrisierungssymbol für das (verallgemeinerte) Kroneckersymbol und *Antisymmetrisierungsoperator* für A berechtigt sind.

Für A und S sollen einige nützliche Beziehungen zusammengestellt werden. Für $p \geqslant 2$ ist ein Tensor genau dann zugleich symmetrisch und antisymmetrisch, wenn er gleich Null ist. Dies liefert

$$A \circ S(T(p)) = S \circ A(T(p)) = 0 \quad \text{für} \quad p \geqslant 2. \tag{4.172}$$

Bildet man ein Tensorprodukt mit S bzw. A ab, ist es gleichgültig, ob man vorher die einzelnen Faktoren schon mit S bzw. A abgebildet hat:

$$S[S(T_1(p)) \otimes T_2(p)] = S[T_1(p) \otimes S(T_2(q))] = S[T_1(p) \otimes T_2(q)] \tag{4.173}$$

bzw.

$$A[A(T_1(p)) \otimes T_2(q)] = A[T_1(p) \otimes A(T_2(q))] = A[T_1(p) \otimes T_2(q)]. \tag{4.174}$$

Diese Beziehungen ergeben sich einfach durch Nachrechnen mit (4.158, 144) bzw. (4.170, 163). Hieraus folgt mit (4.172) sofort

$$A[S(T_1(p)) \otimes T_2(q))] = S[A(T_1(p)) \otimes T_2(q)] = 0 \quad \text{für} \quad p \geqslant 2. \tag{4.175}$$

In Worten lautet dies: *Wird ein Tensorprodukt symmetrisiert, in dem mindestens ein zweistufiger Faktor antisymmetrisch ist, wird er zum Nulltensor (Nullvektor). Wird ein Tensorprodukt mit* A *abgebildet, in dem mindestens ein zweistufiger Faktor symmetrisch ist, wird er ebenfalls auf Null abgebildet.*

Aus

$$s^{k_1 \ldots\ldots\ldots\ldots k_{p+q}}_{1 \ldots p, p+1, \ldots, p+q} = s^{k_1 \ldots\ldots\ldots\ldots k_{p+q}}_{p+1, \ldots, p+q, 1, \ldots, p} \tag{4.176}$$

bzw.

$$\delta^{k_1 \ldots\ldots\ldots\ldots k_{p+q}}_{1, \ldots, p, p+1, \ldots, p+q} = (-1)^{pq} \delta^{k_1 \ldots\ldots\ldots\ldots k_{p+q}}_{p+1, \ldots, p+q, 1, \ldots, p} \tag{4.177}$$

erhält man die Beziehungen

$$S(T_1(p) \otimes T_2(q)) = S(T_2(q) \otimes T_1(p)) \tag{4.178}$$

bzw.

$$A(T_1(p) \otimes T_2(q)) = (-1)^{pq} A(T_2(q) \otimes T_1(p)). \tag{4.179}$$

Bildet man zerfallende Tensoren mit A ab, hat die letzte Gleichung eine wichtige Konsequenz: Durch wiederholtes Anwenden von (4.179) und (4.174) erhält man

$$\begin{aligned} &A(\mathbf{b}_1 \otimes .. \otimes \mathbf{b}_i \otimes \ldots \otimes \mathbf{b}_j \otimes \ldots \otimes \mathbf{b}_p) = \\ &= (-1)\, A(\mathbf{b}_1 \otimes \ldots \otimes \mathbf{b}_j \otimes \ldots \otimes \mathbf{b}_i \otimes \ldots \otimes \mathbf{b}_p). \end{aligned} \tag{4.180}$$

Sind nun $\mathbf{b}_i$ und $\mathbf{b}_j$ gleich, muß deshalb gelten

$$A(\mathbf{b}_1 \otimes \ldots \otimes \mathbf{b}_i \otimes \ldots \otimes \mathbf{b}_i \otimes \ldots \otimes \mathbf{b}_p) = 0. \tag{4.181}$$

Es ist also $A(\mathbf{b}_1 \otimes \ldots \otimes \mathbf{b}_p)$ sicher gleich Null, wenn mehrere Vektoren gleich sind. Bei $S(\mathbf{b}_1 \otimes \ldots \otimes \mathbf{b}_p)$ ist dies nach S. 64 nicht der Fall. Wegen der Linearität von A erhält man hieraus sofort, daß $A(\mathbf{b}_1 \otimes \ldots \otimes \mathbf{b}_p)$ sich nicht ändert, wenn man zu einem der Vektoren das Vielfache eines der anderen Vektoren addiert. Hieraus folgt aber, daß $A(\mathbf{b}_1 \otimes \ldots \otimes \mathbf{b}_p)$ gleich Null ist, wenn $\mathbf{b}_1$ bis $\mathbf{b}_p$ linear unabhängig sind. Wenn $\mathbf{b}_1$ bis $\mathbf{b}_p$ linear unabhängig sind, ist $A(\mathbf{b}_1 \otimes \ldots \otimes \mathbf{b}_p)$ ungleich Null. Genauer erhält man: *Es seien* $\mathbf{b}_1$ *bis* $\mathbf{b}_n$ *linear unabhängige Vektoren aus* V, *und es sei* $K = \underbrace{k_1, \ldots, k_p}$ *eine p-elementige Teilmenge von* $(1, 2, \ldots, n)$, *die in natürlicher Anordnung steht. Es gibt genau*

$$\binom{n}{p} = \frac{n!}{p!\,(n-p)!} \tag{4.182}$$

solche angeordneten Teilmengen. Für $K = \underbrace{k_1, \ldots, k_p}$ *sind die alternierenden Tensoren*

$$T_K = A(\mathbf{b}_{k_1} \otimes \ldots \otimes \mathbf{b}_{k_p}) = \frac{1}{p!}\, \delta_K^{j_1 \ldots j_p}\, \mathbf{b}_{j_1} \otimes \ldots \otimes \mathbf{b}_{j_p} \tag{4.183}$$

linear unabhängig.

Es werde in

$$c^K\, T_K = \frac{1}{p!}\, c^K\, \delta_K^{j_1 \ldots j_p}\, \mathbf{b}_{j_1} \otimes \ldots \otimes \mathbf{b}_{j_p} = 0 \tag{4.184}$$

über alle geordneten Indexmengen K und alle möglichen j_1 bis j_p summiert. Dann steht hier eine Summe von Tensoren der Form (4.124). Da diese linear unabhängig sind, folgt aus (4.184)

$$\frac{1}{p!}\, c^K\, \delta_K^{j_1 \ldots j_p} = 0. \tag{4.185}$$

Für gegebenes $(j_1, \ldots j_p)$ gibt es höchstens nur eine Indexmenge K, so daß sich $c^K = 0$ für alle K ergibt. Die Tensoren T_K sind also linear unabhängig.

In (4.168) ist die Funktion f_A höchstens für endlich viele p-tupel von Vektoren ungleich Null. Die gesamte Menge von Vektoren wollen wir numerieren und schreiben $c_1, \ldots, c_m$. Für jedes p-tupel $(i_1, \ldots, i_p)$ von Indizes aus $1, 2, \ldots, m$ definieren wir

$$f_A^{(c_{i_1}, \ldots, c_{i_p})} = f_A^{i_1 \ldots i_p}. \tag{4.186}$$

Es ist zu beachten, daß nicht alle $f_A^{i_1 \ldots i_p}$ ungleich Null sein müssen: Es mußten die Funktionswerte von f_A nicht für alle aus c_1 bis c_m bildbaren p-tupel von Vektoren ungleich Null sein. Man erhält dann

$$f_A^{(a_1, \ldots, a_p)} a_1 \otimes \ldots \otimes a_p = f_A^{i_1 \ldots i_p} c_{i_1} \otimes \ldots \otimes c_{i_p}. \tag{4.187}$$

Liegen die (endlich vielen) Vektoren c_1 bis c_m in dem von den linear unabhängigen Vektoren b_1 bis b_n aufgespannten Unterraum von V, kann man sie als (endliche) Linearkombinationen von den Vektoren b_1 bis b_n schreiben, und man erhält mit (4.120)

$$\begin{aligned} f_A^{(a_1, \ldots, a_p)} a_1 \otimes \ldots \otimes a_p &= f_A^{i_1 \ldots i_p} c_{i_1}^{j_1} b_{j_1} \otimes \ldots \otimes c_{i_p}^{j_p} b_{j_p} \\ &= f_A^{i_1 \ldots i_p} c_{i_1}^{j_1} \ldots c_{i_p}^{j_p} b_{j_1} \otimes \ldots \otimes b_{j_p}. \end{aligned} \tag{4.188}$$

Bildet man $b_{j_1} \otimes \ldots \otimes b_{j_p}$ mit A ab, erhält man wegen (4.181) immer Null, wenn in $\{j_1, \ldots, j_p\}$ zwei gleiche Zahlen vorkommen. Deshalb erhält man mit (4.168), (4.170) und (4.183)

$$\begin{aligned} f_A^{(a_1, \ldots, a_p)} a_1 \otimes \ldots \otimes a_p &= \frac{1}{p!} f_A^{i_1 \ldots i_p} c_{i_1}^{j_1} \ldots c_{i_p}^{j_p} \delta_{j_1 \ldots j_p}^{l_1 \ldots l_p} b_{l_1} \otimes \ldots \otimes b_{l_p} \\ &= f_A^{i_1 \ldots i_p} c_{i_1}^{j_1} \ldots c_{i_p}^{j_p} \delta_{j_1 \ldots j_p}^{K} \frac{1}{p!} \delta_K^{l_1 \ldots l_p} b_{l_1} \otimes \ldots \otimes b_{l_p} \\ &= f_A^{i_1 \ldots i_p} c_{i_1}^{j_1} \ldots c_{i_p}^{j_p} \delta_{j_1 \ldots j_p}^{K} T_K. \end{aligned} \tag{4.189}$$

Damit ist der alternierende Tensor (4.188) als Linearkombination der Tensoren T_K geschrieben. Hieraus folgt: Hat V die Dimension n, sind die T_K eine Basis von $A(\overset{p}{\otimes} V)$ und $A(\overset{p}{\otimes} V)$ hat die Dimension $\binom{n}{p}$, insbesondere ist die Dimension von $A(\overset{n}{\otimes} V)$ gleich 1, und die Dimension der p- und (n − p)-stufigen alternierenden Tensorräume ist gleich. Für $n' > \dim V$ besteht $A(\overset{n'}{\otimes} V)$ nur aus dem Nulltensor, da es nicht n' linear unabhängige Vektoren in V gibt.

Das Tensorprodukt zweier (anti)symmetrischer Tensoren ist i.a. nicht (anti)symmetrisch. Deshalb sind auch die direkten Summen aller p-stufigen symmetrischen bzw. antisymmetrischen Tensorräume für alle p, nämlich

$$\begin{aligned} &\bigoplus_{p=0}^{\infty} S(\overset{p}{\otimes} V) = K \oplus V \oplus S(\overset{2}{\otimes} V) \oplus \ldots \oplus S(\overset{p}{\otimes} V) \oplus \ldots \quad \text{mit} \\ &\qquad S(K) = K, \\ &\qquad S(V) = V, \end{aligned} \tag{4.190}$$

$$\bigoplus_{p=0}^{\infty} A(\overset{p}{\otimes} V) = K \oplus V \oplus A(\overset{2}{\otimes} V) \oplus \ldots \oplus A(\overset{p}{\otimes} V) \oplus \ldots \quad \text{mit}$$
$$A(K) = K, \tag{4.191}$$
$$A(V) = V,$$

zwar Untervektorräume aber keine Unteralgebren der von V erzeugten Tensoralgebra. Hat V die Dimension n, bricht in (4.191) die direkte Summe bei $A(\overset{n}{\otimes} V)$ ab.

Es sei f eine positive Funktion von den natürlichen Zahlen. Dann kann man durch

$$T_1(p) \circledvee T_2(q) = \frac{f(p+q)}{f(p)\, f(q)}\, S(T_1(p) \otimes T_2(q)) \tag{4.192}$$

bzw.

$$T_1(p) \circledwedge T_2(q) = \frac{f(p+q)}{f(p)\, f(q)}\, A(T_1(p) \otimes T_2(q)) \tag{4.193}$$

in der von V erzeugten Tensoralgebra weitere distributive Multiplikationen definieren. Wegen (4.178) und (4.179) gilt

$$T_1(p) \circledvee T_2(q) = T_2(q) \circledvee T_1(p) \tag{4.194}$$

bzw.

$$T_1(p) \circledwedge T_2(q) = (-1)^{pq}\, T_2(q) \circledwedge T_1(p). \tag{4.195}$$

Das Produkt $\circledwedge$ wird deshalb alternierend genannt. Mit (4.173) bzw. (4.174) kann man zeigen, daß beide Multiplikationen sogar assoziativ sind:

$$(T_1(p) \substack{\circledvee \\ \circledwedge} T_2(q)) \substack{\circledvee \\ \circledwedge} T_3(r) = \frac{f(p+q+r)}{f(p+q)\, f(r)} \substack{S \\ A} \left[\frac{f(p+q)}{f(p)\, f(q)} \substack{S \\ A} (T_1(p) \otimes T_2(q)) \otimes T_3(r) \right]$$
$$= \frac{f(p+q+r)}{f(p)\, f(q)\, f(r)} \substack{S \\ A} [T_1(p) \otimes T_2(q) \otimes T_3(r)]$$
$$= \frac{f(p+q+r)}{f(p)\, f(q+r)} \substack{S \\ A} \left[T_1(p) \otimes \frac{f(q+r)}{f(q)\, f(r)} \substack{S \\ A} (T_2(q) \otimes T_3(r)) \right]$$
$$= T_1(p) \substack{\circledvee \\ \circledwedge} (T_2(q) \substack{\circledvee \\ \circledwedge} T_3(r)). \tag{4.196}$$

Bei diesen Multiplikationen sind (4.190) bzw. (4.191) Unteralgebren der von V erzeugten Tensoralgebra. Man nennt $\left(\bigoplus_{p=0}^{\infty} S(\overset{p}{\otimes} V), \circledvee \right)$ eine von V erzeugte *Algebra symmetrischer Tensoren.* Die entsprechende Algebra $\left(\bigoplus_{p=0}^{\infty} A(\overset{p}{\otimes} V), \circledwedge \right)$ antisymmetrischer Tensoren wird von V erzeugte *„äußere" Algebra, Algebra antisymmetrischer Tensoren* oder *Graßmannsche Algebra* genannt. Es ist üblich, $f(p) \equiv 1$ zu wählen. Beim alternierenden Produkt ist auch $f(p) = \sqrt{p!}$ praktisch.

Hierfür wollen wir schreiben

$$T_1(p) \vee T_2(q) = \frac{\sqrt{(p+q)!}}{\sqrt{p!}\sqrt{q!}} S(T_1(p) \otimes T_2(q)) \tag{4.197}$$

$$T_1(p) \wedge T_2(q) = \frac{\sqrt{(p+q)!}}{\sqrt{p!}\sqrt{q!}} A(T_1(p) \otimes T_2(q)). \tag{4.198}$$

Wegen (4.196) kann man bei mehrfachen Produkten die Klammern weglassen. Setzt man für die Tensoren das p-fache Produkt von Vektoren ein, erhält man

$$\mathbf{a}_1 \vee \mathbf{a}_2 \vee \ldots \vee \mathbf{a}_p = \sqrt{p!}\, S(\mathbf{a}_1 \otimes \ldots \otimes \mathbf{a}_p) = \frac{1}{\sqrt{p!}} s^{i_1 \ldots i_p}_{1 \ldots p}\, \mathbf{a}_{i_1} \otimes \ldots \otimes \mathbf{a}_{i_p}, \tag{4.199}$$

$$\mathbf{a}_1 \wedge \mathbf{a}_2 \wedge \ldots \wedge \mathbf{a}_p = \sqrt{p!}\, A(\mathbf{a}_1 \otimes \ldots \otimes \mathbf{a}_p) = \frac{1}{\sqrt{p!}} \delta^{i_1 \ldots i_p}_{1 \ldots p}\, \mathbf{a}_{i_1} \otimes \ldots \otimes \mathbf{a}_{i_p}. \tag{4.200}$$

Diese Produkte kann man in (4.146) bzw. (4.164) einsetzen und mit der erweiterten Summationskonvention schreiben:

$$S(T) = \frac{1}{\sqrt{p!}} f_S^{(\mathbf{a}_1, \ldots, \mathbf{a}_p)}\, \mathbf{a}_1 \vee \ldots \vee \mathbf{a}_p \tag{4.201}$$

bzw.

$$A(T) = \frac{1}{\sqrt{p!}} f_A^{(\mathbf{a}_1, \ldots, \mathbf{a}_p)}\, \mathbf{a}_1 \wedge \ldots \wedge \mathbf{a}_p. \tag{4.202}$$

Bemerkung:
Wenn man für V den Hilbertraum H eines quantenmechanischen Einteilchensystems wählt und $S(\overset{p}{\otimes} H)$ bzw. $A(\overset{p}{\otimes} H)$ bei Verwendung der üblichen Topologie (vgl. S. 78) abschließt, ist $\overline{S(\overset{p}{\otimes} H)}$ bzw. $\overline{A(\overset{p}{\otimes} H)}$ der Hilbertraum eines p-Teilchen-Bosonensystems bzw. p-Teilchen-Fermionensystems. Die Algebren $\bigoplus_{p=0}^{\infty} \overline{S(\overset{p}{\otimes} H)}$ bzw. $\bigoplus_{p=0}^{\infty} \overline{A(\overset{p}{\otimes} H)}$ werden in der Physik *Fockraum* eines *Bosonen-* bzw. *Fermionensystems* genannt. In diesem Fockraum sind für die quantenmechanischen Rechnungen gewisse lineare Abbildungen von besonderer Bedeutung, die man *Erzeugungs-* und *Vernichtungsoperatoren* nennt. Mit den gebrachten Beziehungen kann man sie sehr einfach angeben: Man nennt $E_{\mathbf{a}}^{F,B}$ den *Erzeugungsoperator* (eines Fermions- bzw. Bosons im Zustand) des Vektors **a**, wenn gilt

$$E_{\mathbf{a}}^F(\mathbf{a}_1 \wedge \ldots \wedge \mathbf{a}_n) = \mathbf{a} \wedge \mathbf{a}_1 \wedge \ldots \wedge \mathbf{a}_n \tag{4.203}$$

bzw.

$$E_{\mathbf{a}}^B(\mathbf{a}_1 \vee \ldots \vee \mathbf{a}_n) = \mathbf{a} \vee \mathbf{a}_1 \vee \ldots \vee \mathbf{a}_n. \tag{4.204}$$

Nach Multiplikation mit $f^{(\mathbf{a}_1, \ldots, \mathbf{a}_n)}$ und Anwendung der erweiterten Summationskonvention sind diese Operatoren für alle Elemente der Algebren definiert. Für (4.203) ist die Übereinstimmung mit den etwas üblicheren Formeln sofort zu erkennen: Es sei $\mathbf{a}_1$ bis $\mathbf{a}_n$ ein Orthonormalsystem. Ist **a** einer dieser Vektoren, ist (4.203) nach (4.181) gleich Null. Ist **a** normiert und orthogonal zu $\mathbf{a}_1$ bis $\mathbf{a}_n$, ist

(4.203) ungleich Null. Gehört der Vektor a auf Grund der vorgeschriebenen Anordnung des Orthonormalsystems hinter den Vektor a_{k-1}, erhält man mit (4.195)

$$E_a^F(a_1 \wedge \ldots \wedge a_{k-1} \wedge \ldots \wedge a_n) = (-1)^{k-1} a_1 \wedge \ldots \wedge a_{k-1} \wedge a \wedge \ldots \wedge a_n . \tag{4.205}$$

Dies ist bis auf unwesentliche Abweichungen in der Bezeichnung die übliche Formel. Es ist $S(a_1 \otimes \ldots \otimes a_n)$ auch ungleich Null, wenn mehrmals der gleiche Vektor vorkommt. Man schreibt $\overset{n_k}{\otimes} a_k$ für das n_k-fache Tensorprodukt von a_k mit sich selbst. Wenn $a_1, \ldots, a_k, \ldots, a_m$ orthonormierte Vektoren sind, führt man mit $n = n_1 + \ldots + n_k + \ldots + n_m$ die folgende Bezeichnung ein

$$\begin{aligned}(\overset{n_1}{\otimes} a_1) \vee (\overset{n_2}{\otimes} a_2) \vee \ldots \vee (\overset{n_k}{\otimes} a_k) \vee \ldots \vee (\overset{n_m}{\otimes} a_m) &= \\ = \left(\frac{n!}{n_1!\, n_2! \ldots n_k! \ldots n_m!}\right)^{1/2} & S((\overset{n_1}{\otimes} a_1) \otimes (\overset{n_2}{\otimes} a_2) \otimes .. \otimes (\overset{n_k}{\otimes} a_k) \otimes .. \otimes (\overset{n_m}{\otimes} a_m)) \\ = |n_1, n_2, \ldots, n_k, \ldots, n_m>. &\end{aligned} \tag{4.206}$$

Mit (4.204) erhält man

$$E_a^B |n_1, \ldots, n_k, \ldots, n_m> = a \vee (\overset{n_1}{\otimes} a_1) \vee \ldots \vee (\overset{n_k}{\otimes} a_k) \vee \ldots \vee (\overset{n_m}{\otimes} a_m). \tag{4.207}$$

Für $a = a_k$ folgt mit

$$a_k \vee (\overset{n_k}{\otimes} a_k) = \sqrt{n_k + 1}\; S(\overset{n_k+1}{\otimes} a_k) = \sqrt{n_k + 1} \overset{n_k+1}{\otimes} a_k \tag{4.208}$$

$$\begin{aligned} E_a^B |n_1, \ldots, n_k, \ldots, n_m> &= (\overset{n_1}{\otimes} a_1) \vee \ldots \vee (a_k \vee \overset{n_k}{\otimes} a_k) \vee \ldots \vee (\overset{n_m}{\otimes} a_m) \\ &= \sqrt{n_k + 1}\; |n_1, \ldots, n_k + 1, \ldots, n_m>. \end{aligned} \tag{4.209}$$

Dies ist bis auf kleinere Abweichungen in der Bezeichnung die übliche Formel. Wenn man den Dualraum des Tensorraums eingeführt hat (vgl. S. 75), kann man leicht die adjungierten Operatoren bilden. Man erkennt sofort, daß durch den adjungierten Operator die Stufenzahl des Tensors erniedrigt wird. Das zugehörige physikalische System hat ein Teilchen weniger, und man nennt einen solchen Operator einen *Vernichtungsoperator*. Wir wollen ihn hier direkt angeben. Mit $K = \underbrace{k_1, \ldots,}k_n$ wollen wir die Indexmengen kennzeichnen, die aus $1, \ldots, n+1$ dadurch entstehen, daß i_1 entfernt wird, aber sonst die gleiche Anordnung beibehalten wird. Ist u das lineare Funktional, das den normierten Vektor a auf 1 und alle zu a orthogonalen Vektoren auf Null abbildet, sind die Vernichtungsoperatoren (des Vektors a) gegeben durch

$$V_a^F(a_1 \wedge \ldots \wedge a_{n+1}) = (u, a_{i_1})\, \delta^{i_1 K}_{1 \ldots n+1}\, a_{k_1} \wedge \ldots \wedge a_{k_n} \tag{4.210}$$

bzw.

$$V_a^B(a_1 \vee \ldots \vee a_{n+1}) = (u, a_{i_1})\, s^{i_1 K}_{1 \ldots n+1}\, a_{k_1} \vee \ldots \vee a_{k_n}. \tag{4.211}$$

Wir behandeln zuerst den Vernichtungsoperator für die Fermionen. Es sei a_1 bis a_{n+1} ein Orthonormalsystem. Ist a orthogonal zu allen a_1 bis a_{n+1}, ist

$$V_a^F(a_1 \wedge \ldots \wedge a_{n+1}) = 0 \quad (a \text{ orthogonal zu } a_i). \tag{4.212}$$

Ist a gleich a_k, erhält man mit $\delta^{kK}_{1 \ldots n+1} = (-1)^{k-1}$

$$V_a^F(a_1 \wedge \ldots \wedge a_{n+1}) = (-1)^{k-1} a_1 \wedge \ldots \wedge a_{k-1} \wedge a_{k+1} \wedge \ldots \wedge a_{n+1} . \tag{4.213}$$

Dies sind die üblichen Formeln. Ist $\mathbf{a}$ orthogonal zu allen in $\mathbf{a}_1 \vee \mathbf{a}_2 \vee \ldots \vee \mathbf{a}_{n+1}$ vorkommenden Vektoren, ist $V_{\mathbf{a}}^B(\mathbf{a}_1 \vee \ldots \vee \mathbf{a}_{n+1})$ gleich Null. Kommt $\mathbf{a}$ $(n_k + 1)$-mal vor und ist es $\mathbf{a}_k$, erhält man auf der rechten Seite $(n_k + 1)$-mal den gleichen Term also

$$V_{\mathbf{a}}^B(\mathbf{a}_1 \vee \mathbf{a}_2 \vee \ldots \vee \mathbf{a}_{n+1}) = (n_k + 1)\, \mathbf{a}_1 \vee \ldots \vee \mathbf{a}_{k-1} \vee \mathbf{a}_{k+1} \vee \ldots \vee \mathbf{a}_{n+1}. \tag{4.214}$$

Durch Anwenden von (4.204) für $\mathbf{a} = \mathbf{a}_k$ auf diesen Ausdruck ergibt sich

$$E_{\mathbf{a}}^B \circ V_{\mathbf{a}}^B(\mathbf{a}_1 \vee \mathbf{a}_2 \vee \ldots \vee \mathbf{a}_{n+1}) = (n_k + 1)\, \mathbf{a}_1 \vee \mathbf{a}_2 \vee \ldots \vee \mathbf{a}_{n+1}. \tag{4.215}$$

Dies ist die wichtige Formel für das Hintereinanderschalten eines Bosonen-Erzeugungs- und Vernichtungsoperators. Man kann die Übereinstimmung auch direkt durch Umschreiben auf die üblichere Schreibweise einsehen:

$$\begin{aligned}
V_{\mathbf{a}}^B |n_1, \ldots, n_{k+1}, \ldots\rangle &= V_{\mathbf{a}}^B\Big(\big(\overset{n_1}{\otimes} \mathbf{a}_1\big) \vee \big(\overset{n_2}{\otimes} \mathbf{a}_2\big) \vee \ldots \vee \big(\overset{n_k+1}{\otimes} \mathbf{a}_k\big) \vee \ldots\Big) \\
&= \frac{1}{\sqrt{n_1!} \ldots \sqrt{(n_k+1)!} \ldots} V_{\mathbf{a}}^B\Big(\big(\overset{n_1}{\vee} \mathbf{a}_1\big) \vee \big(\overset{n_2}{\vee} \mathbf{a}_2\big) \vee \ldots \vee \big(\overset{n_k+1}{\vee} \mathbf{a}_k\big) \vee \ldots\Big) \\
&= \frac{n_k + 1}{\sqrt{n_1!} \ldots \sqrt{(n_k+1)!} \ldots} \big(\overset{n_1}{\vee} \mathbf{a}_1\big) \vee \big(\overset{n_2}{\vee} \mathbf{a}_2\big) \vee \ldots \vee \big(\overset{n_k}{\vee} \mathbf{a}_k\big) \vee \ldots \qquad (4.216) \\
&= \sqrt{n_k + 1}\, \Big(\big(\overset{n_1}{\otimes} \mathbf{a}_1\big) \vee \big(\overset{n_2}{\otimes} \mathbf{a}_2\big) \vee \ldots \vee \big(\overset{n_k}{\otimes} \mathbf{a}_k\big) \vee \ldots\Big) \\
&= \sqrt{n_k + 1}\, |n_1, \ldots, n_k, \ldots\rangle .
\end{aligned}$$

4.4. Tensorprodukte von linearen Abbildungen

Es seien A_i lineare Abbildungen von V_i in W_i. Für jedes i kann man A_i als Element des Vektorraums $V(A_i)$ aller linearen Abbildungen von V_i in W_i betrachten, und deshalb ist das Tensorprodukt dieser linearen Abbildungen wohldefiniert:

$$A_1 \otimes A_2 \otimes \ldots \otimes A_p = \bigotimes_{i=1}^{p} A_i. \tag{4.217}$$

Nun kann man ausnutzen, daß jedes einzelne A_i nicht nur Element eines gewissen Vektorraums, sondern auch eine lineare Abbildung ist. Mit $q \leqslant p$ werden für $\mathbf{x}_i \in V_i$ durch

$$(A_1 \otimes \ldots \otimes A_q)(\mathbf{x}_1, \ldots, \mathbf{x}_p) = A_1(\mathbf{x}_1) \otimes \ldots \otimes A_q(\mathbf{x}_q) \otimes \mathbf{x}_{q+1} \otimes \ldots \otimes \mathbf{x}_p, \tag{4.218}$$

$$\begin{aligned}
&(A_{q+1} \otimes \ldots \otimes A_p)(\mathbf{x}_1, \ldots, \mathbf{x}_p) = \\
&\quad = \mathbf{x}_1 \otimes \ldots \otimes \mathbf{x}_q \otimes A_{q+1}(\mathbf{x}_{q+1}) \otimes \ldots \otimes A_p(\mathbf{x}_p)
\end{aligned} \tag{4.219}$$

multilineare Abbildungen von dem p-fachen *cartesischen Produkt* der V_i, nämlich $\overset{p}{\underset{i=1}{\times}} V_i$, in die Tensorräume $\left(\bigotimes_{i=1}^{q} A_i(V_i)\right) \otimes \left(\bigotimes_{i=q+1}^{p} V_i\right)$ bzw. $\left(\bigotimes_{i=1}^{q} V_i\right) \otimes \left(\bigotimes_{i=q+1}^{p} A(V_i)\right)$ definiert. Nach den Ausführungen der S. 60 können diese multilinearen Abbildungen zur Definition *linearer Abbildungen* von $\bigotimes_{i=1}^{p} V_i$ in die entsprechenden Tensorräume, die ja insbesondere Vektorräume sind, dienen. Diese linearen Abbildungen schreibt man in der gleichen Weise und nennt sie das *Kroneckerprodukt der linearen Abbildungen* A_i. Bei Anwendung der erweiterten Summationskonvention erhält man

$$\begin{aligned}\left(\bigotimes_{i=1}^{q} A_i\right) & (f^{(x_1,\dots,x_p)}\, x_1 \otimes \dots \otimes x_p) = \\ & = f^{(x_1,\dots,x_p)}\, A_1(x_1) \otimes \dots \otimes A_q(x_q) \otimes x_{q+1} \otimes \dots \otimes x_p,\end{aligned} \tag{4.220}$$

$$\begin{aligned}\left(\bigotimes_{i=q+1}^{p} A_i\right) & (f^{(x_1,\dots,x_p)}\, x_1 \otimes \dots \otimes x_p) = \\ & = f^{(x_1,\dots,x_p)}\, x_1 \otimes \dots \otimes x_q \otimes A_{q+1}(x_{q+1}) \otimes \dots \otimes A(x_p).\end{aligned} \tag{4.221}$$

Es lassen sich analoge Abbildungen auch mit den endlichen Linearkombinationen der Tensoren $\bigotimes_{i=1}^{q} A_i$ bzw. $\bigotimes_{i=q+1}^{p} A_i$, also mit allen Tensoren aus den entsprechenden Tensorräumen definieren. Diese Bildungen sind mit dem Hintereinanderschalten von linearen Abbildungen verträglich: Es seien A_i Abbildungen von V_i in W_i und B_i Abbildungen von W_i in U_i, dann gilt

$$\begin{aligned}&\left(\bigotimes_{i=1}^{q} B_i\right) \circ \left(\bigotimes_{i=1}^{q} A_i\right) = \bigotimes_{i=1}^{q} B_i \circ A_i \quad \text{bzw.} \\ &\left(\bigotimes_{i=q+1}^{p} B_i\right) \circ \left(\bigotimes_{i=q+1}^{p} A_i\right) = \bigotimes_{i=q+1}^{p} B_i \circ A_i .\end{aligned} \tag{4.222}$$

Wichtig ist auch der Fall, wenn man mit den Tensorprodukten der linearen Abbildungen multilineare Abbildungen von $\mathop{\times}\limits_{i=1}^{q} V_i$ bzw. $\mathop{\times}\limits_{i=q+1}^{p} V_i$ definiert durch:

$$(A_1 \otimes \dots \otimes A_p)(x_1, \dots, x_q) = A_1(x_1) \otimes \dots \otimes A_q(x_q) \otimes A_{q+1} \otimes \dots \otimes A_p, \tag{4.223}$$

$$(A_1 \otimes \dots \otimes A_p)(x_{q+1}, \dots, x_p) = A_1 \otimes \dots \otimes A_q \otimes A_{q+1}(x_{q+1}) \otimes \dots \otimes A_p(x_p). \tag{4.224}$$

Dies sind multilineare Abbildungen in die Tensorräume

$$\left(\bigotimes_{i=1}^{q} A_i(V_i)\right) \otimes \left(\bigotimes_{i=q+1}^{p} V(A_i)\right) \quad \text{bzw.} \quad \left(\bigotimes_{i=1}^{q} V(A_i)\right) \otimes \left(\bigotimes_{i=q+1}^{p} A_i(V_i)\right), \tag{4.225}$$

wobei hier die Vektorräume der linearen Abbildungen mit $V(A_i)$ bezeichnet wurden. Nach den Ausführungen der S. 60 können diese multilinearen Abbildungen zur Definition linearer Abbildungen von $\bigotimes_{i=1}^{q} V_i$ bzw. $\bigotimes_{i=q+1}^{p} V_i$ in die entsprechenden Tensorräume verwendet werden, die man ebenfalls *Kroneckerprodukt linearer Abbildungen* nennt:

$$\begin{aligned}\left(\bigotimes_{i=1}^{p} A_i\right) & (f^{(x_1,\dots,x_q)}\, x_1 \otimes \dots \otimes x_q) \\ & = f^{(x_1,\dots,x_q)}\, A_1(x_1) \otimes \dots \otimes A_q(x_q) \otimes A_{q+1} \otimes \dots \otimes A_p,\end{aligned} \tag{4.226}$$

$$\left(\bigotimes_{i=1}^{p} A_i\right)\left(f^{(x_{q+1},\ldots,x_p)}\, x_{q+1} \otimes \ldots \otimes x_p\right) \qquad (4.227)$$
$$= f^{(x_{q+1},\ldots,x_p)}\, A_1 \otimes \ldots \otimes A_q \otimes A_{q+1}(x_{q+1}) \otimes \ldots \otimes A_p(x_p).$$

Bei diesen Definitionen wäre es eigentlich nicht nötig, daß in (4.226) die Vektoren A_{q+1} bis A_p bzw. in (4.227) die Vektoren A_1 bis A_q lineare Abbildungen sind. Sie könnten Elemente beliebiger Vektorräume sein. Von dieser Art waren die auf S. 53f mit den 2-stufigen Tensoren definierten Abbildungen. Um anzudeuten, wie vielfältig die Interpretationsmöglichkeiten bei mehrstufigen Tensorräumen sind, soll kurz angemerkt werden, daß z. B. (4.218) betrachtet werden kann als Gleichung für die Funktionswerte einer multilinearen Abbildung von $\mathop{\times}\limits_{i=1}^{q} V(A_i) \times \left(\mathop{\times}\limits_{i=1}^{p} V_i\right)$ in den Tensorraum $\left(\bigotimes\limits_{i=1}^{q} A_i(V_i)\right) \otimes \left(\bigotimes\limits_{i=q+1}^{p} V_i\right)$, die zur Definition einer linearen Abbildung von $\left(\bigotimes\limits_{i=1}^{q} V(A_i)\right) \otimes \left(\bigotimes\limits_{i=1}^{p} V_i\right)$ in den entsprechenden Bildraum führt. Andere Möglichkeiten erhält man dadurch, daß man z. B. in (4.128) nicht gerade die ersten oder letzten q Abbildungen von den A_1 bis A_p hätte nehmen müssen. Bei dieser großen Zahl von Möglichkeiten können hier nur einige in der Praxis vorkommende Spezialfälle behandelt werden.

Eine besondere Schreibweise ist üblich, wenn W_i für alle i gleich dem Körper K ist, wenn also alle A_i lineare Funktionale $\mathbf{f}^i$ auf den entsprechenden Vektorräumen V_i sind und wenn in (4.218) bzw. (4.226) p gleich q ist. Da das p-fache Tensorprodukt von K mit sich selbst wieder K liefert, erhält man durch

$$\left(\bigotimes_{i=1}^{p} \mathbf{f}^i\right)(\mathbf{x}_1 \otimes \ldots \otimes \mathbf{x}_p) = (\mathbf{f}^1, \mathbf{x}_1) \ldots (\mathbf{f}^p, \mathbf{x}_p) \qquad (4.228)$$

eine Multilinearform auf $\mathop{\times}\limits_{i=1}^{p} V_i$, die man zur Definition einer Linearform auf $\bigotimes\limits_{i=1}^{p} V_i$ verwenden kann. Da dies für jede endliche Linearkombination solcher Elemente aus $\bigotimes\limits_{i=1}^{p} V_i^*$ gilt, kann also jedes Element aus $\bigotimes\limits_{i=1}^{p} V_i^*$ als lineares Funktional auf $\bigotimes\limits_{i=1}^{p} V_i$ aufgefaßt werden, also als Element aus $\left(\bigotimes\limits_{i=1}^{p} V_i\right)^*$. Damit gilt also

$$\bigotimes_{i=1}^{p} V_i^* \subset \left(\bigotimes_{i=1}^{p} V_i\right)^*. \qquad (4.229)$$

Da man aber auch mit nicht notwendig endlichen Linearkombinationen von Elementen aus $\bigotimes\limits_{i=1}^{p} V_i^*$ lineare Funktionale auf $\bigotimes\limits_{i=1}^{p} V_i$ definieren könnte, die dann bei unendlich-dimensionalen Vektorräumen nicht Elemente von $\bigotimes\limits_{i=1}^{p} V_i^*$ sein müssen, gilt die umgekehrte Implikation i. a. nur für endlich-dimensionale Vektorräume. Die Elemente aus $\bigotimes\limits_{i=1}^{p} V_i^*$ nennt man *p-stufige Kotensoren.*

Denkt man sich in (4.228) $\bigotimes_{i=1}^{p} x_i$ festgehalten und f^1 bis f^p variabel, kann man die Gleichung betrachten als Definition einer Multilinearform auf $\times_{i=1}^{p} V_i^*$, die zur Definition einer Linearform auf $\bigotimes_{i=1}^{p} V_i^*$ verwendet werden kann. Insbesondere liefert jede endliche Linearkombination von Tensoren der Form $\bigotimes_{i=1}^{p} x_i$ ein solches lineares Funktional auf $\bigotimes_{i=1}^{p} V_i^*$. Damit erhält man also wie auf S. 27 eine injektive lineare Abbildung $\bigotimes_{i=1}^{p} I_{1i}$ von $\bigotimes_{i=1}^{p} V_i$ in $\left(\bigotimes_{i=1}^{p} V_i^*\right)^*$, die nur im Fall von endlich-dimensionalen Vektorräumen zu einem Isomorphismus wird.

Das Umdeuten der Multilinearform als Linearform und umgekehrt kann man auch äußerlich durch die Schreibweise kenntlich machen. Wir wollen diese Formeln gleich mit der erweiterten Summationskonvention schreiben:

$$\begin{aligned}
&(g^{(f^1,\ldots,f^p)} f^1 \otimes \ldots \otimes f^p)(h^{(a_1,\ldots,a_p)} a_1 \otimes \ldots \otimes a_p) \\
&= (g^{(f^1,\ldots,f^p)} f^1 \otimes \ldots \otimes f^p, h^{(a_1,\ldots,a_p)} a_1 \otimes \ldots \otimes a_p) \\
&= g^{(f^1,\ldots,f^p)} h^{(a_1,\ldots,a_p)} (f^1 \otimes \ldots \otimes f^p, a_1 \otimes \ldots \otimes a_p) \\
&= g^{(f^1,\ldots,f^p)} h^{(a_1,\ldots,a_p)} (f^1, a_1) \ldots (f^p, a_p) \qquad (4.230) \\
&= g^{(f^1,\ldots,f^p)} h^{(a_1,\ldots,a_p)} (I_{11}(a_1), f^1) \ldots (I_{1p}(a_p), f^p) \\
&= g^{(f^1,\ldots,f^p)} h^{(a_1,\ldots,a_p)} (a_1, f^1) \ldots (a_p, f^p) \\
&= (h^{(a_1,\ldots,a_p)} a_1 \otimes \ldots \otimes a_p, g^{(f^1,\ldots,f^p)} f^1 \otimes \ldots \otimes f^p).
\end{aligned}$$

Für die vorletzte Gleichung wurde (3.110) ausgenutzt.

Das Gleichsetzen des p-fachen Tensorprodukts mit dem p-fachen Kroneckerprodukt der linearen Funktionale hat eine wichtige praktische Konsequenz, wenn für alle Vektorräume V_i injektive, symmetrische Homomorphismen I_i von V_i in V_i^* definiert sind. Durch das Kroneckerprodukt dieser Abbildungen I_i erhält man eine lineare injektive Abbildung von $\bigotimes_{i=1}^{p} V_i$ in $\bigotimes_{i=1}^{p} V_i^*$, die für endlich-dimensionale Vektorräume zu einem Isomorphismus wird. Nicht ganz einfach ist bei dieser Aussage nur, daß die Abbildung $\bigotimes_{i=1}^{p} I_i$ injektiv ist.

Dies kann man in der folgenden Weise einsehen. Wenn die I_i (für alle i) injektiv sind, sind die Vektoren $I_i(b^i_{j_i})$ linear unabhängige Vektoren aus V_i^*, wenn die $b^i_{j_i}$ linear unabhängige Vektoren aus V_i sind. Dann sind nach dem Satz bei (4.124) die Tensoren $I_1(b^1_{j_1}) \otimes \ldots \otimes I_p(b^p_{j_p})$ für alle verschiedenen p-tupel $(j_1, \ldots, j_p)$ linear unabhängige Tensoren aus $\bigotimes_{i=1}^{p} V_i^*$. Wird nun eine Linearkombination von den Tensoren $b^1_{j_1} \otimes \ldots \otimes b^p_{j_p}$ durch $\bigotimes_{i=1}^{p} I_i$ auf den Nulltensor abgebildet, wird es eine Linearkombination von den Tensoren $I_1(b^1_{j_1}) \otimes \ldots \otimes I_p(b^p_{j_p})$. Da die letzteren ebenfalls linear unabhängig sind, sind alle Koeffizienten der Linearkombination gleich Null. Also wurde der Nulltensor abgebildet.

Mit (4.228) kann man die Bildelemente zur Definition eines linearen Funktionals auf $\bigotimes_{i=1}^{p} V_i$ verwenden:

$$\left(\left(\bigotimes_{i=1}^{p} I_i\right)\left(\bigotimes_{i=1}^{p} \mathbf{y}_i\right), f^{(\mathbf{x}_1, \ldots, \mathbf{x}_p)}\, \mathbf{x}_1 \otimes \ldots \otimes \mathbf{x}_p\right)$$
$$= \left(\bigotimes_{i=1}^{p} I_i(\mathbf{y}_i), f^{(\mathbf{x}_1, \ldots, \mathbf{x}_p)}\, \mathbf{x}_1 \otimes \ldots \otimes \mathbf{x}_p\right) \qquad (4.231)$$
$$= f^{(\mathbf{x}_1, \ldots, \mathbf{x}_p)}\, (I_1(\mathbf{y}_1), \mathbf{x}_1) \ldots (I_p(\mathbf{y}_p), \mathbf{x}_p).$$

Man erkennt sofort, daß man eine analoge Beziehung erhält, wenn man eine endliche Linearkombination von Tensoren der Form $\bigotimes_{i=1}^{p} \mathbf{y}_i$ betrachtet. Außerdem ergibt sich, daß $\bigotimes_{i=1}^{p} I_i$ symmetrisch ist, weil alle I_i symmetrisch sind:

$$\left(\bigotimes_{i=1}^{p} I_i\,(g^{(\mathbf{y}_1, \ldots, \mathbf{y}_p)}\, \mathbf{y}_1 \otimes \ldots \otimes \mathbf{y}_p), f^{(\mathbf{x}_1, \ldots, \mathbf{x}_p)}\, \mathbf{x}_1 \otimes \ldots \otimes \mathbf{x}_p\right)$$
$$= g^{(\mathbf{y}_1, \ldots, \mathbf{y}_p)}\, f^{(\mathbf{x}_1, \ldots, \mathbf{x}_p)}\, (I_1(\mathbf{y}_1), \mathbf{x}_1) \ldots (I_p(\mathbf{y}_p), \mathbf{x}_p)$$
$$= g^{(\mathbf{y}_1, \ldots, \mathbf{y}_p)}\, f^{(\mathbf{x}_1, \ldots, \mathbf{x}_p)}\, (I_1(\mathbf{x}_1), \mathbf{y}_1) \ldots (I_p(\mathbf{x}_p), \mathbf{y}_p) \qquad (4.232)$$
$$= \left(\bigotimes_{i=1}^{p} I_i(f^{(\mathbf{x}_1, \ldots, \mathbf{x}_p)}\, \mathbf{x}_1 \otimes .. \otimes \mathbf{x}_p), g^{(\mathbf{y}_1, \ldots, \mathbf{y}_p)}\, \mathbf{y}_1 \otimes .. \otimes \mathbf{y}_p\right).$$

Hiermit wird für den Tensorraum $\bigotimes_{i=1}^{p} V_i$ bzw. auf $\bigotimes_{i=1}^{p} V_i \times \bigotimes_{i=1}^{p} V_i$ ein *kommutatives Skalarprodukt* bzw. eine *symmetrische Bilinearform* definiert. Wie die Symmetrie der linearen Abbildungen I_i zur Symmetrie des Kroneckerprodukts der linearen Abbildungen führt, ist es auch mit den anderen Eigenschaften von linearen Abbildungen, die in symmetrischen Vektorräumen sinnvoll sind. Wir fassen dies zusammen zu:

Sind die linearen Abbildungen A_i *von* V_i *in* W_i *für* $i = 1, \ldots, p$ *symmetrisch bzw. orthogonal, sind auch die Kroneckerprodukte* $\bigotimes_{i=1}^{p} A_i$ *symmetrisch bzw. orthogonal.* Hier ist das „anti“ nicht aufgeführt worden. Man überlegt sich nämlich leicht, daß für *(un)gerades* p *das Kroneckerprodukt antisymmetrischer bzw. antiorthogonaler Abbildungen (anti)symmetrisch bzw. (anti)orthogonal wird.*

Da die Tensorräume insbesondere Vektorräume sind, kann man die Aussagen über das Identifizieren von Vektorräumen dem Kapitel 3 entnehmen, wobei für die linearen Abbildungen die entsprechenden Kroneckerprodukte der Abbildungen zu verwenden sind. Dadurch wird auch das Tensorprodukt vernünftig übertragen.

Sind alle symmetrischen, injektiven Homomorphismen I_i *von* V_i *in die zugehörigen Dualräume* V_i^* *positiv definit, ist auch das Kroneckerprodukt positiv definit.* Um dies zu zeigen, wollen wir einen Tensor mit der üblichen Summationskonvention schreiben:

$$T = f^{j_1 \ldots j_p}\, \mathbf{a}^1_{j_1} \otimes \ldots \otimes \mathbf{a}^p_{j_p}, \qquad (4.233)$$

wobei die $a^i_{j_i}$ jeweils endlich viele Vektoren aus V_i sind. Diese endlich vielen Vektoren kann man als Linearkombinationen von jeweils endlich vielen linear unabhängigen Vektoren $b^i_{k_i}$ schreiben, die z.B. nach Anwenden des Schmidtschen Orthogonalisierungsverfahrens (vgl. z. B. S. 85) als orthogonal vorausgesetzt werden können. Dann erhält man

$$\begin{aligned} T &= f^{j_1 \ldots j_p} a^{k_1}_{j_1} b_{k_1} \otimes \ldots \otimes a^{k_p}_{j_p} b^p_{k_p} \\ &= (f^{j_1 \ldots j_p} a^{k_1}_{j_1} \ldots a^{k_p}_{j_p})\, b^1_{k_1} \otimes \ldots \otimes b^p_{k_p} = \bar{f}^{k_1 \ldots k_p} b^1_{k_1} \otimes \ldots b^p_{k_p}. \end{aligned} \tag{4.234}$$

Da die Tensoren $b^1_{k_1} \otimes \ldots \otimes b^p_{k_p}$ nach den Ausführungen bei (4.124) linear unabhängig sind für verschiedene p-tupel $(k_1, \ldots, k_p)$, sind die Komponenten $\bar{f}^{k_1 \ldots k_p}$ eindeutig. Berechnen wir nun das Skalarprodukt von T mit sich selbst, erhält man

$$\begin{aligned} \left(\bigotimes_{i=1}^{p} I_i(T), T\right) &= \bar{f}^{j_1 \ldots j_p} \bar{f}^{k_1 \ldots k_p} (I_1(b^1_{j_1}) \otimes \ldots \otimes I_p(b^p_{j_p}), b^1_{k_1} \otimes \ldots \otimes b^p_{k_p}) \\ &= \bar{f}^{j_1 \ldots j_p} \bar{f}^{k_1 \ldots k_p} (I_1(b^1_{j_1}), b^1_{k_1}) \ldots (I_p(b^p_{j_p}), b^p_{k_p}). \end{aligned} \tag{4.235}$$

In dieser Summe sind nur die Summanden ungleich Null, für die alle j_i gleich k_i sind:

$$\left(\bigotimes_{i=1}^{p} I_i(T), T\right) = \sum_{(k_1, \ldots, k_p)} (\bar{f}^{k_1 \ldots k_p})^2 [(I_1(b^1_{k_1}), b^1_{k_1}) \ldots (I_p(b^p_{k_p}), b^p_{k_p})]. \tag{4.236}$$

Weil alle I_i positiv definit sind, stehen in der eckigen Klammer nur positive Zahlen. Daher ist $\left(\bigotimes_{i=1}^{p} I_i(T), T\right)$ genau dann gleich Null, wenn alle $\bar{f}^{k_1 \ldots k_p}$ gleich Null sind. Dies ist genau dann der Fall, wenn T gleich Null ist. *Deshalb liefert* $\bigotimes_{i=1}^{p} I_i$ *unter den angegebenen Voraussetzungen ein positiv definites Skalarprodukt.* Hiermit kann man, wie in Abschnitt 3.5 ausgeführt wurde, durch $\sqrt{\left(\bigotimes_{i=1}^{p} I_i(T), T\right)}$ in dem Tensorraum $\bigotimes_{i=1}^{p} V_i$ eine Norm definieren, die zur Definition einer Metrik verwendet werden kann. Mit dieser Norm und Metrik werden die Tensorräume zu topologischen Vektorräumen. Wenn man ausnutzt, daß Tensoren zur Definition von linearen Abbildungen verwendet werden können (vgl. z. B. Abschnitt 4.1), erhält man mit dieser Bildung Skalarprodukt, Norm und Metrik für gewisse lineare Abbildungen. In diesem Vektorraum der linearen Abbildungen eines symmetrischen Vektorraums in sich, ist z. B. das Skalarprodukt zweier linearer Abbildungen A und B gerade die Spur des Operatorenprodukts von der adjungierten Abbildung A* mit B. Dies erkennt man leicht durch Einsetzen in (4.236). Wenn b_k eine Basis und ein Orthonormalsystem von V ist, ist diese Spur definiert durch

$$\mathrm{Sp}(A^* \circ B) = \sum_k (I(b_k), A^* \circ B(b_k)). \tag{4.237}$$

Bemerkung:
Diese Überlegungen von der S. 77 an sind entsprechend den Ausführungen in Abschnitt 3.6 zu übernehmen für hermitesche bzw. unitäre Vektorräume, wenn V* durch $V^{\circledast}$, symmetrisch durch hermitesch und teilweise orthogonal durch unitär ersetzt werden. Man erhält dann die analogen Aus-

sagen: Wenn z. B. alle V_i unitäre Vektorräume sind, wird auf diese Weise der Tensorraum $\bigotimes_{i=1}^{p} V_i$ zu einem unitären Vektorraum, der mit der zugehörigen Norm bzw. Metrik ein topologischer Vektorraum ist. Dies ist wichtig für das Abschließen des Tensorprodukts der Hilberträume für die quantenmechanischen Vielteilchensysteme (vgl. S. 71).

Einen weiteren wichtigen Spezialfall erhält man, wenn im Tensorprodukt $\bigotimes_{i=1}^{p} V_i$ alle Vektorräume V_i gleich V sind. Wenn man die auf Tensoren und Kotensoren wirkenden Symmetrisierungs- bzw. Antisymmetrisierungsoperatoren nicht in der Schreibweise unterscheidet, erhält man aus

$$\begin{aligned} A \circ \overset{p}{\otimes} I(\mathbf{x}_1 \otimes \ldots \otimes \mathbf{x}_p) &= \frac{1}{p!}\, \delta^{i_1 \ldots i_p}_{1 \ldots p}\, I(\mathbf{x}_{i_1}) \otimes \ldots \otimes I(\mathbf{x}_{i_p}) \\ &= \overset{p}{\otimes} I \circ A(\mathbf{x}_1 \otimes \ldots \otimes \mathbf{x}_p) \end{aligned} \tag{4.238}$$

bzw. der entsprechenden Gleichung für S die für das praktische Rechnen nützlichen Beziehungen

$$A \circ \overset{p}{\otimes} I = \overset{p}{\otimes} I \circ A \quad \text{bzw.} \quad S \circ \overset{p}{\otimes} I = \overset{p}{\otimes} I \circ S. \tag{4.239}$$

Hier wurde für das p-fache Kroneckerprodukt von I mit sich selbst $\overset{p}{\otimes} I$ geschrieben. Sind die $\mathbf{f}^j$ aus V* und die $\mathbf{a}_i$ aus V, führt

$$\frac{1}{p!}\, \delta^{i_1 \ldots i_p}_{1 \ldots p}\, (\mathbf{f}^1, \mathbf{a}_{i_1}) \ldots (\mathbf{f}^p, \mathbf{a}_{i_p}) = \frac{1}{p!}\, \delta^{1 \ldots p}_{j_1 \ldots j_p}\, (\mathbf{f}^{j_1}, \mathbf{a}_1) \ldots (\mathbf{f}^{j_p}, \mathbf{a}_p) \tag{4.240}$$

bzw. die entsprechende Gleichung, in der δ durch s ersetzt wird, zu

$$(T_1, A(T_2)) = (A(T_1), T_2) \tag{4.241}$$

bzw.

$$(T_1, S(T_2)) = (S(T_1), T_2), \tag{4.242}$$

wenn T_1 ein beliebiges Element aus $\overset{p}{\otimes} V^*$ und T_2 ein beliebiges Element aus $\overset{p}{\otimes} V$ ist. Mit $A \circ A = A$ bzw. $S \circ S = S$ folgt aus (4.241, 242)

$$(A(T_1), A(T_2)) = (A(T_1), T_2) = (T_1, A(T_2)) \tag{4.243}$$

$$(S(T_1), S(T_2)) = (S(T_1), T_2) = (T_1, S(T_2)). \tag{4.244}$$

In der Linearform von Tensoren ist es also gleich, ob man nur den Tensor, den Kotensor oder auch beide symmetrisiert bzw. antisymmetrisiert. Betrachtet man T_1 als Bild eines Elements T_3 aus $\overset{p}{\otimes} V$ bei der Abbildung $\overset{p}{\otimes} I$, erhält man wegen der Symmetrie dieser Abbildung mit (4.239) und (4.242)

$$\begin{aligned} (A \circ \overset{p}{\otimes} I(T_3), T_2) &= (\overset{p}{\otimes} I \circ A(T_3), T_2) = (\overset{p}{\otimes} I(T_2), A(T_3)) \\ &= (A \circ \overset{p}{\otimes} I(T_2), T_3) = (\overset{p}{\otimes} I \circ A(T_2), T_3). \end{aligned} \tag{4.245}$$

Für den Symmetrisierungsoperator gelten die analogen Gleichungen, wenn man A durch S ersetzt. *Es sind also* A *und* S *symmetrisch bezüglich* $\overset{p}{\otimes} I$ (vgl. z. B. S. 32).

Das Skalarprodukt des aus den Vektoren $\mathbf{a}_1$ bis $\mathbf{a}_p$ gebildeten antisymmetrischen Tensors mit sich selbst kennzeichnet eine wichtige Eigenschaft dieser Vektoren:

$$\begin{aligned}
&(\overset{p}{\otimes} I \circ A(\mathbf{a}_1 \otimes \ldots \otimes \mathbf{a}_p), A(\mathbf{a}_1 \otimes \ldots \otimes \mathbf{a}_p)) = \\
&\quad = (\overset{p}{\otimes} I \circ A(\mathbf{a}_1 \otimes \ldots \otimes \mathbf{a}_p), \mathbf{a}_1 \otimes \ldots \otimes \mathbf{a}_p) \\
&\quad = (\overset{p}{\otimes} I(\mathbf{a}_1 \otimes \ldots \otimes \mathbf{a}_p), A(\mathbf{a}_1 \otimes \ldots \otimes \mathbf{a}_p)) \\
&\quad = \frac{1}{p!}\, \delta^{i_1 \ldots i_p}_{1 \ldots p}\, (I(\mathbf{a}_1), \mathbf{a}_{i_1}) \ldots (I(\mathbf{a}_p), \mathbf{a}_{i_p}).
\end{aligned}$$

Ordnet man $(I(\mathbf{a}_i), \mathbf{a}_j)$ als Matrix an, ist dies das $1/p!$-fache der Determinante dieser Matrix. Diese Determinante wird *Gramsche Determinante* der Vektoren $\mathbf{a}_1$ bis $\mathbf{a}_p$ genannt. *Ist* I *positiv definit, erhält man nach den Überlegungen der S. 78, daß die Gramsche Determinante nicht negativ und genau dann gleich Null ist, wenn* $A(\mathbf{a}_1 \otimes \ldots \otimes \mathbf{a}_p)$ *gleich Null ist. Dies ist nach S. 68 genau dann der Fall, wenn die Vektoren* $\mathbf{a}_1$ *bis* $\mathbf{a}_p$ *linear abhängig sind.*

Die Rechnung mit p-stufigen alternierenden Tensoren eines endlich-dimensionalen Vektorraums V kann man äußerlich in eine zur normalen Vektorrechnung analoge Form bringen, wenn man einfach die Indizes durch die geordneten Indexmengen $K = \underbrace{k_1, \ldots, k_p}$ ersetzt (vgl. S. 68). Dazu berechnen wir die Skalarprodukte für die durch (4.183) gegebenen Basistensoren T_K, wenn I gegeben ist durch

$$I(\mathbf{b}_j) = g_{jk}\, \mathbf{d}^k.$$

Man erhält mit $J = \underbrace{j_1 \ldots j_p}$ und $K = \underbrace{k_1 \ldots k_p}$

$$\begin{aligned}
(\overset{p}{\otimes} I(T_J), T_K) &= (\overset{p}{\otimes} I \circ A(\mathbf{b}_{j_1} \otimes \ldots \otimes \mathbf{b}_{j_p}), A(\mathbf{b}_{k_1} \otimes \ldots \otimes \mathbf{b}_{k_p})) \\
&= \frac{1}{p!}\, \delta^{i_1 \ldots i_p}_J\, (I(\mathbf{b}_{i_1}), \mathbf{b}_{k_1}) \ldots (I(\mathbf{b}_{i_p}), \mathbf{b}_{k_p}) \\
&= \frac{1}{p!}\, \delta^{i_1 \ldots i_p}_J\, (g_{i_1 j_1} \mathbf{d}^{j_1}, \mathbf{b}_{k_1}) \ldots (g_{i_p j_p} \mathbf{d}^{j_p}, \mathbf{b}_{k_p}) \\
&= \frac{1}{p!}\, \delta^{i_1 \ldots i_p}_J\, g_{i_1 k_1} \ldots g_{i_p k_p}.
\end{aligned}$$

Dies ist gerade das $1/p!$-fache der zu den Indexmengen J und K gehörenden Unterdeterminanten der Matrix g_{jk}. Schreibt man für diese Determinante g_{JK}, ergibt sich bei Berücksichtigung von (4.200) und

$$\sqrt{p!}\; T_K = \mathbf{b}_{k_1} \wedge \ldots \wedge \mathbf{b}_{k_p} \equiv \mathbf{b}_K \qquad (4.246)$$

wegen der Symmetrie von $\overset{p}{\otimes} I$

$$(\overset{p}{\otimes} I(\sqrt{p!}\, T_J), \sqrt{p!}\, T_K) = (\overset{p}{\otimes} I(\sqrt{p!}\, T_K), \sqrt{p!}\, T_J) \tag{4.247}$$
$$= (\overset{p}{\otimes} I(\mathbf{b}_J), \mathbf{b}_K) = g_{JK} = g_{KJ}.$$

Setzt man zur Abkürzung mit $J = \underbrace{j_1 \ldots j_p}$

$$\mathbf{d}^J = \sqrt{p!}\, A(\mathbf{d}^{j_1} \otimes \ldots \otimes \mathbf{d}^{j_p}) = \mathbf{d}^{j_1} \wedge \ldots \wedge \mathbf{d}^{j_p}, \tag{4.248}$$

erhält man

$$\overset{p}{\otimes} I(\mathbf{b}_K) = g_{KJ}\, \mathbf{d}^J, \tag{4.249}$$

womit man das Skalarprodukt zweier alternierender Tensoren

$$T_1 = a^K \mathbf{b}_K, \quad T_2 = c^I \mathbf{b}_I \tag{4.250}$$

berechnen kann durch

$$(\overset{p}{\otimes} I(T_1), T_2) = a^K g_{KJ} (\mathbf{d}^J, c^I \mathbf{b}_I) = a^K g_{KJ} c^I \delta_I^J = a^K g_{KJ} c^J. \tag{4.251}$$

Da $\overset{p}{\otimes} I^{-1}$ die inverse Abbildung zu $\overset{p}{\otimes} I$ ist, können auch die g^{KJ} mit

$$g_{IJ}\, g^{JK} = \delta_I^K \tag{4.252}$$

definiert werden. Hier und auch in den vorigen Formeln ist über alle gleich gekennzeichneten verschiedenen geordneten Indexmengen zu summieren. Man kann also mit den g_{KJ} genauso rechnen wie mit den g_{kj}, wobei nur die Indizes durch die geordneten Indexmengen ersetzt werden. Bei diesen Betrachtungen war nur vorausgesetzt worden, daß I injektiv ist, nicht daß I positiv definit sein muß.

Der Tensorraum $A(\overset{n}{\otimes} V)$ ist für $\mathrm{Dim}(V) = n$ eindimensional. Mit $N = 1, 2, \ldots, n$ gilt

$$(\overset{n}{\otimes} I(\mathbf{b}_N), \mathbf{b}_N) = g_{NN}. \tag{4.253}$$

Es ist g_{NN} die Determinante der g_{jk}. Mit $g = |g_{NN}|$ kann man einen n-stufigen *alternierenden Einheitstensor* einführen

$$H = \frac{1}{\sqrt{g}} \mathbf{b}_N = \frac{1}{\sqrt{n!}} \frac{1}{\sqrt{g}} \delta_N^{i_1 \ldots i_n} \mathbf{b}_{i_1} \otimes \ldots \otimes \mathbf{b}_{i_n}$$
$$= \frac{1}{\sqrt{n!}} \epsilon^{i_1 \ldots i_n} \mathbf{b}_{i_1} \otimes \ldots \otimes \mathbf{b}_{i_n}, \tag{4.254}$$

den man mit dem Isomorphismus $\overset{n}{\otimes} I$ auch mit dem entsprechenden *Einheitskotensor*

$$\overset{n}{\otimes} I(H) = \frac{1}{\sqrt{n!}} \frac{g_{NN}}{\sqrt{g}} \delta^N_{i_1 \ldots i_n} \mathbf{d}^{i_1} \otimes \ldots \otimes \mathbf{d}^{i_n}$$
$$= \frac{1}{\sqrt{n!}} \epsilon_{i_1 \ldots i_n} \mathbf{d}^{i_1} \otimes \ldots \otimes \mathbf{d}^{i_n} \tag{4.255}$$

identifizieren kann:

$$H = \overset{n}{\otimes} I(H) \quad \text{bzw.} \quad \frac{1}{\sqrt{g}} \mathbf{b}_N = \frac{1}{\sqrt{g}} g_{NN} \mathbf{d}^N. \tag{4.256}$$

Es ergibt sich also

$$(\overset{n}{\otimes} I(H), H) = \frac{g_{NN}}{g} = \operatorname{sign}(g_{NN}). \tag{4.257}$$

Der Tensor H *ist bis auf den Faktor* $1/\sqrt{n!}$ *der in der dreidimensionalen Tensorrechnung bekannte* ϵ*-Tensor.*

Es ist die Situation möglich, daß allgemein nur eine umkehrbare Abbildung $I^{(n)}$ von $A(\overset{n}{\otimes} V)$ in den Dualraum $A(\overset{n}{\otimes} V^*)$ definiert ist, die nicht durch $\overset{n}{\otimes} I$ gegeben ist, die also nicht auf eine Abbildung von V in V* zurückgeführt wird. Dann läßt sich eventuell nur der (eindimensionale) Raum der alternierenden n-stufigen Tensoren mit dem entsprechenden Dualraum identifizieren, ohne daß sich V mit V* identifizieren lassen muß. Ein solcher Vektorraum soll *n-symmetrisch* genannt werden.

Man erkennt, daß der Tensor H von der Basiswahl in V abhängig ist. Er kann beim Basiswechsel sein Vorzeichen wechseln, z. B. wenn man $\mathbf{b}_1$ mit $\mathbf{b}_2$ vertauscht, bzw. allgemein wenn die Determinante der Transformationsmatrix negativ ist. Beschränkt man sich auf solche Basiswechsel, bei denen dieser Vorzeichenwechsel nicht auftritt, spricht man von Basistransformationen, die die *Orientierung erhalten.* Mit dem Tensor H werden lineare Abbildungen der Form (4.220, 223) definiert, die in der Physik von besonderer Bedeutung sind. Man nennt sie *Ergänzungen* und *Graßmannsche Ergänzungen* (vgl. Abschnitt 4.6).

4.5. Volumenfunktionen und alternierende Multilinearformen

Anhand einfacher anschaulicher Überlegungen soll hier untersucht werden, welche Eigenschaften eine Funktion haben sollte, die das p-dimensionale Volumen eines von p Vektoren begrenzten Spats angibt. Für diese Funktion soll $V^{(p)}$ geschrieben werden. Eine Verwechslung mit dem Vektorraum V durch die Ähnlichkeit der Bezeichnung ist wohl ausgeschlossen. Die Funktion $V^{(p)}$ ist eine Abbildung des p-fachen cartesischen Produkts von V mit sich selbst in die nichtnegativen reellen Zahlen

$$V^{(p)}: \overset{p}{\times} V \longrightarrow R_+. \tag{4.258}$$

Es soll also gelten

$$V^{(p)}(\mathbf{x}_1, \ldots, \mathbf{x}_p) \geqslant 0 \quad \text{für alle} \quad (\mathbf{x}_1, \ldots, \mathbf{x}_p) \in \overset{p}{\times} V. \tag{4.259}$$

Für p = 1 soll diese Funktion die Länge des Vektors liefern:

$$V^{(1)}(\mathbf{x}) = \|\mathbf{x}\| = \sqrt{(I(\mathbf{x}), \mathbf{x})}. \tag{4.260}$$

Daher wird für diese Betrachtungen vorausgesetzt, daß V ein Vektorraum über dem Körper der reellen Zahlen ist, für den ein injektiver symmetrischer positiv definiter Homomorphismus I in den Dualraum V* definiert ist. Die Überlegungen für einen unitären Vektorraum sind ensprechend den Ausführungen in Abschnitt 3.6 durchzuführen, indem V^* durch $V^{\circledast}$, symmetrisch durch hermitesch und z. T. orthogonal durch unitär ersetzt werden. Eine Volumenfunktion sollte die Eigenschaft haben, daß ihr Funktionswert in das $|a|$-fache übergeht, wenn ein Vektor $\mathbf{x}_i$ durch $a\mathbf{x}_i$ ersetzt wird:

$$V^{(p)}(\mathbf{x}_1, .., a\mathbf{x}_i, .., \mathbf{x}_p) = |a|\, V^{(p)}(\mathbf{x}_1, .., \mathbf{x}_i, .., \mathbf{x}_p) \qquad (4.261)$$

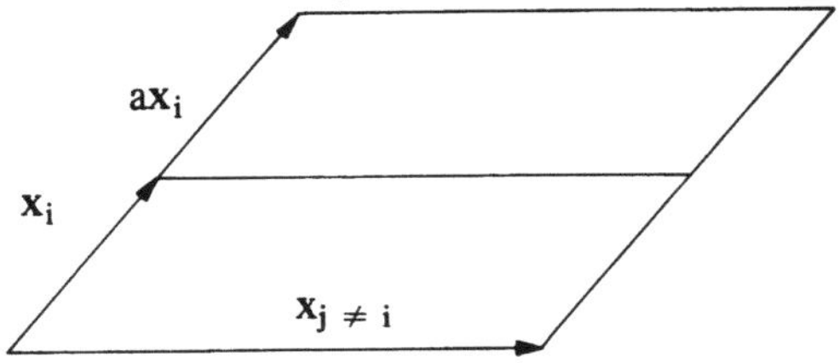

Hieraus ergibt sich sofort, daß $V^{(p)}$ gleich Null ist, wenn einer der Vektoren im Argument der Nullvektor ist

$$V^{(p)}(\mathbf{x}_1, .., 0, .., \mathbf{x}_p) = 0. \qquad (4.262)$$

Wenn man zu einem Vektor im Argument das skalare Vielfache eines der anderen im Argument vorkommenden Vektoren addiert, soll der Funktionswert der Volumenfunktion gleich bleiben. Dies ist die Invarianz der Volumenfunktion gegen Parallelverschiebungen des Spats:

$$V^{(p)}(\mathbf{x}_1, .., \mathbf{x}_i + a\mathbf{x}_j, .., \mathbf{x}_p) = V^{(p)}(\mathbf{x}_1, .., \mathbf{x}_i, .., \mathbf{x}_p) \quad \text{für} \quad j \neq i. \qquad (4.263)$$

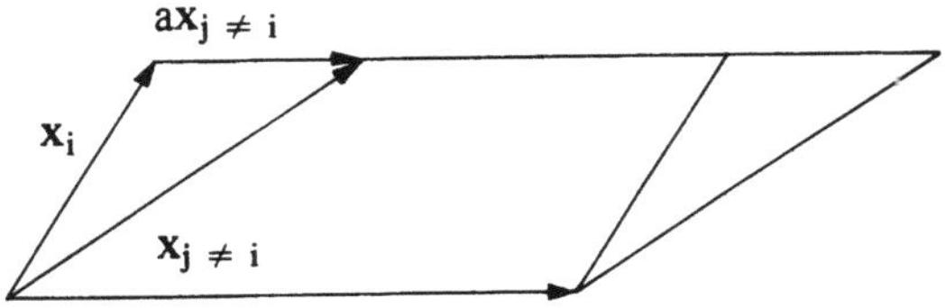

Aus (4.262, 263) schließt man sofort, daß $V^{(p)}$ gleich Null ist, wenn die Vektoren $\mathbf{x}_1$ bis $\mathbf{x}_p$ linear abhängig sind. Denn dann läßt sich mindestens einer der Vektoren als Linearkombination der übrigen schreiben z.B.

$$\mathbf{x}_i = c^j\, \mathbf{x}_j \quad \text{mit } j \neq i. \qquad (4.264)$$

Durch wiederholtes Anwenden von (4.263) erhält man

$$\begin{aligned} V^{(p)}(\mathbf{x}_1, .., \mathbf{x}_i, .., \mathbf{x}_p) &= V^{(p)}(\mathbf{x}_1, .., \mathbf{x}_i - c^j\mathbf{x}_j, .., \mathbf{x}_p) \\ &= V^{(p)}(\mathbf{x}_1, .., 0, .., \mathbf{x}_p) = 0. \end{aligned} \qquad (4.265)$$

Aus (4.261, 263) erhält man, daß sich $V^{(p)}$ nicht verändert, wenn man zwei Argumentvektoren vertauscht:

$$\begin{aligned} & V^{(p)}(\mathbf{x}_1, .., \mathbf{x}_i, .., \mathbf{x}_j, .., \mathbf{x}_p) = V^{(p)}(\mathbf{x}_1, .., \mathbf{x}_i - \mathbf{x}_j, .., \mathbf{x}_j, .., \mathbf{x}_p) = \\ &= V^{(p)}(\mathbf{x}_1, .., \mathbf{x}_i - \mathbf{x}_j, .., \mathbf{x}_i, .., \mathbf{x}_p) = V^{(p)}(\mathbf{x}_1, ., -\mathbf{x}_j, .., \mathbf{x}_i, .., \mathbf{x}_p) = \\ &= V^{(p)}(\mathbf{x}_1, .., \mathbf{x}_j, .., \mathbf{x}_i, .., \mathbf{x}_p). \end{aligned} \qquad (4.266)$$

Wenn man für k nicht die Voraussetzung $k \neq i$ macht, erhält man mit (4.265), (4.263) und (4.261) für positive c^k

$$V^{(p)}(\mathbf{x}_1, .., \mathbf{x}_i + c^k \mathbf{x}_k, .., \mathbf{x}_p) = V^{(p)}(\mathbf{x}_1, .., \mathbf{x}_i, .., \mathbf{x}_p) + c^k V^{(p)}(\mathbf{x}_1, .., \mathbf{x}_k, .., \mathbf{x}_p). \tag{4.267}$$

Sieht man hier von der Voraussetzung ab, daß die c^k positiv sind, könnte man vermuten, daß es sich bei $V^{(p)}$ im Wesentlichen, also bis auf irgendwelche Vorzeichen, um eine Funktion handelt, die für jedes Argument linear ist, also eine Multilinearform ist. Dies ist aber nicht richtig. Denn für positive c^k gilt

$$V^{(p)}(\mathbf{x}_1, .., \mathbf{x}_i + c^k \mathbf{y}_k, .., \mathbf{x}_p) = V^{(p)}(\mathbf{x}_1, .., \mathbf{x}_i, .., \mathbf{x}_p) + c^k V^{(p)}(\mathbf{x}_1, .., \mathbf{y}_k, .., \mathbf{x}_p) \tag{4.268}$$

nur, wenn die Vektoren $\mathbf{y}_k$ aus dem von den Vektoren $\mathbf{x}_1$ bis $\mathbf{x}_p$ aufgespannten Teilraum sind: Es sei nun $\mathbf{y}$ linear unabhängig von $\mathbf{x}_1$ bis $\mathbf{x}_p$. Dann ist für $a \neq 0$ auch $a(\mathbf{y} - \mathbf{x}_i)$ linear unabhängig von $\mathbf{x}_1$ bis $\mathbf{x}_p$. Man kann sich

$$V^{(p)}(\mathbf{x}_1, .., \mathbf{x}_i + a(\mathbf{y} - \mathbf{x}_i), .., \mathbf{x}_p) \tag{4.269}$$

mit einem Bild veranschaulichen:

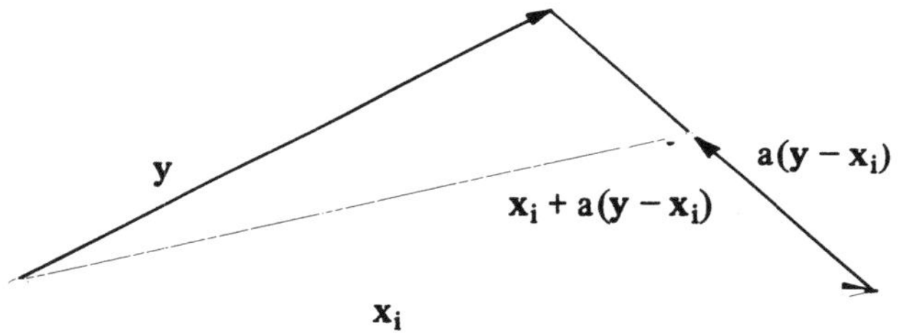

Eine Beziehung der Form (4.268) für linear unabhängige $\mathbf{y}, \mathbf{x}_1, .., \mathbf{x}_p$ ist also schon im Fall $p = 1$ unmöglich, sie widerspricht (4.260).

Nun kommen wir zur letzten wichtigen Eigenschaft der Volumenfunktion:

Sie sollte zur üblichen Längen- und Winkelmessung passen:

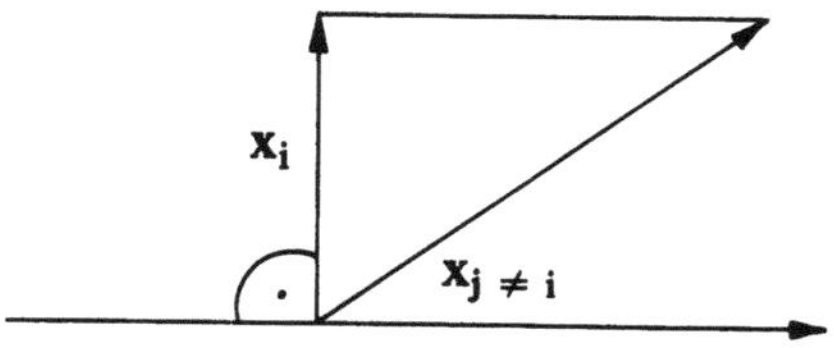

Ist $\mathbf{x}_i$ orthogonal zu allen $\mathbf{x}_j$ für $j \neq i$, soll gelten

$$\begin{aligned} V^{(p)}(\mathbf{x}_1, .., \mathbf{x}_i, .., \mathbf{x}_p) &= \|\mathbf{x}_i\| \, V^{(p-1)}(\mathbf{x}_1, .., \mathbf{x}_{i-1}, \mathbf{x}_{i+1}, .., \mathbf{x}_p) \\ &= \sqrt{(I(\mathbf{x}_i), \mathbf{x}_i)} \, V^{(p-1)}(\mathbf{x}_1, .., \mathbf{x}_{i-1}, \mathbf{x}_{i+1}, .., \mathbf{x}_p). \end{aligned} \tag{4.270}$$

Wenn alle Vektoren eine positive Länge haben, kann man mit dem *Schmidtschen Orthogonalisierungsverfahren*

$$x'_1 = x_1 \tag{4.271}$$

$$x'_j = x_j - \sum_{k<j} \frac{(I(x'_k), x_j)}{(I(x'_k), x'_k)} x'_k \quad \text{für } 1 < j \leqslant p \tag{4.272}$$

wegen (4.263) alle Vektoren durch x'_1 bis x'_p ersetzen, ohne daß sich der Wert der Volumenfunktion verändert. Mit (4.260) und (4.270) erhält man dann durch vollständige Induktion nach p für die Volumenfunktion

$$V^{(p)}(x_1, \ldots, x_p) = V^{(p)}(x'_1, \ldots, x'_p) = \sqrt{(I(x'_1), x'_1) \ldots (I(x'_p), x'_p)}. \tag{4.273}$$

Man könnte nun durch Auflösen von (4.271, 272) und Einsetzen in (4.273) die Volumenfunktion als Funktion ihrer ursprünglichen Argumente x_1 bis x_p erhalten. Dieses Verfahren ist etwas mühsam, und wir wollen auf eine andere Weise zum Ziel kommen, indem wir eine andere Abbildung von $\overset{p}{\times} V$ in den Körper betrachten, die mit der Vektorraumstruktur von V verträglicher ist als $V^{(p)}$. Diese Funktion von $\overset{p}{\times} V$ in den Körper K soll D genannt werden. Es wird (4.261) ersetzt durch

$$D(x_1, \ldots, a x_i, \ldots, x_p) = a\, D(x_1, \ldots, x_i, \ldots, x_p). \tag{4.274}$$

Hieraus ergibt sich sofort, daß D gleich Null ist, wenn einer der Vektoren x_i gleich dem Nullvektor ist. Nun soll für beliebige Vektoren y aus V – nicht nur für die Linearkombinationen der Vektoren x_1 bis x_p – gelten

$$D(x_1, .., x_i + y, .., x_p) = D(x_1, .., x_i, .., x_p) + D(x_1, .., y, .., x_p). \tag{4.275}$$

Beibehalten wollen wir die Eigenschaft, daß D sich nicht ändern soll, wenn man zu einem der Vektoren x_i ein Vielfaches der anderen addiert

$$D(x_1, .., x_i + a^j x_j, .., x_p) = D(x_1, .., x_i, .., x_p) \quad \text{für } j \neq i. \tag{4.276}$$

Hiermit kann man bis auf den letzten Schritt die Umformung bei (4.266) übernehmen. Beim Vertauschen zweier Vektoren erhält man dann mit (4.274)

$$D(x_1, \ldots, x_i, .., x_j, .., x_p) = -D(x_1, .., x_j, .., x_i, \ldots, x_p). \tag{4.277}$$

Wie bei (4.265) ergibt sich aus (4.274) und (4.276), daß D gleich Null ist, wenn die Vektoren x_1 bis x_p linear abhängig sind. Umgekehrt stellt man auch leicht fest, daß aus (4.274, 275, 277) folgt, daß D gleich Null ist, wenn zwei Vektoren gleich sind, womit man wiederum (4.276) erhält.

Es ist D *eine multilineare Abbildung von* $\overset{p}{\times} V$ *in den Körper* K, *die beim Vertauschen ihrer Argumente ihr Vorzeichen wechselt. Man nennt solche Funktionen deshalb alternierende Multilinearformen.*

Mit dem auf der S. 65 definierten (verallgemeinerten) Kroneckersymbol ist (4.277) gleichwertig mit

$$D(x_{i_1}, \ldots, x_{i_p}) = \delta^{1 \ldots p}_{i_1 \ldots i_p} D(x_1, \ldots, x_p). \tag{4.278}$$

Wenn man in dieser Menge von Funktionen in der üblichen Weise die Verknüpfungen über die Gleichungen der Funktionswerte definiert, kann man sie als Elemente eines Vektorraums auffassen, des *Vektorraums der alternierenden Multilinearformen.* Man überprüft nämlich sofort, daß die Summe zweier alternierender Multilinearformen und das skalare Vielfache wieder eine alternierende Multilinearform ist. Nun ist sicher die Funktion, die identisch gleich Null ist, eine alternierende Multilinearform. Es stellt sich also das Problem, ob es auch nichttriviale alternierende Multilinearformen gibt. Solche lassen sich sofort angeben: Es seien f^1 bis f^p Elemente aus dem algebraischen Dualraum V*, dann ist durch

$$D_{f^1, .., f^p}(x_1, \ldots, x_p) = (f^{i_1}, x_1) \ldots (f^{i_p}, x_p)\, \delta^{1 \ldots p}_{i_1 \ldots i_p} \tag{4.279}$$

eine alternierende Multilinearform gegeben. Durch reines Umordnen der Zahlenfaktoren erhält man auch

$$D_{f^1, .., f^p}(x_1, \ldots, x_p) = (f^1, x_{i_1}) \ldots (f^p, x_{i_p})\, \delta^{i_1 \ldots i_p}_{1 \ldots p}\,. \tag{4.280}$$

Daß diese Funktion linear für jedes Argument ist, ist offensichtlich. Um nachzuweisen, daß diese Multilinearform alternierend ist, wollen wir x_j und x_k vertauschen:

$$\begin{aligned} &D_{f^1, .., f^p}(x_1, .., x_j, .., x_k, .., x_p) = \\ &= (f^{i_1}, x_1) .. (f^{i_j}, x_j) .. (f^{i_k}, x_k) .. (f^{i_p}, x_p)\, \delta^{1 \ldots\ldots\ldots p}_{i_1 .. i_j .. i_k .. i_p}\,. \end{aligned} \tag{4.281}$$

Hier werden die Indizes i_j in i_k und i_k in i_j umbenannt:

$$= (f^{i_1}, x_1) .. (f^{i_k}, x_j) .. (f^{i_j}, x_k) .. (f^{i_p}, x_p)\, \delta^{1 \ldots\ldots\ldots p}_{i_1 .. i_k .. i_j .. i_p}\,.$$

Mit (4.161) erhält man:

$$\begin{aligned} &= -(f^{i_1}, x_1) .. (f^{i_k}, x_j) .. (f^{i_j}, x_k) .. (f^{i_p}, x_p)\, \delta^{1 \ldots\ldots\ldots p}_{i_1 .. i_j .. i_k .. i_p} \\ &= -(f^{i_1}, x_1) .. (f^{i_j}, x_k) .. (f^{i_k}, x_j) .. (f^{i_p}, x_p)\, \delta^{1 \ldots\ldots\ldots p}_{i_1 .. i_j .. i_k .. i_p} \\ &= -D_{f^1, .., f^p}(x_1, .., x_k, .., x_j, .., x_p). \end{aligned}$$

Die Funktionen (4.279) sind nicht identisch gleich Null. Dazu wählen wir für linear unabhängige Vektoren a_1 bis a_p lineare Funktionale mit

$$(f^i_0, a_j) = \delta^i_j. \tag{4.282}$$

Dann gilt für $x_1 = a_1, \ldots, x_p = a_p$

$$D_{f^1_0, .., f^p_0}(a_1, \ldots, a_p) = 1. \tag{4.283}$$

Die durch (4.279, 280) definierte alternierende Multilinearform geht für p = 1 über in eine Linearform bzw. einen Kovektor und wird deshalb (zerfallender) *p-Kovektor* genannt.

Man schreibt ohne Argumente

$$D_{\mathbf{f}^1,\dots,\mathbf{f}^p} = \mathbf{f}^1 \wedge \mathbf{f}^2 \dots \wedge \mathbf{f}^p. \tag{4.284}$$

Bemerkung:
Es ist zu beachten, daß eigentlich das Zeichen $\wedge$ von dem auf der S. 71 eingeführten zu unterscheiden ist. Die p-Kovektoren werden aber noch mit den entsprechenden alternierenden p-stufigen Kotensoren identifiziert, so daß dann der Unterschied entfällt.

Aus der Definition erhält man sofort

$$\mathbf{f}^{k_1} \wedge \dots \wedge \mathbf{f}^{k_p} = \delta^{k_1 \dots k_p}_{1 \dots p}\, \mathbf{f}^1 \wedge \dots \wedge \mathbf{f}^p. \tag{4.285}$$

Der Untervektorraum der alternierenden Multilinearformen, der von diesen zerfallenden p-Kovektoren aufgespannt wird, wird p-Kovektorraum $\overset{p}{\wedge} V^*$ genannt. Es handelt sich hier um die *endlichen* Linearkombinationen der zerfallenden p-Kovektoren.

Man kann nun (4.280) bei festgehaltenem $\mathbf{x}_1$ bis $\mathbf{x}_p$ und variabel gedachtem $\mathbf{f}^1$ bis $\mathbf{f}^p$ als alternierende Multilinearform auf $\overset{p}{\times} V^*$ betrachten. Identifiziert man mit der auf der S. 27 angegebenen Abbildung I_1 den durch $I_1(V)$ gegebenen Teilraum von V^{**} mit V, kann man für (4.280) schreiben

$$\begin{aligned} D_{\mathbf{f}^1,\dots,\mathbf{f}^p}(\mathbf{x}_1,\dots,\mathbf{x}_p) &= (\mathbf{f}^1,\mathbf{x}_{i_1}) \dots (\mathbf{f}^p,\mathbf{x}_{i_p})\, \delta^{i_1 \dots i_p}_{1 \dots p} \\ &= (I_1(\mathbf{x}_{i_1}),\mathbf{f}^1) \dots (I_1(\mathbf{x}_{i_p}),\mathbf{f}^p)\, \delta^{i_1 \dots i_p}_{1 \dots p} \\ &= (\mathbf{x}_{i_1},\mathbf{f}^1) \dots (\mathbf{x}_{i_p},\mathbf{f}^p)\, \delta^{i_1 \dots i_p}_{1 \dots p} \\ &= D_{\mathbf{x}_1,\dots,\mathbf{x}_p}(\mathbf{f}^1,\dots,\mathbf{f}^p). \end{aligned} \tag{4.286}$$

Im Fall p = 1 ist dies wieder ein Element des Teilraums $I_1(V)$ von V^{**} bzw. des Vektorraums V. Deshalb wird diese alternierende Multilinearform *(zerfallender) p-Vektor* genannt, und man schreibt

$$D_{\mathbf{x}_1,\dots,\mathbf{x}_p} = \mathbf{x}_1 \wedge \dots \wedge \mathbf{x}_p. \tag{4.287}$$

Der von den (endlichen Linearkombinationen der) zerfallenden p-Vektoren aufgespannte Untervektorraum aller alternierenden Multilinearformen auf $\overset{p}{\times} V^*$ wird *p-Vektorraum* $\overset{p}{\wedge} V$ genannt. Man überprüft sofort, daß man nun jede alternierende Multilinearform auf $\overset{p}{\times} V^*$ betrachten kann als Linearform auf $\overset{p}{\wedge} V^*$ und umgekehrt, daß man jede alternierende Multilinearform auf $\overset{p}{\times} V$ betrachten kann als Linearform auf $\overset{p}{\wedge} V$. Daher kann man einen p-Vektor betrachten als alternierende Multilinearform auf $\overset{p}{\times} V^*$ und als eine Linearform auf $\overset{p}{\wedge} V^*$. Einen p-Kovektor kann man betrachten als alternierende Multilinearform auf

$\overset{p}{\times}$ V und als Linearform auf $\overset{p}{\wedge}$ V. Schreiben wir Linearformen wieder in der üblichen Weise, drückt sich dies in den folgenden Gleichungen aus:

$$\begin{aligned} D_{f^1,\ldots,f^p}(x_1,\ldots,x_p) &= f^1 \wedge \ldots \wedge f^p(x_1,\ldots,x_p) \\ &= (f^1 \wedge \ldots \wedge f^p, x_1 \wedge \ldots \wedge x_p) = (f^{i_1}, x_1) \ldots (f^{i_p}, x_p)\, \delta^{1\ldots p}_{i_1\ldots i_p} \end{aligned} \tag{4.288}$$

$$\begin{aligned} D_{x_1,\ldots,x_p}(f^1,\ldots,f^p) &= x_1 \wedge \ldots \wedge x_p(f^1,\ldots,f^p) \\ &= (x_1 \wedge \ldots \wedge x_p, f^1 \wedge \ldots \wedge f^p) = (x_{i_1}, f^1) \ldots (x_{i_p}, f^p)\, \delta^{i_1\ldots i_p}_{1\ldots p}. \end{aligned} \tag{4.289}$$

Wenn man Linearformen praktisch angeben will, ist es nötig zu wissen, welche Vektoren des Definitionsbereichs linear abhängig sind. Es seien $\mathbf{b}_1$ bis $\mathbf{b}_n$ linear unabhängige Vektoren aus V und $K = \underbrace{k_1, \ldots, k_p}$ eine p-elementige Teilmenge von $\{1, 2, \ldots, n\}$, die in natürlicher Anordnung steht. Es gibt genau $\binom{n}{p}$ solche angeordneten Indexmengen. Mit $K = \underbrace{k_1, \ldots, k_p}$ wollen wir schreiben

$$\mathbf{b}_{k_1} \wedge \mathbf{b}_{k_2} \wedge \ldots \wedge \mathbf{b}_{k_p} = \mathbf{b}_K. \tag{4.290}$$

Wenn man Körperelemente ebenfalls mit diesen Indexmengen indiziert, kann man für die Summe über alle $\binom{n}{p}$ verschiedenen Indexmengen K die Summationskonvention anwenden:

$$A(p) = c^K \mathbf{b}_K. \tag{4.291}$$

Um zu prüfen, ob die $\mathbf{b}_K$ linear unabhängig sind, betrachten wir

$$c^K \mathbf{b}_K = 0. \tag{4.292}$$

Da die Vektoren $\mathbf{b}_1$ bis $\mathbf{b}_n$ linear unabhängig sind, können wir lineare Funktionale (aus V*) definieren durch

$$(\mathbf{d}^j, \mathbf{b}_i) = \delta^j_i. \tag{4.293}$$

Schreibt man mit den entsprechenden Indexmengen $J = \underbrace{j_1, \ldots, j_p}$

$$\mathbf{d}^{j_1} \wedge \mathbf{d}^{j_p} \wedge \ldots \wedge \mathbf{d}^{j_p} = \mathbf{d}^J, \tag{4.294}$$

erhält man aus (4.288, 292)

$$\begin{aligned} (\mathbf{d}^J, c^K \mathbf{b}_K) &= c^K (\mathbf{d}^{j_1} \wedge \ldots \wedge \mathbf{d}^{j_p}, \mathbf{b}_K) \\ &= c^K (\mathbf{d}^{i_1}, \mathbf{b}_{k_1}) \ldots (\mathbf{d}^{i_p}, \mathbf{b}_{k_p})\, \delta^J_{i_1\ldots i_p} \\ &= c^K \delta^{i_1}_{k_1} \ldots \delta^{i_p}_{k_p}\, \delta^J_{i_1\ldots i_p} \\ &= c^K \delta^J_K = c^J = 0. \end{aligned} \tag{4.295}$$

Die vorletzte Gleichung erhält man, da es nur eine geordnete Indexmenge K gibt, für die J durch eine Permutation aus K entstehen kann. Dies ist die Indexmenge J. Damit ist gezeigt worden, daß die $\mathbf{b}_K$ linear unabhängig sind.

Gibt es für V einen symmetrischen injektiven Homomorphismus I in den Dualraum V* (z.B. bei symmetrischen Vektorräumen), kann man durch

$$I^{(p)}(\mathbf{x}_1 \wedge \ldots \wedge \mathbf{x}_p) = I(\mathbf{x}_1) \wedge \ldots \wedge I(\mathbf{x}_p) \tag{4.296}$$

eine lineare Abbildung von $\overset{p}{\wedge} V$ in $\overset{p}{\wedge} V^*$ definieren. Sind die Vektoren $\mathbf{b}_1$ bis $\mathbf{b}_n$ eine linear unabhängige Teilmenge von V, sind bei einer injektiven Abbildung I die Kovektoren $I(\mathbf{b}_1)$ bis $I(\mathbf{b}_n)$ eine linear unabhängige Teilmenge von V*. Deshalb sind für die verschiedenen $K = \underbrace{k_1 \ldots}k_p$ die p-Kovektoren $I(\mathbf{b}_{k_1}) \wedge \ldots \wedge I(\mathbf{b}_{k_p})$ linear unabhängig. Eine Linearkombination der linear unabhängigen p-Vektoren $\mathbf{b}_K$ wird durch $I^{(p)}$ auf eine Linearkombination dieser linear unabhängigen p-Kovektoren abgebildet. Diese Linearkombination ist genau dann der Null-p-Kovektor, wenn der Null-p-Vektor abgebildet wurde. Also ist $I^{(p)}$ injektiv. Es ist $I^{(p)}$ symmetrisch, weil I symmetrisch ist: Da die zerfallenden p-Vektoren $\overset{p}{\wedge} V$ aufspannen, reicht es wegen der Linearität der Linearform, dies für zerfallende p-Vektoren zu zeigen:

$$\begin{aligned}
&(I^{(p)}(\mathbf{x}_1 \wedge \ldots \wedge \mathbf{x}_p), \mathbf{y}_1 \wedge \ldots \wedge \mathbf{y}_p) = \\
&= (I(\mathbf{x}_1) \wedge \ldots \wedge I(\mathbf{x}_p), \mathbf{y}_1 \wedge \ldots \wedge \mathbf{y}_p) \\
&= (I(\mathbf{x}_1), \mathbf{y}_{i_1}) \ldots (I(\mathbf{x}_p), \mathbf{y}_{i_p})\, \delta^{i_1 \ldots i_p}_{1 \ldots p} \\
&= (I(\mathbf{y}_{i_1}), \mathbf{x}_1) \ldots (I(\mathbf{y}_{i_p}), \mathbf{x}_p)\, \delta^{i_1 \ldots i_p}_{1 \ldots p} \\
&= (I(\mathbf{y}_1) \wedge \ldots \wedge I(\mathbf{y}_p), \mathbf{x}_1 \wedge \ldots \wedge \mathbf{x}_p) \\
&= (I^{(p)}(\mathbf{y}_1 \wedge \ldots \wedge \mathbf{y}_p), \mathbf{x}_1 \wedge \ldots \wedge \mathbf{x}_p).
\end{aligned} \tag{4.297}$$

Mit dieser *symmetrischen Bilinearform* für die p-Vektoren, läßt sich die am Anfang dieses Abschnitts behandelte *Volumenfunktion* angeben. Sie lautet

$$\begin{aligned}
V^{(p)}(\mathbf{x}_1, \ldots, \mathbf{x}_p) &= \sqrt{(I^{(p)}(\mathbf{x}_1 \wedge \ldots \wedge \mathbf{x}_p), \mathbf{x}_1 \wedge \ldots \wedge \mathbf{x}_p)} \\
&= \sqrt{(I(\mathbf{x}_1), \mathbf{x}_{i_1}) \ldots (I(\mathbf{x}_p), \mathbf{x}_{i_p})\, \delta^{i_1 \ldots i_p}_{1 \ldots p}}.
\end{aligned} \tag{4.298}$$

Es ist also die *Volumenfunktion die Wurzel der Gramschen Determinante* der Vektoren $\mathbf{x}_1$ bis $\mathbf{x}_p$. Dies ist sinnvoll, da an anderer Stelle (vgl. S. 80) schon nachgewiesen wurde, daß die Gramsche Determinante nicht negativ ist, wenn I positiv definit ist. Die Eigenschaften einer Volumenfunktion (4.259 bis 262) und (4.270) sind für die durch (4.298) definierte Funktion $V^{(p)}$ offensichtlich. Wenn man den auf den nächsten Seiten dargestellten Isomorphismus von den p-Vektoren zu den antisymmetrischen p-stufigen Tensoren ausnutzt, kann man zeigen, daß auch $I^{(p)}$, das dann mit $\overset{p}{\otimes} I$ übereinstimmt, positiv definit ist. *Dann liefert* $I^{(p)}$ *für die p-Vektoren ein positiv definites Skalarprodukt, und man kann die Volumenfunktion betrachten als Norm des* p-*Vektors, der mit den Vektoren* $\mathbf{x}_1$ *bis* $\mathbf{x}_p$ *gebildet wurde.*

Wenn man auf (4.260) und (4.270) verzichtet und stattdessen verlangt

$$V^{(1)}(\mathbf{x}) = \sqrt{|(I(\mathbf{x}), \mathbf{x})|} \tag{4.299}$$

bzw.
$$V^{(p)}(\mathbf{x}_1, .., \mathbf{x}_i, .., \mathbf{x}_p) = \sqrt{|(I(\mathbf{x}_i), \mathbf{x}_i)|}\, V^{(p-1)}(\mathbf{x}_1, .., \mathbf{x}_{i-1}, \mathbf{x}_{i+1}, .., \mathbf{x}_p), \quad (4.300)$$

wenn $\mathbf{x}_i$ orthogonal zu den übrigen $\mathbf{x}_j$ ist, kann man durch

$$\begin{aligned} V^{(p)}(\mathbf{x}_1, \ldots, \mathbf{x}_p) &= \sqrt{|(I^{(p)}(\mathbf{x}_1 \wedge \ldots \wedge \mathbf{x}_p), \mathbf{x}_1 \wedge \ldots \wedge \mathbf{x}_p)|} \\ &= \sqrt{|(I(\mathbf{x}_1), \mathbf{x}_{i_1}) \ldots (I(\mathbf{x}_p), \mathbf{x}_{i_p})\, \delta^{i_1 \ldots i_p}_{1 \ldots . p}|} \end{aligned} \quad (4.301)$$

in Vektorräumen mit *indefinitem* symmetrischen injektiven Homomorphismus I auch die Funktion $V^{(p)}$ definieren, die wichtige Eigenschaften einer Volumenfunktion hat. Man darf mit dieser Volumenfunktion nur nicht die sich aus der Normeigenschaft ergebenden anschaulichen Vorstellungen verbinden.

Nun wollen wir den Zusammenhang herstellen zwischen den *p-Vektoren* und den in Abschnitt 4.3 behandelten *antisymmetrischen Tensoren.* Dazu betrachte man $\mathbf{x}_1 \wedge \ldots \wedge \mathbf{x}_p$ als Bild einer multilinearen Abbildung von dem p-fachen cartesischen Produkt $\overset{p}{\times} V$ in den p-Vektorraum $\overset{p}{\wedge} V$, der ja insbesondere ein Vektorraum ist. Nach den Ausführungen der S. 60 kann man solche Abbildungen zur Definition einer linearen Abbildung L des zugehörigen p-stufigen Tensorraums in den p-Vektorraum verwenden. Die entscheidende Eigenschaft dieser linearen Abbildung L besteht darin, daß sie unverändert bleibt, wenn man vorher den p-stufigen Tensorraum mit dem Antisymmetrisierungsoperator abbildet. Es gilt

$$L = L \circ A. \quad (4.302)$$

Wir zeigen dies, indem wir die Abbildungen für zerfallende p-stufige Tensoren ausführen:

$$\begin{aligned} L \circ A(\mathbf{x}_1 \otimes \ldots \otimes \mathbf{x}_p) &= L(A(\mathbf{x}_1 \otimes \ldots \otimes \mathbf{x}_p)) = L\left(\frac{1}{p!}\, \delta^{k_1 \ldots k_p}_{1 \ldots . p}\, \mathbf{x}_{k_1} \otimes \ldots \otimes \mathbf{x}_{k_p}\right) \\ &= \frac{1}{p!}\, \delta^{k_1 \ldots k_p}_{1 \ldots . p}\, L(\mathbf{x}_{k_1} \otimes \ldots \otimes \mathbf{x}_{k_p}) = \frac{1}{p!}\, \delta^{k_1 \ldots k_p}_{1 \ldots . p}\, \mathbf{x}_{k_1} \wedge \ldots \wedge \mathbf{x}_{k_p} \\ &= \frac{1}{p!}\, \delta^{k_1 \ldots k_p}_{1 \ldots . p}\, \delta^{1 \ldots . p}_{k_1 \ldots k_p}\, \mathbf{x}_1 \wedge \ldots \wedge \mathbf{x}_p = \mathbf{x}_1 \wedge \ldots \wedge \mathbf{x}_p \\ &= L(\mathbf{x}_1 \otimes \ldots \otimes \mathbf{x}_p). \end{aligned} \quad (4.303)$$

Hier wurden neben den Definitionen für die linearen Abbildungen L und A die Beziehungen (4.163) und (4.285) verwendet. Schränkt man den Definitionsbereich der Abbildung L ein auf den Unterraum der antisymmetrischen Tensoren $A(\overset{p}{\otimes} V)$, erhält man eine lineare Abbildung $\tilde{L}$, für die nach (4.302) gilt

$$L = \tilde{L} \circ A. \quad (4.304)$$

Der Konstruktion des p-Vektorraums $\overset{p}{\wedge} V$ entnimmt man sofort, daß die lineare Abbildung L sicher eine Abbildung *auf* $\overset{p}{\wedge} V$ ist. Wegen (4.304) hat deshalb auch $\tilde{L}$ diese Eigenschaft. Da $\tilde{L}$ aber auch injektiv ist, ist sie ein Isomorphismus. Zum Beweis schreiben wir einen allgemeinen antisymmetrischen Tensor als Linearkombination von Tensoren der Form (4.183) mit einem geeignet gewählten Satz von linear unabhängigen Vektoren $\mathbf{b}_1$

bis $\mathbf{b}_n$. Dies ist immer möglich, da jeder Tensor nur eine endliche Linearkombination zerfallender Tensoren ist und man daher nur endlich viele linear unabhängige Vektoren benötigt, um jeden in irgendeinem Produkt vorkommenden Vektor als Linearkombination dieser Vektoren zu schreiben. Diesen alternierenden Tensor bilden wir mit $\widetilde{L}$ ab:

$$\begin{aligned}\widetilde{L}(c^K T_K) &= c^K \widetilde{L}\left(\frac{1}{p!}\,\delta_K^{i_1 \dots i_p}\,\mathbf{b}_{i_1} \otimes \dots \otimes \mathbf{b}_{i_p}\right) \\ &= c^K \frac{1}{p!}\,\delta_K^{i_1 \dots i_p}\, L(\mathbf{b}_{i_1} \otimes \dots \otimes \mathbf{b}_{i_p}) \\ &= c^K \frac{1}{p!}\,\delta_K^{i_1 \dots i_p}\,\mathbf{b}_{i_1} \wedge \dots \wedge \mathbf{b}_{i_p} \\ &= c^K \frac{1}{p!}\,\delta_K^{i_1 \dots i_p}\,\delta^J_{i_1 \dots i_p}\,\mathbf{b}_J = c^K \delta^J_K\,\mathbf{b}_J = c^K\,\mathbf{b}_K .\end{aligned} \tag{4.305}$$

Da die $\mathbf{b}_K$ linear unabhängig sind, ist dieser Ausdruck genau dann gleich Null, wenn alle c^K gleich Null sind. Dies ist genau dann der Fall, wenn $c^K T_K$ der Nulltensor war. Also ist $\widetilde{L}$ injektiv.

Will man den Raum der antisymmetrischen Tensoren $A(\overset{p}{\otimes} V)$ mit diesem Isomorphismus $\widetilde{L}$ mit dem p-Vektorraum $\overset{p}{\wedge} V$ identifizieren, muß man beachten, daß für beide Räume schon symmetrische injektive Homomorphismen in die jeweiligen Dualräume definiert sein können. Dies ist der Fall, wenn ein symmetrischer injektiver Homomorphismus I von V in V* definiert ist. Wenn man nun den Raum I(V) mit V identifizieren will, kann man nach den Ausführungen der S. 31 $A(\overset{p}{\otimes} V)$ und $\overset{p}{\wedge} V$ nur dann mit einer linearen Abbildung identifizieren, wenn sie orthogonal ist. Dies besagt nach (3.128) nichts anderes, als daß das Skalarprodukt zweier Bildvektoren mit dem Skalarpodukt der entsprechenden Urbildvektoren übereinstimmt. Es ist zwar nicht $\widetilde{L}$, aber doch $\frac{1}{\sqrt{p!}}\widetilde{L}$ orthogonal. Denn es gilt mit (4.240, 243)

$$\begin{aligned}&(\overset{p}{\otimes} I \circ A(\mathbf{x}_1 \otimes \dots \otimes \mathbf{x}_p), A(\mathbf{y}_1 \otimes \dots \otimes \mathbf{y}_p)) = \\ &= (A(I(\mathbf{x}_1) \otimes \dots \otimes I(\mathbf{x}_p)), \mathbf{y}_1 \otimes \dots \otimes \mathbf{y}_p) \\ &= \frac{1}{p!}\,\delta^{i_1 \dots i_p}_{1 \dots p}\,(I(\mathbf{x}_{i_1}), \mathbf{y}_1) \dots (I(\mathbf{x}_{i_p}), \mathbf{y}_p) \\ &= \frac{1}{p!}\,(I(\mathbf{x}_1) \wedge \dots \wedge I(\mathbf{x}_p), \mathbf{y}_1 \wedge \dots \wedge \mathbf{y}_p) \\ &= \frac{1}{p!}\,(I^{(p)}(\mathbf{x}_1 \wedge \dots \wedge \mathbf{x}_p), \mathbf{y}_1 \wedge \dots \wedge \mathbf{y}_p) \\ &= \left(I^{(p)} \frac{1}{\sqrt{p!}}\,\widetilde{L} \circ A(\mathbf{x}_1 \otimes \dots \otimes \mathbf{x}_p), \frac{1}{\sqrt{p!}}\,\widetilde{L} \circ A(\mathbf{y}_1 \otimes \dots \otimes \mathbf{y}_p)\right).\end{aligned} \tag{4.306}$$

Wenn man mit dieser Abbildung $A(\overset{p}{\otimes} V)$ mit $\overset{p}{\wedge} V$ identifiziert, erhält man

$$A(\mathbf{x}_1 \otimes \dots \otimes \mathbf{x}_p) = \frac{1}{\sqrt{p!}}\,\widetilde{L} \circ A(\mathbf{x}_1 \otimes \dots \otimes \mathbf{x}_p) \tag{4.307}$$

bzw.

$$\mathbf{x}_1 \wedge \ldots \wedge \mathbf{x}_p = \sqrt{p!}\, A(\mathbf{x}_1 \otimes \ldots \otimes \mathbf{x}_p) = \frac{1}{\sqrt{p!}}\, \delta^{i_1 \ldots i_p}_{1 \ldots p}\, \mathbf{x}_{i_1} \otimes \ldots \otimes \mathbf{x}_{i_p}. \tag{4.308}$$

Vergleicht man dies mit (4.200), erkennt man, daß das in diesem Abschnitt eingeführte Zeichen $\wedge$ von dem in Abschnitt 4.3 eingeführten nach dem Identifizieren mit der Abbildung $\frac{1}{\sqrt{p!}}\,\tilde{L}$ nicht mehr unterschieden werden muß. *Damit wird das Zeichen $\wedge$ tatsächlich zu einem Multiplikationssymbol.* Da das Identifizieren der p-Vektoren mit den antisymmetrischen Tensoren für alle p gültig ist, gilt auch hier das schon in Abschnitt 4.3 bewiesene *Assoziativgesetz für diese Multiplikation* $\wedge$. Damit wird die direkte Summe aller p-Vektorräume

$$\bigoplus_{p=0}^{\infty} \overset{p}{\wedge} V = K \oplus V \oplus \overset{2}{\wedge} V \oplus \ldots \oplus \overset{p}{\wedge} V \oplus \ldots \tag{4.309}$$

zu einer *assoziativen Algebra,* die man ebenfalls *Graßmannsche Algebra* nennt.

Um zu erläutern, daß gerade das so trivial erscheinende Assoziativgesetz zu einer praktisch sehr wichtigen Formel führt, soll für einen n-dimensionalen Vektorraum V das alternierende Produkt eines p-Vektors $\mathbf{a}_1 \wedge \ldots \wedge \mathbf{a}_p$ und eines q-Vektors $\mathbf{a}_{p+1} \wedge \ldots \mathbf{a}_{p+q}$ berechnet werden. Mit

$$\mathbf{a}_i = a_i^{j_i}\, \mathbf{b}_{j_i}, \quad i = 1, \ldots, p+q \tag{4.310}$$

erhält man

$$\begin{aligned} \mathbf{a}_1 \wedge \ldots \wedge \mathbf{a}_p &= a_1^{j_1}\, \mathbf{b}_{j_1} \wedge \ldots \wedge a_p^{j_p}\, \mathbf{b}_{j_p} \\ &= a_1^{j_1} \ldots a_p^{j_p}\, \mathbf{b}_{j_1} \wedge \ldots \wedge \mathbf{b}_{j_p} \\ &= a_1^{j_1} \ldots a_p^{j_p}\, \delta^{K}_{j_1 \ldots j_p}\, \mathbf{b}_K = a^K \mathbf{b}_K. \end{aligned} \tag{4.311}$$

Die Komponenten a^K sind also gerade die Determinanten der zur Indexmenge K gehörenden p-reihigen Untermatrix von $a_i^{j_i}$, nämlich die Determinante der Matrix $a_i^{k_i}$ für $i = 1, \ldots, p$ und $K = \underbrace{k_1, \ldots, k_p}$.

Mit den entsprechend gebildeten Komponenten a^I von $\mathbf{a}_{p+1} \wedge \ldots \wedge \mathbf{a}_{p+q}$ bzw. a^M von $\mathbf{a}_1 \wedge \ldots \wedge \mathbf{a}_p \wedge \mathbf{a}_{p+1} \wedge \ldots \wedge \mathbf{a}_{p+q}$ erhält man

$$\begin{aligned} &(\mathbf{a}_1 \wedge \ldots \wedge \mathbf{a}_p) \wedge (\mathbf{a}_{p+1} \wedge \ldots \wedge \mathbf{a}_{p+q}) = a^K \mathbf{b}_K \wedge a^I \mathbf{b}_I = \\ &= \sqrt{\frac{(p+q)!}{p!\,q!}}\, A(a^K \sqrt{p!}\, A(\mathbf{b}_{k_1} \otimes \ldots \otimes \mathbf{b}_{k_p}) \otimes a^I \sqrt{q!}\, A(\mathbf{b}_{i_{p+1}} \otimes \ldots \otimes \mathbf{b}_{i_{p+q}}) \\ &= a^K a^I \sqrt{(p+q)!}\, A(\mathbf{b}_{k_1} \otimes \ldots \otimes \mathbf{b}_{k_p} \otimes \mathbf{b}_{i_{p+1}} \otimes \ldots \otimes \mathbf{b}_{i_{p+q}}) \\ &= a^K a^I \delta^M_{KI}\, \mathbf{b}_{m_1} \wedge \ldots \wedge \mathbf{b}_{m_{p+q}} = a^K a^I \delta^M_{KI}\, \mathbf{b}_M \\ &= \mathbf{a}_1 \wedge \ldots \wedge \mathbf{a}_p \wedge \mathbf{a}_{p+1} \wedge \ldots \wedge \mathbf{a}_{p+q} = a^M \mathbf{b}_M. \end{aligned} \tag{4.312}$$

Hieraus ergibt sich

$$a^M = a^K a^I \delta^M_{KI}. \tag{4.313}$$

Dies ist gerade der *Laplace'sche Entwicklungssatz* für die Determinanten a^M. Durch weiteres Klammern kann man diese Summe von Determinantenprodukten auf weitere Unterdeterminantenprodukte zurückführen. Eine ähnliche Formel erhält man mit den Unterdeterminanten der zum Isomorphismus I des n-dimensionalen Vektorraums V in V* gehörenden Matrix g_{ik}:

$$\begin{aligned}\overset{p}{\otimes} I(\mathbf{b}_K) \wedge \overset{q}{\otimes} I(\mathbf{b}_I) &= \overset{p+q}{\otimes} I(\mathbf{b}_K \wedge \mathbf{b}_I) = \delta^M_{KI} \overset{p+q}{\otimes} I(\mathbf{b}_M) = \delta^M_{KI}\, g_{ML}\, \mathbf{d}^L \\ &= g_{KJ}\, \mathbf{d}^J \wedge g_{IS}\, \mathbf{d}^S = g_{KJ}\, g_{IS}\, \delta^{JS}_L\, \mathbf{d}^L.\end{aligned} \tag{4.314}$$

Hieraus folgt

$$\delta^M_{KI}\, g_{ML} = g_{KJ}\, g_{IS}\, \delta^{JS}_L, \tag{4.315}$$

womit man wegen $\dim V = n$ für $N = 1, 2, \ldots, n$ erhält

$$\delta^N_{KI}\, g_{NN} = g_{KJ}\, g_{IS}\, \delta^{JS}_N. \tag{4.316}$$

Diese im Assoziativgesetz der alternierenden Multiplikationen „verborgenen" Determinantenentwicklungsformeln sind ein wesentlicher Grund dafür, daß es praktische Vorteile haben kann, mit p-Vektoren und alternierenden Tensoren zu arbeiten.

Bemerkung:
Das hier dargestellte Identifizieren hat dazu geführt, daß häufig die p-Vektoren bzw. die p-Kovektoren nicht von den p-stufigen antisymmetrischen Tensoren bzw. Kotensoren unterschieden werden. Dies bedeutet ein Gleichsetzen alternierender Multilinearformen mit antisymmetrischen Tensoren. Wenn man auf den hier gebrachten Unterschied verzichten will, kann man dann die in diesem Abschnitt gegebene Definition der p-Kovektoren als Definition der antisymmetrischen Kotensoren betrachten. Diese Konstruktion läßt sich auch für allgemeine Multilinearformen verwenden, nicht nur für alternierende. Es ist dann nur (4.274, 275) und nicht (4.276) zu fordern. Für die Existenz allgemeiner nichttrivialer Multilinearformen kann man anstelle von (4.279, 280) betrachten

$$F_{\mathbf{f}^1, \ldots, \mathbf{f}^p}(\mathbf{x}_1, \ldots, \mathbf{x}_p) = (\mathbf{f}^1, \mathbf{x}_1) \ldots (\mathbf{f}^p, \mathbf{x}_p), \tag{4.317}$$

wobei die $\mathbf{f}^i$ aus V_i^* und die $\mathbf{x}_i$ aus V_i sind. Den Isomorphismus der endlichen Linearkombination der hierdurch definierten zerfallenden Multilinearformen zu den entsprechenden p-stufigen Tensoren erhält man, wie es hier für die p-Vektoren durchgeführt wurde.

4.6. Ergänzungen und Graßmannsche Ergänzungen

Mit einem (p + q)-Kovektor und einem p-Vektor kann man einen p-Kovektor bilden, indem man mit $I = \underbrace{i_1, \ldots, i_p}$ und $L = \underbrace{l_{p+1}, \ldots, l_{p+q}}$ setzt

$$\begin{aligned}&\mathbf{f}^1 \wedge \ldots \wedge \mathbf{f}^{p+q} \llcorner_L\, \mathbf{x}_1 \wedge \ldots \wedge \mathbf{x}_p = \\ &= \delta^{1 \ldots p+q}_{IL}(\mathbf{f}^{i_1} \wedge \ldots \mathbf{f}^{i_p}, \mathbf{x}_1 \wedge \ldots \wedge \mathbf{x}_p)\, \mathbf{f}^{l_{p+1}} \wedge \ldots \wedge \mathbf{f}^{l_{p+q}}.\end{aligned} \tag{4.318}$$

Man kann dies auch verwenden zur Definition einer linearen Abbildung von $\overset{p}{\wedge} V$ in $\overset{q}{\wedge} V^*$. Schreibt man (4.318) um in

$$\delta^{1\dots p+q}_{IL}\,\delta^{I}_{j_1\dots j_p}(f^{j_1},x_1)\dots(f^{j_p},x_p)\frac{1}{\sqrt{q!}}\,\delta^{L}_{j_{p+1}\dots j_{p+q}}\,f^{j_{p+1}}\otimes\dots\otimes f^{j_{p+q}}$$
$$=\frac{1}{\sqrt{q!}}\,\delta^{1\dots p+q}_{j_1\dots j_{p+q}}(f^{j_1},x_1)\dots(f^{j_p},x_p)\,f^{j_{p+1}}\otimes\dots\otimes f^{j_{p+1}}, \qquad (4.319)$$

erkennt man, daß es sich hier um eine spezielle Form der in Abschnitt 4.4 (insbes. (4.223)) behandelten linearen Abbildungen handelt. Durch Summation über verschiedene $f^1\wedge\dots\wedge f^{p+q}$ und $x_1\wedge\dots\wedge x_p$, was man am bequemsten mit der erweiterten Summationskonvention schreibt, erhält man für einen beliebigen (p + q)-Kovektor $K_1(p+q)$ bzw. p-Vektor $T_1(p)$ einen bestimmten q-Kovektor $K_2(q)$

$$(K_1(p+q)\ \underline{\llcorner\,L\,}\ T_1(p)) = K_2(q). \qquad (4.320)$$

Die wichtigste Eigenschaft dieser Bildung, die man auch zur Definition hätte verwenden können, erhält man, wenn man $K_2(q)$ als lineares Funktional für einen q-Vektor $T_2(q)$ betrachtet. Man erhält

$$(K_1(p+q)\ \underline{\llcorner\,L\,}\ T_1(p), T_2(q)) = (K_1(p+q), T_1(p)\wedge T_2(q)). \qquad (4.321)$$

Wegen der Linearität in jedem Faktor reicht es, dies für zerfallende (p + q)-Kovektoren, p-Vektoren bzw. q-Vektoren zu zeigen:

$$(f^1\wedge\dots\wedge f^{p+q}\ \underline{\llcorner\,L\,}\ x_1\wedge\dots\wedge x_p, x_{p+1}\wedge\dots\wedge x_{p+q}) =$$
$$=\delta^{1\dots p+q}_{IL}(f^{i_1}\wedge\dots\wedge f^{i_p}, x_1\wedge\dots\wedge x_p)(f^{l_{p+1}}\wedge\dots\wedge f^{l_{p+q}}, x_{p+1}\wedge\dots\wedge x_{p+q})$$
$$=\delta^{1\dots p+q}_{IL}\,\delta^{I}_{j_1\dots j_p}(f^{j_1},x_1)\dots(f^{j_p},x_p)\,\delta^{L}_{j_{p+1}\dots j_{p+q}}(f^{j_{p+1}},x_{p+1})\dots(f^{j_{p+q}},x_{p+q})$$
$$=\delta^{1\dots p+q}_{j_1\dots j_{p+q}}(f^{j_1},x_1)\dots(f^{j_{p+q}},x_{p+q}) \qquad (4.322)$$
$$=(f^1\wedge\dots\wedge f^{p+q}, x_1\wedge\dots\wedge x_{p+q}).$$

Mit dem Assoziativgesetz der alternierenden Multiplikation erhält man durch mehrmaliges Anwenden von (4.321)

$$(K(p+q+r)\ \underline{\llcorner\,L\,}\ T_1(p))\ \underline{\llcorner\,L\,}\ T_2(q) = K(p+q+r)\ \underline{\llcorner\,L\,}\ (T_1(p)\wedge T_2(q)). \qquad (4.323)$$

Bemerkung:
Zur Erläuterung der hier gewählten Bezeichnung $\underline{\llcorner\,L\,}$ sei angemerkt: Der senkrechte Strich deutet an, auf welcher Seite die Stufenzahl größer ist. Das L bedeutet, daß in (4.321) der linke Faktor auf die andere Seite des inneren Produkts geholt wird. Man hätte die Definition auch so machen können, daß es der andere Faktor ist. Dies könnte dann mit $\underline{\llcorner\,R\,}$ bezeichnet werden. Beide Ausdrücke unterscheiden sich um den Faktor $(-1)^{pq}$.

Ist ein symmetrischer injektiver Homomorphismus I von V in V* gegeben, kann man $f^i = I(y_i)$ in (4.318) einsetzen. Dann erhält man

$$I(y_1)\wedge\dots\wedge I(y_{p+q})\ \underline{\llcorner\,L\,}\ x_1\wedge\dots\wedge x_p$$
$$=\delta^{IL}_{1\dots p+q}(I(y_{i_1})\wedge\dots\wedge I(y_{i_p}), x_1\wedge\dots\wedge x_p)\,I(y_{l_{p+1}})\wedge\dots\wedge I(y_{l_{p+q}}) \qquad (4.324)$$

bzw. durch Übergang zu endlichen Linearkombinationen

$$\overset{p+q}{\otimes} I(T_1(p+q)) \llcorner\!\!\underline{\;L\;}\, T_2(p). \tag{4.325}$$

In der Graßmannschen Algebra kann man dies als ein weiteres Produkt betrachten, das für $p + q = p$ gerade zum Skalarprodukt oder inneren Produkt wird. Deshalb wird es im Unterschied zum alternierenden Produkt, das oft auch *äußere Multiplikation* genannt wird, ebenfalls *inneres Produkt* genannt.

Bemerkung:
Man kann das innere Produkt mit dem alternierenden Produkt z. B. durch (vgl. (4.327))

$$p_C(\mathbf{a}, T) = \mathbf{a} \;\underline{\;L\;}\!\lrcorner\, T - T \wedge \mathbf{a} \tag{4.326}$$

kombinieren. Es läßt sich zeigen, daß dies wieder ein *distributives* und *assoziatives Produkt* ist. Bei solchen Produkten nennt man die Graßmannsche Algebra eine *Cliffordsche Algebra*. Es ist zu beachten, daß bei einer Clifford-Algebra immer eine Abbildung in den Dualraum definiert ist, im Unterschied zur allgemeinen Graßmannschen Algebra.

In der entsprechenden Weise kann man durch

$$\begin{aligned} &\mathbf{f}^1 \wedge \ldots \wedge \mathbf{f}^p \;\underline{\;L\;}\!\lrcorner\, \mathbf{x}_1 \wedge \ldots \wedge \mathbf{x}_{p+q} = \\ &= \delta^{IL}_{1\ldots p+q} (\mathbf{f}^1 \wedge .. \wedge \mathbf{f}^p, \mathbf{x}_{i_1} \wedge .. \wedge \mathbf{x}_{i_p})\, \mathbf{x}_{l_{p+1}} \wedge \ldots \wedge \mathbf{x}_{l_{p+q}} \end{aligned} \tag{4.327}$$

eine lineare Abbildung von $\overset{p}{\wedge} V^*$ in $\overset{q}{\wedge} V$ definieren, für die gilt

$$(K_2(q), K_1(p) \;\underline{\;L\;}\!\lrcorner\, T(p+q)) = (K_1(p) \wedge K_2(q), T(p+q)). \tag{4.328}$$

Ist der n-dimensionale Vektorraum V ein n-symmetrischer Vektorraum (vgl. S. 82) mit

$$\overset{n}{\otimes} I(\mathbf{b}_1 \wedge \ldots \wedge \mathbf{b}_n) = g_{NN}\, \mathbf{d}^1 \wedge \ldots \wedge \mathbf{d}^n, \tag{4.329}$$

läßt sich der n-Vektor H auch als n-Kovektor betrachten

$$H = \frac{1}{\sqrt{g}}\, \mathbf{b}_1 \wedge \ldots \wedge \mathbf{b}_n = \frac{g_{NN}}{\sqrt{g}}\, \mathbf{d}^1 \wedge \ldots \wedge \mathbf{d}^n \quad \text{mit} \quad g = |g_{NN}|, \tag{4.330}$$

mit dem durch

$$*_1(\mathbf{x}_1 \wedge \ldots \wedge \mathbf{x}_p) = H \llcorner\!\!\underline{\;L\;}\, \mathbf{x}_1 \wedge \ldots \wedge \mathbf{x}_p \tag{4.331}$$

eine lineare Abbildung von $\overset{p}{\wedge} V$ in $\overset{n-p}{\wedge} V^*$ und durch

$$*_2(\mathbf{f}^1 \wedge \ldots \wedge \mathbf{f}^p) = \mathbf{f}^1 \wedge \ldots \wedge \mathbf{f}^p \;\underline{\;L\;}\!\lrcorner\, H \tag{4.332}$$

eine lineare Abbildung von $\overset{p}{\wedge} V^*$ in $\overset{n-p}{\wedge} V$ definiert werden kann. Man nennt die Bilder dieser Abbildungen die *Ergänzungen* des p-Vektors bzw. des p-Kovektors, da sie gerade die auf n ergänzte Stufenzahl haben. Als einfachste Beziehung erhält man für die Ergänzung

$$*_1 H = *_2 H = \operatorname{sign}(g_{NN}). \tag{4.333}$$

Aus (4.321) ergibt sich

$$(*_1(T_1(p)), T_2(n-p)) = (H, T_1(p) \wedge T_2(n-p)) = *_1(T_1(p) \wedge T_2(n-p))$$
$$= (H, (-1)^{p(n-p)} T_2(n-p) \wedge T_1(p)) = (-1)^{p(n-p)}(*_1(T_2(n-p)), T_1(p)). \tag{4.334}$$

Je nach Stufenzahl und Dimension des Vektorraums V *ist also die Ergänzung* $*_1$ *eine symmetrische oder antisymmetrische Abbildung.* Für $*_2$ erhält man die entsprechende Aussage.

Wenn man mit $\overset{p}{\otimes} I_1$ (vgl. S. 76) in der üblichen Weise den Dualraum von $\overset{p}{\wedge} V^*$ mit $\overset{p}{\wedge} V$ identifiziert, erhält man mit

$$(*_1(T_2(n-p)), T_1(p)) = (T_1(p), *_1(T_2(n-p)) \tag{4.335}$$

aus (4.334), daß für die adjungierte Abbildung von $*_1$ gilt

$$(*_1)^* = (-1)^{p(n-p)} *_1, \tag{4.336}$$

wobei zu beachten ist, daß es sich bei $(*_1)^*$ um eine Abbildung von $\overset{n-p}{\wedge} V$ in $\overset{p}{\wedge} V^*$ handelt, wenn es sich bei $*_1$ um eine Abbildung von $\overset{p}{\wedge} V$ in $\overset{n-p}{\wedge} V^*$ handelt. Um die Matrizen der Abbildungen $*_1$ und $*_2$ anzugeben, sollen die Bilder der Basisvektoren $\mathbf{b}_K$ aus $\overset{p}{\wedge} V$ und $\mathbf{d}^J$ aus $\overset{p}{\wedge} V^*$ für die Ergänzungen $*_1$ bzw. $*_2$ berechnet werden:

$$\begin{aligned} *_1(\mathbf{b}_K) &= H \llcorner\!\underline{L}\!\lrcorner\, \mathbf{b}_{k_1} \wedge \ldots \wedge \mathbf{b}_{k_p} \\ &= \frac{g_{NN}}{\sqrt{g}} (\mathbf{d}^1 \wedge \ldots \wedge \mathbf{d}^n) \llcorner\!\underline{L}\, (\mathbf{b}_{k_1} \wedge \ldots \wedge \mathbf{b}_{k_p}) \\ &= \frac{g_{NN}}{\sqrt{g}} \delta^{1\ldots n}_{IL} (\mathbf{d}^{i_1}, \mathbf{b}_{k_1}) \ldots (\mathbf{d}^{i_p}, \mathbf{b}_{k_p})\, \mathbf{d}^{l_{p+1}} \wedge \ldots \wedge \mathbf{d}^{l_n} \\ &= \operatorname{sign}(g_{NN}) \sqrt{g}\, \delta^{1\ldots n}_{KL} \mathbf{d}^L \equiv \epsilon_{KL} \mathbf{d}^L, \end{aligned} \tag{4.337}$$

$$\begin{aligned} *_2(\mathbf{d}^J) &= \mathbf{d}^{j_1} \wedge \ldots \wedge \mathbf{d}^{j_p}\ \underline{L}\!\lrcorner\, H \\ &= \frac{1}{\sqrt{g}} (\mathbf{d}^{j_1} \wedge \ldots \wedge \mathbf{d}^{j_p})\ \underline{L}\!\lrcorner (\mathbf{b}_1 \wedge \ldots \wedge \mathbf{b}_n) \\ &= \frac{1}{\sqrt{g}} \delta^{IL}_{1\ldots n} (\mathbf{d}^{j_1} \wedge \ldots \wedge \mathbf{d}^{j_p}, \mathbf{b}_{i_1} \wedge \ldots \wedge \mathbf{b}_{i_p})\, \mathbf{b}_{l_{p+1}} \wedge \ldots \wedge \mathbf{b}_{l_n} \\ &= \frac{1}{\sqrt{g}} \delta^{JL}_{1\ldots n} \mathbf{b}_L = \epsilon^{JL} \mathbf{b}_L. \end{aligned} \tag{4.338}$$

Hiermit kann man einfach $*_1 \circ *_2$ und $*_2 \circ *_1$ berechnen

$$\begin{aligned} *_2 \circ *_1(\mathbf{b}_K) &= *_2(\epsilon_{KJ}\, \mathbf{d}^J) = \epsilon_{KJ}\, \epsilon^{JL}\, \mathbf{b}_L \\ &= \frac{g_{NN}}{g}\, \delta^{1\ldots n}_{KJ}\, \delta^{JL}_{1\ldots n}\, \mathbf{b}_L \\ &= \operatorname{sign}(g_{NN})\, (-1)^{p(n-p)}\, \delta^{1\ldots n}_{JK}\, \delta^{JL}_{1\ldots n}\, \mathbf{b}_L \\ &= \operatorname{sign}(g_{NN})\, (-1)^{p(n-p)}\, \delta^L_K\, \mathbf{b}_L \\ &= \operatorname{sign}(g_{NN})\, (-1)^{p(n-p)}\, \mathbf{b}_K, \end{aligned} \tag{4.339}$$

$$*_1 \circ *_2(\mathbf{d}^J) = *_1(\epsilon^{JL}\, \mathbf{b}_L) = \epsilon^{JL}\, \epsilon_{LK}\, \mathbf{d}^K = \operatorname{sign}(g_{NN})\, (-1)^{p(n-p)}\, \mathbf{d}^J. \tag{4.340}$$

Also ist die Ergänzung eine umkehrbare Abbildung mit

$$(*_1)^{-1} = \operatorname{sign}(g_{NN})\, (-1)^{p(n-p)}\, *_2, \tag{4.341}$$

$$(*_2)^{-1} = \operatorname{sign}(g_{NN})\, (-1)^{p(n-p)}\, *_1. \tag{4.342}$$

Mit (4.336) folgt hieraus

$$\begin{aligned} &(*_1(T(p)), *_2(K(p))) = ((*_1)^* \circ *_2\, K(p), T(p)) = \\ &= (-1)^{p(n-p)}\, (*_1 \circ *_2\, K(p), T(p)) = \operatorname{sign}(g_{NN})\, (K(p), T(p)). \end{aligned} \tag{4.343}$$

Diese Beziehungen zwischen $*_1$ und $*_2$ sind festgelegt durch die Art des gewählten inneren Produkts. Man überlegt sich leicht, daß es möglich ist, $*_2$ so zu definieren, daß in (4.341) weniger Vorzeichenwechsel vorkommen. Diese Freiheit ist aber nur so lange gegeben, wie V nicht mit V* identifiziert werden soll, was für die zugehörigen p-Vektorräume bzw. p-stufigen Tensorräume zum Identifizieren mit den entsprechenden p-Kovektor- bzw. p-stufigen Kotensorräumen führt. Man kann sich dies mit einem Diagramm veranschaulichen:

$$\begin{array}{ccc} \overset{p}{\wedge} V & \xrightarrow{\quad *_1 \quad} & \overset{n-p}{\wedge} V^* \\ \Big\downarrow \overset{p}{\otimes} I & & \overset{n-p}{\otimes} I \Big\uparrow \;\Big\downarrow \overset{n-p}{\otimes} I^{-1} \\ \overset{p}{\wedge} V^* & \xrightarrow{\quad *_2 \quad} & \overset{n-p}{\wedge} V \end{array}$$

Dieses Diagramm muß kommutativ sein, wenn man die Ergänzung für symmetrische Vektorräume sinnvoll definiert hat. Hätte man für $*_2$ die inverse der zu $*_1$ adjungierten Abbildung gewählt

$$((*_1)^*)^{-1} = (-1)^{p(n-p)}\, (*_1)^{-1} = \operatorname{sign}(g_{NN})\, *_2, \tag{4.344}$$

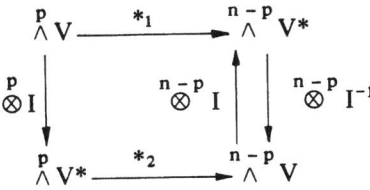

ist das Diagramm nur kommutativ, wenn das Vorzeichen der Determinante der g_{ik} positiv ist, was in der Relativitätstheorie bekanntlich gerade nicht der Fall ist. Wir wollen nachrechnen, daß das Diagramm tatsächlich kommutativ ist. Die Umformungen ergeben sich mit den angegebenen Regeln für die Symmetrie des Kroneckerprodukts des symmetrischen Isomorphismus I von V in V* und den Formeln (4.328) und (4.321)

$$\begin{aligned}
&\Big(\overset{n-p}{\otimes} I \circ *_2 \circ \overset{p}{\otimes} I(T_1(p)), T_2(n-p)\Big) = \Big(\overset{n-p}{\otimes} I(T_2(n-p)), *_2 \circ \overset{p}{\otimes} I(T_1(p))\Big) = \\
&= \Big(\overset{n-p}{\otimes} I(T_2(n-p)), \overset{p}{\otimes} I(T_1(p)) \llcorner H\Big) = \Big(\overset{p}{\otimes} I(T_1(p)) \wedge \overset{n-p}{\otimes} I(T_2(n-p)), H\Big) = \\
&= \Big(\overset{n}{\otimes} I(T_1(p) \wedge T_2(n-p)), H\Big) = (H, T_1(p) \wedge T_2(n-p)) = (*_1 T_1(p), T_2(n-p)).
\end{aligned} \tag{4.345}$$

Hieraus ergibt sich sofort

$$\overset{n-p}{\otimes} I \circ *_2 = *_1 \circ \overset{p}{\otimes} I^{-1} \quad \text{bzw.} \quad *_2 \circ \overset{p}{\otimes} I = \overset{n-p}{\otimes} I^{-1} \circ *_1 . \tag{4.346}$$

Diese Abbildungen nennt man *Graßmannsche Ergänzungen.* Da sie sich erkennbar durch den Definitions- und Bildbereich unterscheiden, führt es zu keinen Mißverständnissen, wenn man sie mit dem gleichen Symbol kennzeichnet:

$$\circledast = *_2 \circ \overset{p}{\otimes} I = \overset{n-p}{\otimes} I^{-1} \circ *_1 \quad \text{bzw.} \quad \circledast = \overset{n-p}{\otimes} I \circ *_2 = *_1 \circ \overset{p}{\otimes} I^{-1} . \tag{4.347}$$

Der wesentliche Nutzen bei der Anwendung der Graßmannschen Ergänzungen besteht darin, die Stufenzahl der verwendeten alternierenden Tensoren möglichst niedrig zu halten. Bei dreidimensionalen Vektorräumen kommt man deshalb durch die Verwendung der Graßmannschen Ergänzungen mit einstufigen Tensoren aus. Die Graßmannsche Ergänzung des alternierenden Produkts zweier Vektoren eines dreidimensionalen Vektorraums ist ein einstufiger Vektor, den man das *Kreuzprodukt* der Vektoren nennt:

$$\circledast(\mathbf{a} \wedge \mathbf{b}) = \mathbf{a} \times \mathbf{b}. \tag{4.348}$$

Man erkennt an dieser Formel, besonders wenn man sie schreibt als

$$\mathbf{a} \times \mathbf{b} = *_2(I(\mathbf{a}) \wedge I(\mathbf{b})), \tag{4.349}$$

wieso das Kreuzprodukt besonders bequem mit den unten indizierten Komponenten der Vektoren, den kovarianten Komponenten, zu berechnen ist; denn $*_2$ hat ja die vorne angegebene sehr einfache Matrix mit dem ϵ-Tensor. Eine wichtige Eigenschaft der Graßmannschen Ergänzungen ergibt sich mit (4.334) und (4.341)

$$\begin{aligned}
&\Big(\overset{n-p}{\otimes} I \circ \circledast T_1(p), \circledast T_2(p)\Big) = \Big(\overset{n-p}{\otimes} I \circ \overset{n-p}{\otimes} I^{-1} \circ *_1 T_1(p), *_2 \circ \overset{p}{\otimes} I(T_2(p))\Big) \\
&= \Big(*_1 T_1(p), *_2 \circ \overset{p}{\otimes} I(T_2(p))\Big) = (-1)^{p(n-p)} \Big(*_1 \circ *_2 \circ \overset{p}{\otimes} I(T_2(p)), T_1(p)\Big) \\
&= \operatorname{sign}(g_{NN}) \Big(\overset{p}{\otimes} I(T_2(p)), T_1(p)\Big) = \operatorname{sign}(g_{NN}) \Big(\overset{p}{\otimes} I(T_1(p)), T_2(p)\Big).
\end{aligned} \tag{4.350}$$

Wenn die Determinante der g_{ik} (negativ) positiv ist, ist die Graßmannsche Ergänzung eine (anti)orthogonale Abbildung.

Mit der Graßmannschen Ergänzung von (n − 1)-Vektoren, also insbesondere mit dem Kreuzprodukt kann man einen wichtigen Zusammenhang mit der Volumenfunktion herstellen. Man erhält

$$\begin{aligned}&(I(a_n), \circledast (a_1 \wedge \ldots \wedge a_{n-1})) = (I(a_n), *_2(I(a_1) \wedge \ldots \wedge I(a_{n-1})))\\ &= (I(a_n), I(a_1) \wedge \ldots \wedge I(a_{n-1}) \llcorner H) = \qquad (4.351)\\ &= (I(a_1) \wedge I(a_2) \wedge \ldots \wedge I(a_n), H) = *_2(I(a_1) \wedge \ldots \wedge I(a_n)).\end{aligned}$$

Da $\overset{n}{\wedge} V$ eindimensional ist, gilt mit (4.333)

$$(I(a_1) \wedge I(a_2) \wedge \ldots \wedge I(a_n), H)\, H = \operatorname{sign}(g_{NN})\, I(a_1) \wedge \ldots \wedge I(a_n) \qquad (4.352)$$

bzw.

$$(I(a_1) \wedge \ldots \wedge I(a_n), H)^2 = (V^{(n)}(a_1, \ldots, a_n))^2. \qquad (4.353)$$

Also ist

$$(I(a_n), *_2(I(a_1) \wedge \ldots \wedge I(a_{n-1}))) = (I(a_n), \circledast (a_1 \wedge \ldots \wedge a_{n-1}))$$

eventuell bis auf das Vorzeichen gleich dem Volumen des von den Vektoren a_1 *bis* a_n *begrenzten Spats.* Im dreidimensionalen Vektorraum nennt man diese Bildung das *Spatprodukt.*

Die Matrix der Graßmannschen Ergänzung erhält man durch Abbilden der Basis-p-Vektoren. Mit (4.249) ergibt sich

$$\circledast (b_K) = *_2 \circ \overset{p}{\otimes} I(b_K) = *_2(g_{KJ}\, d^J) = g_{KJ}\, \epsilon^{JL}\, b_L \equiv \epsilon_K^L\, b_L. \qquad (4.354)$$

Diese Schreibweise mit dem „Hoch"- und „Herunterziehen" von Indexmengen beim ϵ-Tensor paßt zu den vereinbarten Regeln. Denn durch Anwenden von $\overset{n-p}{\otimes} I$ auf diese Gleichung erhält man wegen (4.346, 337, 249)

$$\epsilon_K^L\, g_{LI} = \epsilon_{KI}. \qquad (4.355)$$

In dieser Gleichung ist die Beziehung (4.316) enthalten, die durch Anwenden des Assoziativgesetzes für die alternierende Multiplikation beim Beweis von (4.345) verwendet worden ist. Da in der Matrix ϵ_K^J die Determinanten g_{KJ} vorkommen, erkennt man sofort, daß sich die Matrizen ϵ^{JL} bzw. ϵ_{KI} bei komplizierteren g_{ik}-Matrizen wesentlich leichter angeben lassen als die Matrix ϵ_K^J. Dies ist äußerlich der Grund dafür, daß das Kreuzprodukt mit kovarianten Komponenten leichter als mit kontravarianten zu berechnen ist.

Es wurde schon festgestellt, daß H beim Basiswechsel sein Vorzeichen wechselt, wenn die Determinante der Matrix für die Basistransformation negativ ist. *Deshalb wechseln auch die Ergänzungen von* p-*Vektoren bzw.* p-*Kovektoren bei solchen Basistransformationen ihr Vorzeichen. Um dies auszudrücken, nennt man deshalb die Ergänzung eines* p-*Vektors einen Pseudo*-(n − p)-*Kovektor und die Ergänzung eines* p-*Kovektors einen Pseudo*-(n − p)-*Vektor. Insbesondere liefert die Graßmannsche Ergänzung eines* p-*Vektors einen Pseudo*-(n − p)-*Vektor und die Graßmannsche Ergänzung eines* p-*Kovektors einen Pseudo*-(n − p)-*Kovektor.*

Bemerkung.
Es gibt eine praktisch häufig angewandte Beziehung mit der Graßmannschen Ergänzung, die manchmal zu Mißinterpretationen Anlaß gibt. Es sei K(p) ein p-Kovektor und T(p) ein p-Vektor. Dann sind ⊛K(p) bzw. ⊛T(p) entsprechend ein Pseudo-(n – p)-Kovektor bzw. ein Pseudo-(n – p)-Vektor. Man erhält mit den Umformungen, wie sie bei (4.350) gemacht wurden

$$(\circledast K(p), \circledast T(p)) = \operatorname{sign}(g_{NN})\,(K(p), T(p)). \qquad (4.356)$$

Diese Beziehung erregt bei manchen Leuten Ärger. Denn für die rechte Seite sind beliebige Basistransformationen zugelassen, während die linke Seite äußerlich so aussieht, als wären nur solche mit positiver Transformationsdeterminante erlaubt. Dies ist natürlich nicht richtig. Wenn zweimal ein Stern auftritt, heben sich die Vorzeichenwechsel auf. Also sind auch für die linke Seite alle Basiswechsel erlaubt. Anderslautende Bemerkungen in diesem Zusammenhang beruhen i. a. auf der Unkenntnis der Graßmannschen Ergänzung.

5. Differenzierbare Mannigfaltigkeiten

5.1. Differenzierbare Mannigfaltigkeiten der Physik

Wenn man sich in einem n-dimensionalen Vektorraum über dem Körper K eine Basis vorgibt, kann man ihn betrachten als n-tupel-Vektorraum, indem man die Rechnungen durchführt mit den als n-tupel angeordneten Komponenten bezüglich der ausgezeichneten Basis. Dann liegt es nahe, jedes n-fache cartesische Produkt des Körpers K mit sich selbst als Vektorraum aufzufassen. Diese Betrachtungsweise ist aber in der Physik manchmal nicht praktisch. Dies soll hier ausführlich dargelegt werden, da es uns zu den Strukturen führt, für die die hier gebrachte Vektor- und Tensorrechnung wichtige Rechentechniken liefern soll. *Für diesen gesamten Abschnitt soll der Körper* K *immer als Körper der reellen Zahlen betrachtet werden, obwohl manche Aussagen auch für andere Körper gültig bleiben.*

Häufig kann man davon sprechen, daß der Zustand eines physikalischen Systems festgelegt ist, wenn man die Ausschläge eines geeigneten Satzes von Meßgeräten kennt. Nimmt man an, daß man n Meßgeräte benötigt, liegt es nahe, alle Ausschläge zu einem n-tupel zusammenzufassen $(x^1, \ldots, x^n)$. Dieses n-tupel kann man sich veranschaulichen als Punkt des R^n. Die möglichen physikalischen Zustände sind dann eine gewisse Teilmenge M des R^n. Für die hier gebrachten Überlegungen sind die folgenden Beispiele genügend allgemein: Das physikalische System ist ein Gas in einem Behälter, bei dem das Volumen und der Druck gemessen werden. Die Meßwerte sind das Paar (Volumen, Druck). Ersetzt man das Druckmeßgerät durch ein Temperaturmeßgerät, wird der physikalische Zustand beschrieben durch das Paar (Volumen, Temperatur). Wie weitere nützliche Variable eingeführt werden, wird ausführlich in der Thermodynamik (Thermostatik) behandelt. In der Mechanik eines Massenpunkts mißt man mit drei Meßgeräten z.B. den Abstand und zwei Winkel gegen bestimmte festliegende Achsen. Man kann sich auch Meßgeräte denken, mit denen die Koordinaten gewisser rechtwinkliger Parallelprojektionen gemessen werden. Dies sind die üblichen cartesischen Koordinaten eines Massenpunkts.

Schon bei diesen Beispielen erkennt man, daß es üblich ist, den gegebenen Satz von Meßgeräten durch einen gleichwertigen Satz von n Meßgeräten zu ersetzen, der den Zustand genauso gut beschreibt wie der ursprüngliche Meßgerätesatz. Im allgemeinen zeigen die neuen Meßgeräte aber ein anderes n-tupel von Zahlen $(x'^1, \ldots, x'^n)$ an, auch wenn sonst an dem physikalischen System nichts verändert wird. Im einfachsten Fall erhält man einen solchen neuen Satz von Meßgeräten, indem man die Skalen der ursprünglichen Meßgeräte durch veränderte ersetzt. Veranschaulicht man sich die neuen Meßwerte wieder als Punkt des R^n, liefern die möglichen physikalischen Zustände eine Punktmenge M′ des R^n, die mit der ersten nicht übereinzustimmen braucht. Wir wollen annehmen, daß die verschiedenen Sätze von Meßgeräten das physikalische System gleich gut beschreiben. Dies ist der Fall, wenn jedem n-tupel $(x^1, \ldots, x^n)$ der ursprünglichen Meßgeräte genau ein n-tupel $(x'^1, \ldots, x'^n)$ der neuen Meßgeräte entspricht und umgekehrt. Dies kann man gerade durch eine umkehrbare Abbildung von M auf M′ beschreiben. Fährt man in dieser Weise fort, erhält man also: Die möglichen physikalischen Zustände sind bei einem gegebenen

Satz von Meßgeräten eine Teilmenge des R^n und der Wechsel zwischen gleichwertigen Meßgeräten wird beschrieben durch umkehrbar eindeutige Abbildungen zwischen diesen Teilmengen. Zu einem möglichen physikalischen Zustand erhält man so eine Menge von n-tupeln. Wenn man diese Menge von n-tupeln als Äquivalenzklasse festlegen will, kann man dies nicht einfach durch eine Äquivalenzrelation im R^n machen: Ein n-tupel von Meßwerten legt erst dann einen physikalischen Zustand fest, wenn man weiß, mit welchem Satz von Meßgeräten die Werte erhalten wurden. Es kann also durchaus zwei gleiche n-tupel geben, die zu verschiedenen Zuständen gehören, wenn sie nämlich aus verschiedenen Mengen sind, d.h. wenn sie mit unterschiedlichen Sätzen von Meßgeräten erhalten wurden. Wir müssen also jedes n-tupel mit einem Symbol des Meßgerätesatzes zu einem (n + 1)-tupel erweitern. In der Vereinigung dieser (n + 1)-tupel kann man dann die gleichwertigen Zustände durch eine Äquivalenzrelation definieren. Dies geschieht einfach dadurch, daß die umkehrbar eindeutigen Abbildungen zu Abbildungen auf diesen (n + 1)-tupeln erweitert werden, deren zugehörige Abbildungsrelationen als Vereinigung die gesuchte Äquivalenzrelation liefern. Die hiermit definierten Äquivalenzklassen der (n + 1)-tupel wollen wir dann Punkt einer n-dimensionalen Mannigfaltigkeit nennen.

Es sei α eine nichtleere Klasse von Abbildungen, die umkehrbar eindeutig Teilmengen des R^n abbilden, mit den Eigenschaften:

1. Ist f ein Element der Klasse α, ist die Umkehrabbildung f^{-1} ebenfalls eine Element der Klasse α.
2. Ist f_1 aus der Klasse α eine Abbildung von A auf B und das Element f_2 aus der Klasse α eine Abbildung von B auf C, gibt es eine Abbildung f_3 aus α von A auf C mit $f_3 = f_2 \circ f_1$.
3. Sind die Teilmengen A und B des R^n Definitions- oder Bildbereich irgendwelcher Abbildungen der Klasse α, gibt es aus der Klasse α mindestens eine Abbildung f von A auf B

Eine solche Klasse α von Abbildungen soll Klasse von n-dimensionalen *Parametertransformationen (Koordinatentransformationen)* und die zugehörigen Teilmengen des R^n sollen *Karten* genannt werden. Das einfachste Beispiel erhält man, wenn es nur eine Teilmenge A gibt und nur die identische Abbildung Element von α ist.

Es sei A eine Teilmenge des R^n, die als Definitionsbereich einer Abbildung aus α vorkommt. Die Abbildungen der Klasse α, die A als Definitionsbereich haben, sind eine gewisse Teilklasse von α, die mit α_A bezeichnet wird. Mit den Abbildungen aus dieser Teilklasse α_A kann man kennzeichnen, aus welcher Teilmenge ein Punkt des R^n ist, indem man einfach die zugehörige Abbildung f_A hinzufügt, die von A in die Teilmenge führt

$$(f_A, P) = (f_A, (x^1, \ldots, x^n)) = (f_A, x^1, \ldots, x^n) \quad . \tag{5.1}$$

Es handelt sich hier um (n + 1)-tupel der Klasse $\alpha_A \times R^n$. Die Abbildungen f der Klasse α kann man in einfacher Weise zu Abbildungen $\tilde{f}$ auf diesen (n + 1)-tupeln machen, indem man definiert

$$\tilde{f}(f_A, P) = (f \circ f_A, f(P)). \tag{5.2}$$

Es ist $f \circ f_A$ sicher ein Element aus α_A. Hierdurch werden die Abbildungen der Klasse α zu Abbildungen von Teilklassen der Klasse $\alpha_A \times R^n$ auf gewisse Teilklassen von $\alpha_A \times R^n$.

Diese Klasse von Abbildungen soll $\tilde{\alpha}$ genannt werden. Aus jeder Abbildung $\tilde{f}$ aus $\tilde{\alpha}$ kann man sofort durch $\pi(\tilde{f}) = f$ die zugehörige Abbildung aus α erhalten und umgekehrt. Die Abbildungen der Klasse $\tilde{\alpha}$ sind umkehrbar eindeutig und erfüllen 1 bis 3. Darüberhinaus gilt noch:

4. Sind Bild- und Definitionsbereich einer Abbildung $\tilde{f}$ aus $\tilde{\alpha}$ nicht disjunkte Mengen, ist $\tilde{f}$ die Identität.

Die Elemente des Bildbereichs haben das Aussehen $(\pi(\tilde{f}) \circ f_A, \pi(\tilde{f})(P))$, während die Elemente des Definitionsbereichs das Aussehen (f_A, P) haben. Ein Element der einen Menge kann nur dann Element der anderen sein, wenn $\pi(\tilde{f}) \circ f_A = f_A$ ist. Da f_A umkehrbar eindeutig ist, ist dies nur möglich, wenn $\pi(\tilde{f})$ die Identität ist. Dann ist aber auch $\tilde{f}$ die identische Abbildung.

Bemerkung:

Hieraus ergibt sich sofort, daß die Abbildungen der Klasse $\tilde{\alpha}$ nur im allereinfachsten Fall eine Gruppe sein können, da Bild- und Definitionsbereich i.a. nicht übereinstimmen und nicht zwei beliebige Abbildungen „verknüpft", d.h. hintereinandergeschaltet werden können, was eine wichtige Eigenschaft eines Verknüpfungsgebildes ist. Aus dem gleichen Grund ist auch die Klasse α i.a. keine Gruppe.

Die Eigenschaft 4 ist i.a. für die Abbildungen der Klasse α nicht erfüllt. Sie wird aber benötigt, wenn man die Punkte der zu definierenden Mannigfaltigkeit durch eine Äquivalenzrelation definieren will: Es sei **C** die Klasse aller Definitions- bzw. Bildbereiche der Abbildungen der Klasse $\tilde{\alpha}$. Es sind Teilklassen von $\alpha_A \times R^n$. Wegen 3 und 4 gilt, daß es für jedes Paar (B, C) aus **C** × **C** genau ein $\tilde{f}$ aus $\tilde{\alpha}$ gibt, das B auf C abbildet. Es ist klar, daß die Eigenschaften 1 bis 4 unabhängig von der Ausgangsmenge A des R^n sind. Mit den Eigenschaften 1 bis 4 weist man leicht nach, daß die Vereinigung aller zu den Abbildungen $\tilde{\alpha}$ gehörenden Abbildungsrelationen (vgl. S. 4) eine Äquivalenzrelation in der Vereinigung aller Klassen aus **C** ist. Diese Vereinigung aller Klassen aus **C** lautet $\bigcup_{f_A \in \alpha_A} \{f_A\} \times f_A(A)$.

Die zugehörigen Äquivalenzklassen von (n + 1)*-tupeln (aus* $\alpha_A \times R^n$*) nennen wir Punkt oder Element einer* **n-dimensionalen α-Mannigfaltigkeit**. Einen Punkt {[P]} der α-Mannigfaltigkeit gibt man an, indem man einen Repräsentanten zwischen die Klassenbildungssymbole schreibt

$$\{[P]\} = \{[(f_A, P)]\} = \{[(f \circ f_A, f(P))]\}. \tag{5.3}$$

Beim Arbeiten mit α-Mannigfaltigkeiten verwendet man folgende Technik: Man formuliert eine Aussage mit den Variablen einer festen Karte, also mit einer gewissen Teilmenge des R^n. Dann gibt man an, in welcher Weise diese Aussage bzw. die Funktionen, mit denen die Aussage formuliert wird, umzurechnen sind, wenn man die Karte des R^n mit einer der zugelassenen Abbildungen der Klasse α abbildet. Als Beispiel wollen wir den Fall betrachten, daß die Aussage in einer Karte mit einer reellwertigen Funktion g(P) formuliert wird. Es sei f eine Abbildung der Klasse α mit $f(P) = P'$. Dann könnte die Umrechnungsformel lauten

$$g'(P') = g(f^{-1}(P')). \tag{5.4}$$

Wenn bei dieser Umrechnungsvorschrift die betreffende Aussage für alle möglichen Karten zutrifft, spricht man davon, daß sie für die Mannigfaltigkeit zutrifft. Deshalb wird bei den meisten Betrachtungen in einem festen Parametersystem gerechnet und nur eine beliebig gedachte Parametertransformation durchgeführt. Dann setzt man zur Schreibvereinfachung

$$\{[(i, P)]\} = \{[P]\} = \{[(f, f(P))\} = \{[f(P)]\} = \{[P']\}. \tag{5.5}$$

Hier bezeichnet i die Identität. Häufig werden auch die Klassenbildungssymbole $\{[\ ]\}$ weggelassen, weil meist aus dem Zusammenhang ersichtlich ist, ob ein n-tupel Repräsentant eines Punktes oder Punkt der α-Mannigfaltigkeit ist. Trotz der Schreibweise $P' = (x'^1, \ldots, x'^n)$ ist zu beachten, daß es nicht ausreicht, zur Unterscheidung der n-tupel verschiedener Parametersysteme nur die Buchstaben des n-tupels mit einem Kartenindex zu versehen. Wenn man nämlich für x'^i die möglichen Zahlen einsetzt, ist nicht mehr zu erkennen, zu welchem Parametersystem dieses n-tupel gehört. Für die Bildung der Äquivalenzklassen ist also das Kartensymbol immer neben dem n-tupel aufzuführen.

Als Beispiel einer einfachen α-Mannigfaltigkeit soll die Transformation von cartesischen auf Polarkoordinaten behandelt werden. Es sind $M_1 = \{(x, y, z) \mid (x, y) \neq (0, 0)\}$ und $M_2 = \{(r, \theta, \phi \mid r > 0, 0 < \vartheta < \pi, 0 \leqslant \phi < 2\pi\}$ die möglichen Teilmengen des R^3. Die Klasse α besteht aus den identischen Abbildungen und den Abbildungen, die gegeben sind durch

$$\begin{aligned} x &= r \sin\theta \cos\phi \qquad & r &= \sqrt{x^2 + y^2 + z^2} \\ y &= r \sin\theta \sin\phi & \theta &= \arccos \frac{z}{\sqrt{x^2 + y^2 + z^2}} \\ z &= r \cos\theta & \phi &= \begin{cases} \arccos \dfrac{x}{\sqrt{x^2 + y^2}} & \text{für } y \geqslant 0 \\ 2\pi\text{-}\arccos \dfrac{x}{\sqrt{x^2 + y^2}} & \text{für } y < 0 \end{cases} \end{aligned} \tag{5.6}$$

Ein Punkt der zugehörigen α-Mannigfaltigkeit ist also gegeben durch

$$\begin{aligned} \{[P]\} &= \{[(x, y, z)]\} = \{[(r\sin\theta \cos\phi, r\sin\theta \sin\phi, r\cos\theta)]\} \\ &= \{[(r, \theta, \phi)]\} = \left\{\left[\left(\sqrt{x^2 + y^2 + z^2}, \arccos \frac{z}{\sqrt{x^2 + y^2 + z^2}}, \phi(x, y, z)\right)\right]\right\} \end{aligned} \tag{5.7}$$

Man erkennt an diesem Beispiel, daß es wichtig ist, zur Kennzeichnung des Zahlentripels (1, 2, 3) anzugeben, ob es aus M_1 oder M_2 ist. Außerdem erkennt man sofort, daß es nicht viel Sinn hat, (r, θ, ϕ) als Elemente eines 3-tupel-Vektorraums zu betrachten, da die komponentenweise Addition nicht mit der Parametertransformation vertauschbar ist. Denn für $i = 1, 2$ folgt aus

$$\{[(x_i, y_i, z_i)]\} = \{[(r_i, \theta_i, \phi_i)]\} \tag{5.8}$$

nicht die Gleichheit von $\{[(x_1 + x_2, y_1 + y_2, z_1 + z_2)]\}$ und

$\{[(r_1 + r_2, \theta_1 + \theta_2, \phi_1 + \phi_2)]\}$.

Man unterscheidet unterschiedliche Typen von α-Mannigfaltigkeiten nach Eigenschaften der Klasse α der Parametertransformationen. Die Mannigfaltigkeiten erhalten dann die entsprechenden Namen:

a) stetig: (stetige) n-dimensionale Mannigfaltigkeiten,
b) (k-mal stetig) differenzierbar nach allen Variablen: (k-mal) differenzierbare Mannigfaltigkeit C_k,
c) analytisch, d.h. nach Potenzreihen entwickelbar: analytische Mannigfaltigkeiten,
d) linear: lineare Mannigfaltigkeiten.

Die entsprechenden Eigenschaften sind für die durch (5.4) definierten Funktionen der Parametersysteme unabhängig vom speziellen Parametersystem. Hat g(P) für P aus A die zu α gehörende Eigenschaft stetig, analytisch usw., hat $g'(P') = g(f^{-1}(P'))$ ebenfalls diese Eigenschaft. Man nennt sie eine Eigenschaft einer auf der Mannigfaltigkeit definierten Funktion.

Bemerkung:

Die hier gegebene Definition einer Mannigfaltigkeit weicht äußerlich etwas von den meisten in der Mathematik gebräuchlichen Definitionen ab. Üblicher ist meist, daß eine Mannigfaltigkeit ein separierter topologischer Raum ist (topologischer Hausdorff-Raum), bei dem jeder Punkt eine zum R^n homöomorphe Umgebung besitzt (vgl. z.B. [22], S. 66). In der Praxis wirkt sich das meist so aus, daß man die untersuchte Umgebung umkehrbar eindeutig und stetig auf eine offene Teilmenge des R^n abbildet und die Betrachtungen in dieser Teilmenge durchführt. Man nennt diese Teilmenge (oft auch die Abbildung) eine *Karte* der Umgebung. Um zu sichern, daß die Betrachtungen unabhängig von der speziell gewählten Karte sind, muß man noch einen Kartenwechsel betrachten. Dafür werden – wie bei der in diesem Text gegebenen Definition – gewisse umkehrbar eindeutige Abbildungen zugelassen. Man erkennt also, daß im Rahmen dieser Sprechweise die im Text gebrachte Definition darauf hinausläuft, die Klasse aller gleichwertigen Karten einer Umgebung als Mannigfaltigkeit zu bezeichnen und auf die abstrakte Punktmenge zu verzichten. Normalerweise verwendet man mehrere Karten, einen *Atlas*, um die Mannigfaltigkeit zu überdecken. Wenn dann gewisse Karten gemeinsame Punktmengen überdecken, müssen sie wie beim Parameterwechsel verträglich sein. Diese Konstruktion wäre bei der hier gegebenen Definition auch durchführbar, wird aber für die physikalischen Anwendungen meist nicht benötigt und läßt die Formulierungen unnötig kompliziert erscheinen. Der Grund für den Verzicht auf den separierten topologischen Raum liegt einmal daran, daß die hier gebrachte Formulierung für die in der Physik wichtigsten Mannigfaltigkeiten, die *Maßmannigfaltigkeiten* (vgl. [6]), sofort zu übernehmen ist, zum anderen ist der abstrakte Hausdorff-Raum in der physikalischen Praxis oft gar nicht so leicht angebbar, wie man schon an einem einfachen Beispiel erkennt: Es sei die Erdoberfläche die Mannigfaltigkeit. Die Landkarten von Teilen der Erdoberfläche sind die Karten. Alle Karten sind ein Atlas. Davon zu sprechen, daß die Karten umkehrbar eindeutig und stetig die Erdoberfläche abbilden, ist sicher unsinnig. Dagegen kann es durchaus vernünftige Aussagen geben, die man mit gleichwertigen Karten sinnvoll formulieren kann. Das Formulieren in gleichwertigen Karten hat den Vorteil, daß das in der Praxis immer vorhandene endliche Auflösungsvermögen der Karten in gewisser Hinsicht automatisch berücksichtigt wird. Entsprechend liefern die Meßwerte-n-tupel die Karten, mit denen die physikalischen Zustände gekennzeichnet werden, ohne daß wir annehmen, daß die „wirklichen" physikalischen Zustände Elemente eines topologischen Hausdorff-Raums sind. Man kann in der physikalischen Literatur bequem die hier gegebene Definition für die Mannigfaltigkeiten verwenden, ohne zu Widersprüchen zu kommen. Schon bei der Verwendung der stetigen Mannigfaltigkeiten in der Physik sollte man sich aber die folgenden grundsätzlichen Probleme klarmachen: Die Aussage stetig ist sinnvoll, wenn man weiß, welche Topologie des R^n gewählt wurde. Es wird deshalb stillschweigend angenommen, daß der R^n die übliche Topologie hat. Dann ist die Stetigkeit aber erst definierbar, wenn alle Punkte einer geeigneten Umgebung eines Punktes $(x^1, \ldots, x^n)$ mögliche physikalische Zustände beschreiben. Dies läßt sich experimentell natürlich nicht kontrollieren und ist als Modellvorstellung zu betrachten. Ein weiteres Problem besteht darin, daß eine Messung wegen des unvermeidlichen Meßfehlers eigentlich keinen Punkt P, sondern so etwas wie einen Quader liefert. Einen Punkt P bekäme man erst, wenn man grundsätzlich für jede Festlegung eines physikalischen Zustandes eine Folge von unendlich vielen Messungen angeben könnte, bei denen der Meßfehler gegen Null geht. Dies ist natürlich unmöglich. Bei diesen prinzipiellen Schwierigkeiten liegt es nahe, einen festgestellten physikalischen Zustand nicht durch einen Punkt, sondern durch einen Quader mit endlichem Lebesgue-Borel-Maß zu kennzeichnen (für diesen Begriff vgl. z. B. [2]). Wie man – ausgehend von diesen Überlegungen – zur Struktur der Maßmannigfaltigkeit geführt wird, wenn man genau untersucht, wie physikalische Aussagen formuliert werden können, ist von mir an anderer Stelle ausführlich behandelt worden [6]. Diese Überlegungen führen nicht nur auf einfache Weise zu den mathematischen Strukturen der Quantentheorie, sondern zeigen einfache Erweiterungsmöglichkeiten der üblichen Quantentheorie. Die Beziehung der Theorie der Maßmannigfaltigkeiten zu der hier beabsichtigten Darstellung der Rechnung in differenzierbaren Mannigfaltigkeiten kann man in folgender Weise skizzieren: Handelt es sich bei den physikalischen Aussagen um Wahrscheinlichkeitsaussagen über gewisse Teilmengen der Mannigfaltigkeit und können nur die Teilmengen eines Parametersystems mit positivem Lebesgue-Borel-Maß eine positive Wahrscheinlichkeit haben, kann man die Aussagen mit ausreichender Genauigkeit durch beliebig differenzierbare Lebesgue-Borel-Dichten angeben. Solche Funktionen sind für die hier behandelten Mannigfaltigkeiten mit den Eigenschaften a) bis d) definierbar.

5.2. Tangentiale Vektorbündel und Vektorfelder

Für eine allgemeine α-Mannigfaltigkeit hat es nicht viel Sinn, den Punkt P eines Parametersystems als Element eines n-tupel-Vektorraums zu betrachten, da die komponentenweisen Verknüpfungen i.a. nicht mit den Parametertransformationen vertauschen. In den linearen Mannigfaltigkeiten ist die Situation etwas günstiger. Zwar kann man in ihnen i.a. nicht die Punkte bzw. n-tupel der Parametersysteme als Elemente eines n-tupel-Vektorraums betrachten, aber für die komponentenweisen Differenzen

$$P_2 - P_1 = (x_2^1 - x_1^1, \ldots, x_2^n - x_1^n) \tag{5.9}$$

ist dies möglich: Man überprüft sofort, daß in linearen Mannigfaltigkeiten nur dann die Parametertransformationen nicht mit der komponentenweisen Addition der Punkte vertauschen, wenn die lineare Abbildung nicht homogen ist. Die Inhomogenität fällt beim Bilden von $P_2 - P_1$ gerade weg. Man definiert deshalb eine n-dimensionale lineare Mannigfaltigkeit auch als Punktmenge, für die die Differenzen der Punkte Elemente eines n-dimensionalen Vektorraums sind und die Summe eines Punktes und eines Vektors immer ein Punkt ist. Insbesondere wenn es sich bei dem n-dimensionalen Vektorraum nicht um den R^n handeln muß, bevorzugt man bei dieser Definition für die lineare Mannigfaltigkeit die Bezeichnung *affiner (Punkt-) Raum*. Manchmal findet man als Definition eines affinen Raums auch die Kennzeichnung, daß es eine lineare Mannigfaltigkeit mit einem ausgezeichneten Punkt O ist, der in jedem Parametersystem gleich ist. Man nennt diesen Punkt den *Koordinatenursprung*. Dadurch werden die linearen Transformationen auf die homogenen eingeschränkt, und die Punkte werden zu Ortsvektoren. In diesem Fall wird die Mannigfaltigkeit tatsächlich zu einem n-tupel-Vektorraum.

In nicht notwendig linearen Mannigfaltigkeiten kann man nicht einmal die Differenzen zweier Punkte i.a. als Elemente eines n-tupel-Vektorraums auffassen. Anders ist dies mit den Differentialquotienten längs eines Parameterwegs. Einen *Parameterweg* nennen wir eine Abbildung eines reellen Intervalls $a \leqslant t \leqslant b$ in eine Karte (Teilmenge des R^n)

$$P(t) = (x^1(t), \ldots, x^n(t)), a < b, a \leqslant t \leqslant b. \tag{5.10}$$

wenn die Funktionen $x^i(t)$ die Differenzierbarkeitseigenschaften der Klasse α haben. Die Ableitungen von $x^i(t)$ nach t für festes t_0 kann man als Element eines n-tupel-Vektorraums betrachten, bei dem die komponentenweise definierten Verknüpfungen mit den Parametertransformationen vertauschen. Um dies zu überprüfen, ist die Angabe nötig, wie der gegebene Parameterweg in ein anderes Parametersystem umzurechnen ist. Dies soll mit einer Parametertransformation f der Klasse α in der folgenden Weise geschehen:

$$\begin{aligned} P'(t) &= (x'^1(t), \ldots, x'^n(t)) = f(P(t)) = \\ &= (f^1(P(t)), \ldots, f^n(P(t))). \end{aligned} \tag{5.11}$$

Für festes t sind die zugehörigen um die Abbildung aus α_A erweiterten (n + 1)-tupel gerade die Repräsentanten eines Punktes der α-Mannigfaltigkeit. Diese Klasse aller durch (5.11) gegebenen Parameterwege wird deshalb *parametrisierter Weg* $\{[P(t)]\}$ *der α-Mannigfaltigkeit genannt.*

Es sei ein weiterer Parameterweg $\widetilde{P}(s)$ gegeben, der für $s = s_0$ durch den gleichen Punkt $P_0 = P(t_0)$ geht wie der Parameterweg $P(t)$

$$\widetilde{P}(s) = (\widetilde{x}^1(s), \ldots, \widetilde{x}^n(s)) \quad \text{mit} \quad \widetilde{a} < \widetilde{b}, \widetilde{a} \leqslant s \leqslant \widetilde{b}, \widetilde{P}(s_0) = P(t_0). \tag{5.12}$$

In dem gestrichenen Parametersystem lautet dieser Parameterweg

$$\widetilde{P}'(s) = f(\widetilde{P}(s)). \tag{5.13}$$

Für das n-tupel der Ableitungen der $x^i(t)$ nach t an der Stelle t_0, bzw. der $\widetilde{x}^i(s)$ an der Stelle s_0 wollen wir schreiben

$$\left.\frac{dP}{dt}\right|_{t=t_0} = \left(\left.\frac{dx^1}{dt}\right|_{t=t_0}, \ldots, \left.\frac{dx^n}{dt}\right|_{t=t_0}\right), \quad \left.\frac{d\widetilde{P}}{ds}\right|_{s=s_0} = \left(\left.\frac{d\widetilde{x}^1}{ds}\right|_{s=s_0}, \ldots, \left.\frac{d\widetilde{x}^n}{ds}\right|_{s=s_0}\right). \tag{5.14}$$

Damit erhält man mit der Kettenregel für die entsprechenden Ableitungen in dem gestrichenen Parametersystem

$$\begin{aligned} &\left.\frac{dP'}{dt}\right|_{t=t_0} + a\left.\frac{d\widetilde{P}'}{ds}\right|_{s=s_0} = \\ &= \left(\left.\frac{\partial f^1}{\partial x^k}\right|_{P=P(t_0)} \left.\frac{dx^k}{dt}\right|_{t=t_0}, \ldots, \left.\frac{\partial f^n}{\partial x^k}\right|_{P=P(t_0)} \left.\frac{dx^k}{dt}\right|_{t=t_0}\right) \\ &\quad + a\left(\left.\frac{\partial f^1}{\partial x^k}\right|_{P=\widetilde{P}(s_0)} \left.\frac{d\widetilde{x}^k}{ds}\right|_{s=s_0}, \ldots, \left.\frac{\partial f^n}{\partial x^k}\right|_{P=\widetilde{P}(s_0)} \left.\frac{d\widetilde{x}^k}{ds}\right|_{s=s_0}\right) \\ &= \left(\left.\frac{\partial f^1}{\partial x^k}\right|_{P=P_0} \left(\left.\frac{dx^k}{dt}\right|_{t=t_0} + a\left.\frac{d\widetilde{x}^k}{ds}\right|_{s=s_0}\right), \ldots, \left.\frac{\partial f^n}{\partial x^k}\right|_{P=P_0} \left(\left.\frac{dx^k}{dt}\right|_{t=t_0} + a\left.\frac{d\widetilde{x}^k}{ds}\right|_{s=s_0}\right)\right). \end{aligned} \tag{5.15}$$

Hier wurde für k die Summationskonvention verwendet. Dies soll für den gesamten folgenden Text auch für die geordneten Indexmengen vereinbart sein, auch wenn nicht besonders darauf hingewiesen wird. Man erkennt, daß die Umrechnung in das andere Parametersystem mit der komponentenweisen Verknüpfung verträglich ist, da die Parameterwege durch den gleichen Punkt P_0 gehen. Die n-tupel der partiellen Ableitungen aller möglichen Parameterwege durch den Punkt P kann man also bei der komponentenweise definierten Verknüpfung als n-tupel-Vektorraum V_{P_0} betrachten, wenn die Umrechnung beim Parameterwechsel mit

$$\frac{dx'^i}{dt} = \left.\frac{\partial f^i}{\partial x^k}\right|_{P=P(t)} \frac{dx^k}{dt} \tag{5.16}$$

durchgeführt wird. Für die n-tupel dieser Differentialquotienten ist es nötig zu wissen, an welcher Stelle und mit welchem Parametersystem sie gebildet werden. Deshalb fügen wir dem n-tupel der Differentialquotienten den Punkt P hinzu und die Abbildung f_A der Klasse α_A, die das Parametersystem kennzeichnet, und nennen

$$v = \left(f_A, P_0, \left.\left(\frac{dx^1}{dt}, \ldots, \frac{dx^n}{dt}\right)\right|_{t=t_0} \right) \tag{5.17}$$

den *Tangentialvektor bzw. Tangentenvektor an den Parameterweg* P(t). Beim Parameterwechsel mit der Abbildung f aus α erhält man mit (5.16) als Tangentialvektor an der gleichen Stelle

$$\begin{aligned} v' &= \left(f \circ f_A, f(P_0), \left.\frac{\partial f}{\partial x^k}\right|_{P=P_0} \left.\frac{dx^k}{dt}\right|_{t=t_0} \right) = \\ &= \left(f \circ f_A, P'_0, \left.\left(\frac{dx'^1}{dt}, \ldots, \frac{dx'^n}{dt}\right)\right|_{t=t_0} \right). \end{aligned} \tag{5.18}$$

Ein Tangentialvektor des durch f_A gekennzeichneten Parametersystems $B = f_A(A)$ ist also ein Element des cartesischen Produkts $\{f_A\} \times B \times R^n$. Diese Menge hat als Elemente alle möglichen Tangentialvektoren des Parametersystems und heißt *Tangentialvektorbündel des Parametersystems* $B = f_A(A)$. Da P ein n-tupel ist, handelt es sich bei den Elementen des Tangentialvektorbündels um (2n + 1)-tupel, für die die Verknüpfungen für feste f_A und P in den letzten n Komponenten definiert werden:

$$\begin{aligned} v + aw &= (f_A, P, (v^1, \ldots, v^n)) + a(f_A, P, (w^1, \ldots, w^n)) \\ &= (f_A, P, (v^1 + aw^1, \ldots, v^n + aw^n)). \end{aligned} \tag{5.19}$$

Für festes P sind also die Elemente des Tangentialvektorbündels des Parametersystems $f_A(A)$ Elemente des n-dimensionalen *Tangentialvektorraums* des Parametersystems.

Bemerkung:
Es wird versucht, die Repräsentanten von den zugehörigen Äquivalenzklassen auch in der Bezeichnung leicht zu unterscheiden, obwohl es normalerweise nicht üblich ist. Für die Repräsentanten wird hier das zusammengesetzte Wort wie Parameterweg, Tangentialvektor usw. gewählt, bei den Äquivalenzklassen der entsprechend mit dem Adjektiv gebildete Begriff wie parametrisierter Weg, tangentialer Vektor usw.

Man kann (5.18) auch betrachten als Funktionswert einer Abbildung für die Tangentialvektorbündel verschiedener Parametersysteme. Diese Abbildungen

$$\tilde{f}_{2n}(f_A, P, (v^1, \ldots, v^n)) = \left(f \circ f_A, f(P), \left.\frac{\partial f}{\partial x^k}\right|_P v^k\right) \tag{5.20}$$

fassen wir zusammen zur Klasse $\tilde{\alpha}_{2n}$. Die zugehörigen Abbildungen

$$f_{2n}(P, (v^1, \ldots, v^n)) = \left(f(P), \left.\frac{\partial f}{\partial x^k}\right|_P v^k\right) \tag{5.21}$$

bilden umgekehrt eindeutig Teilmengen des R^{2n} auf Teilmengen des R^{2n} ab. Sie bilden eine Klasse α_{2n}, die die Eigenschaften 1 bis 3 der S. 102 hat, wobei der R^n durch den R^{2n} ersetzt wurde. Die Klasse $\tilde{\alpha}_{2n}$ hat die Eigenschaften 1 bis 4. Es kann deshalb in der Vereinigung aller Tangentialvektorbündel der verschiedenen Parametersysteme

$$\bigcup_{f_A \in \alpha_A} \{f_A\} \times \{f_A(A)\} \times R^n \tag{5.22}$$

wie in Abschnitt 5.1 eine Äquivalenzrelation definiert werden. Die zugehörigen Äquivalenzklassen sind Elemente dieser α_{2n}-Mannigfaltigkeit, die *tangentiales Vektorbündel der α-Mannigfaltigkeit* genannt wird. Die Elemente des tangentialen Vektorbündels der α-Mannigfaltigkeit sind Klassen gleichwertiger Tangentialvektoren der Parametersysteme. Da die Abbildungen der Klasse α_{2n} für die zweite Hälfte der Variablen homogen und linear sind, kann man die Elemente des tangentialen Vektorbündels für einen festen Punkt $\{[P]\}$ als Elemente eines n-dimensionalen Vektorraums betrachten, indem man die Verknüpfungen für die Äquivalenzklassen über die Repräsentanten des gleichen Parametersystems definiert. Diese Definition ist aus dem angeführten Grund unabhängig von dem speziell gewählten Parametersystem:

$$\begin{aligned}
&\{[(f_A, P, (v^1, \ldots, v^n))]\} + a\,\{[(f_A, P, (w^1, \ldots, w^n))]\}\\
&= \{[(f_A, P, (v^1, \ldots, v^n)) + a\,(f_A, P, (w^1, \ldots, w^n))]\}\\
&= \{[f_A, P, (v^1 + aw^1, \ldots, v^n + aw^n))]\}\\
&= \left\{\left[\left(f \circ f_A, f(P), \left.\frac{\partial f}{\partial x^k}\right|_P (v^k + aw^k)\right)\right]\right\}\\
&= \left\{\left[\left(f \circ f_A, f(P), \left.\frac{\partial f}{\partial x^k}\right|_P v^k\right) + a\left(f \circ f_A, f(P), \left.\frac{\partial f}{\partial x^k}\right|_P w^k\right)\right]\right\}\\
&= \left\{\left[\left(f \circ f_A, f(P), \left.\frac{\partial f}{\partial x^k}\right|_P v^k\right)\right]\right\} + a\left\{\left[\left(f \circ f_A, f(P), \left.\frac{\partial f}{\partial x^k}\right|_P w^k\right)\right]\right\}.
\end{aligned} \tag{5.23}$$

Für einen bestimmten Punkt $\{[P]\}$ der α-Mannigfaltigkeit erhält man so einen n-dimensionalen Vektorraum, der *tangentialer Vektorraum* $V_{\{[P]\}}$ *der α-Mannigfaltigkeit am Punkt* $\{[P]\}$ genannt wird. *Das tangentiale Vektorbündel kann man also als Vereinigung aller dieser tangentialen Vektorräume für alle Punkte der Mannigfaltigkeit betrachten.*

Es liegt nahe, in

$$(f_A, P, (v^1, \ldots, v^n)) \qquad \text{bzw.} \qquad \{[(f_A, P, (v^1, \ldots, v^n))]\} \tag{5.24}$$

den Punkt P als unabhängige Veränderliche einer Abbildung des Parametersystems in die Tangentialvektorbündel zu lesen, also (5.24) als Funktionswerte solcher Abbildungen. Wenn man das Umrechnen dieser Abbildungen in andere Parametersysteme durch (5.20) festlegt, erkennt man, daß dann die Funktionswerte $\{[(f_A, P, (v^1, \ldots, v^n))]\}$ für alle Repräsentanten eines Punktes der α-Mannigfaltigkeit übereinstimmen. Man kann sie also als Funktionswerte einer Abbildung der α-Mannigfaltigkeit in ihr tangentiales Vektorbündel an der Stelle $\{[(f_A, P)]\}$ betrachten. Eine solche Abbildung der α-Mannigfaltigkeit in ihr tangentiales Vektorbündel nennt man ein *tangentiales Vektorfeld der α-Mannigfaltigkeit.* Bei einem solchen tangentialen Vektorfeld handelt es sich also um eine gewisse Klasse von Abbildungen der Parametersysteme in deren Tangentialvektorbündel, wobei die verschiedenen Repräsentanten eines Punktes der α-Mannigfaltigkeit als Bilder Repräsentanten eines Vektors des tangentialen Vektorbündels haben. Der Funktionswert eines tangentialen Vektorfeldes ist Element eines n-dimensionalen Vektorraums. Macht man dagegen alle möglichen Abbildungen in der üblichen Weise über die argumentweise Definition der Verknüpfungen zu einem Vektorraum, erhält man sicher einen unendlich-dimensionalen Vektorraum, da eine differenzierbare Mannigfaltigkeit nicht nur endlich viele Elemente haben kann.

Für die Tangentenvektoren längs der Koordinatenlinien

$$P_i(t) = \begin{cases} x^i = t \\ x^k = c^k \quad \text{für } k \neq i \quad (\text{die } c^k \text{ sind Konstanten}) \end{cases} \tag{5.25}$$

sind besondere Bezeichnungen üblich:

$$\left.\frac{dP_i(t)}{dt}\right|_{t=t_0} = (f_A, P_0, (\overset{1}{0}, \ldots, \overset{i}{1}, \ldots, \overset{n}{0})) = \left(f_A, P_0, \left.\frac{\partial P}{\partial x^i}\right|_{P=P_0}\right) = \mathbf{b}_i. \tag{5.26}$$

Diese Tangentenvektoren sind in jedem Punkt für die möglichen $i = 1, \ldots, n$ linear unabhängig, da aus

$$a^i \mathbf{b}_i = 0 \tag{5.27}$$

folgt

$$(f_A, P_0, (a^1, \ldots, a^n)) = (f_A, P_0, (0, \ldots, 0)), \tag{5.28}$$

also $a^i = 0$. Wegen

$$\left.\frac{dP(t)}{dt}\right|_{t=t_0} = \left(f_A, P(t_0), \left.\left(\frac{dx^1}{dt}, \ldots, \frac{dx^n}{dt}\right)\right|_{t=t_0}\right) = \tag{5.29}$$

$$= \left.\frac{dx^i}{dt}\right|_{t=t_0} \left(f_A, P(t_0), \left.\frac{\partial P}{\partial x^i}\right|_{P=P_0}\right) = \left.\frac{dx^i}{dt}\right|_{t=t_0} \mathbf{b}_i$$

läßt sich jeder Tangentenvektor als Linearkombination dieser Vektoren schreiben, also sind sie eine Basis des Tangentialvektorraums V_{P_0} für den Punkt P_0. Diese Aussage bleibt wegen der Definition der Verknüpfungen über die Repräsentanten (5.23) auch gültig für die entsprechenden Elemente des tangentialen Vektorbündels der α-Mannigfaltigkeit. Die Vektoren $\mathbf{b}_i$ bzw. die zugehörigen Äquivalenzklassen heißen *natürliche Basisvektoren für das Parametersystem.* Der wesentliche Unterschied zwischen den Vektoren $\mathbf{b}_i$ und den zugehörigen Äquivalenzklassen $\{[\mathbf{b}_i]\}$ ist darin zu sehen, daß die $\mathbf{b}_i$ für die verschiedenen Parametersysteme in *disjunkten* Mengen liegen, während die Äquivalenzklassen in jedem Parametersystem einen Repräsentanten für den *gleichen* tangentialen Vektor haben. Wenn f nicht die identische Abbildung ist, sind

$$\mathbf{b}'_k = \left(f \circ f_A, f(P_0), \frac{\partial P'}{\partial x'^k}\right) \quad \text{und} \quad \mathbf{b}_i = \left(f_A, P_0, \frac{\partial P}{\partial x^i}\right) \tag{5.30}$$

Elemente disjunkter Vektorräume, während $\{[\mathbf{b}'_k]\}$ und $\{[\mathbf{b}_i]\}$ für den gleichen Punkt $\{[P_0]\}$ der α-Mannigfaltigkeit Elemente des gleichen Vektorraums des tangentialen Vektorbündels sind. Da es sich bei den letzteren in beiden Fällen um Basissysteme handelt, lassen sie sich jeweils als Linearkombinationen der anderen schreiben. Mit der Umrechnungsregel für Repräsentanten und (5.23) erhält man

$$\begin{aligned}\{[\mathbf{b}'_k]\} &= \left\{\left[\left(f \circ f_A, f(P_0), \frac{\partial P'}{\partial x'^k}\right)\right]\right\} = \left\{\left[\left(f_A, P_0, \left.\frac{\partial f^{-1}}{\partial x'^j}\right|_{P' = f(P_0)} \frac{\partial x'^j}{\partial x'^k}\right)\right]\right\} \\ &= \left\{\left[\left(f_A, P_0, \left.\frac{\partial f^{-1}}{\partial x'^k}\right|_{P' = f(P_0)}\right)\right]\right\} = \left.\frac{\partial f^{-1 i}}{\partial x'^k}\right|_{P' = f(P_0)} \left\{\left[\left(f_A, P_0, \frac{\partial P}{\partial x^i}\right)\right]\right\},\end{aligned} \tag{5.31}$$

$$\begin{aligned}\{[\mathbf{b}_i]\} &= \left\{\left[\left(f_A, P_0, \frac{\partial P}{\partial x^i}\right)\right]\right\} = \left\{\left[\left(f \circ f_A, f(P_0), \left.\frac{\partial f}{\partial x^k}\right|_{P = P_0} \frac{\partial x^k}{\partial x^i}\right)\right]\right\} \\ &= \left\{\left[\left(f \circ f_A, f(P_0), \left.\frac{\partial f}{\partial x^i}\right|_{P = P_0}\right)\right]\right\} = \left.\frac{\partial f^k}{\partial x^i}\right|_{P = P_0} \left\{\left[\left(f \circ f_A, P'_0, \frac{\partial P'}{\partial x'^k}\right)\right]\right\}.\end{aligned} \tag{5.32}$$

Da f die ungestrichenen in die gestrichenen, bzw. f^{-1} die gestrichenen in die ungestrichenen Variablen abbildet, kann man etwas einprägsamer schreiben

$$\frac{\partial f^k}{\partial x^i} = \frac{\partial x'^k}{\partial x^i} = (x', x)^k_i \tag{5.33}$$

und

$$\frac{\partial f^{-1\,i}}{\partial x'^k} = \frac{\partial x^i}{\partial x'^k} = (x, x')^i_k. \tag{5.34}$$

Hiermit kann man für (5.31, 32) schreiben

$$\{[\mathbf{b}'_k]\} = (x, x')^i_k\big|_{P' = f(P_0)} \{[\mathbf{b}_i]\}, \quad \{[\mathbf{b}_i]\} = (x', x)^k_i\big|_{P = P_0} \{[\mathbf{b}'_k]\}. \tag{5.35}$$

Leichter lassen sich diese Formeln merken, wenn man setzt

$$\{[b'_k]\} = \frac{\partial}{\partial x'^k}, \quad \{[b_i]\} = \frac{\partial}{\partial x^i}\,. \tag{5.36}$$

Dann erhält man für (5.35)

$$\frac{\partial}{\partial x'^k} = (x, x')^i_k\Big|_{P' = f(P_0)} \frac{\partial}{\partial x^i} \quad \text{bzw.} \quad \frac{\partial}{\partial x^i} = (x', x)^k_i\Big|_{P = P_0} \frac{\partial}{\partial x'^k}\,. \tag{5.37}$$

Der Vorteil bei dieser Bezeichnungsweise der natürlichen Basisvektoren liegt darin, daß sie mit der Kettenregel als Merkhilfe für das Umrechnen von Tangentialvektorfeldern für die verschiedenen Parametersysteme dient. Von den natürlichen Basisvektoren zu den Vektorfeldern der natürlichen Basisvektoren gelangt man sofort, wenn man sich P_0 variabel denkt und einfach „an der Stelle $P = P_0$" wegläßt. Der Repräsentant eines Vektorfeldes sei gegeben durch eine Linearkombination der natürlichen Basisvektoren an jedem Punkt. Dies kann man schreiben als

$$\mathbf{v}(P) = a^i(x^1, \ldots, x^n)\,\mathbf{b}_i = a^i(P)\,\mathbf{b}_i. \tag{5.38}$$

Da der Übergang zur Äquivalenzklasse mit den Linearkombinationen an jedem festen Punkt vertauscht, erhält man hieraus

$$\{[\mathbf{v}(P)]\} = a^i(x^1, \ldots, x^n)\,\{[\mathbf{b}_i]\} = a^i(P)\,\frac{\partial}{\partial x^i}\,. \tag{5.39}$$

Um das Feld in den gestrichenen Variablen zu erhalten, muß man (5.37) einsetzen:

$$\{[\mathbf{v}(P)]\} = a^i(P)\,(x', x)^k_i\,\frac{\partial}{\partial x'^k}\,. \tag{5.40}$$

Dies muß noch für die gestrichenen Parameter geschrieben werden:

$$\{[\mathbf{v}(P')]\} = \Big[a^i(P)\,(x', x)^k_i\Big]_{P = f^{-1}(P')} \frac{\partial}{\partial x'^k} = a'^k(P')\,\frac{\partial}{\partial x'^k}. \tag{5.41}$$

Die entsprechende Rechnung für die inverse Transformation lautet:

$$a'^k\,\frac{\partial}{\partial x'^k} = a'^k(P')\,(x, x')^i_k\Big|_{P' = f(P)} \frac{\partial}{\partial x^i} = a^i(P)\,\frac{\partial}{\partial x^i}\,. \tag{5.42}$$

Hieraus folgen für die Komponenten die Umrechnungsformeln

$$a'^k(P') = a^i(P)\,(x', x)^k_i\Big|_{P = f^{-1}(P')} \quad \text{bzw.} \quad a^i(P) = a'^k(P')\,(x, x')^i_k\Big|_{P' = f(P)}. \tag{5.43}$$

Mit (5.33, 34) ist dies gerade die in (5.20) angegebene Abbildungsvorschrift für die Komponenten der Repräsentanten. Die aus (5.43) bzw. (5.37) folgende Gleichung

$$(x, x')^i_j\Big|_{P' = f(P)} (x', x)^j_k = \delta^i_k \tag{5.44}$$

ist nichts anderes als die Kettenregel der Differentialrechnung, angewandt auf $f^{-1} \circ f$. Differenziert man nämlich

$$f^{-1\,i}(f(x^1, \ldots, x^n)) \equiv x^i \tag{5.45}$$

partiell nach x^k, erhält man mit der Kettenregel

$$\left.\frac{\partial f^{-1i}}{\partial x'^j}\right|_{P'=f(P)} \frac{\partial f^j}{\partial x^k} = (x, x')^i_j\Big|_{P'=f(P)} (x', x)^j_k = \delta^i_k . \tag{5.46}$$

5.3. Tangentiale Kovektorbündel und allgemeine Vektorfelder

Es sei $g(x^1, \ldots, x^n) = g(P)$ eine reellwertige differenzierbare Funktion der Variablen eines Parametersystems, die mit der Umrechnungsvorschrift für den Wechsel des Parametersystems

$$g'(P') = g(f^{-1}(P')), \quad g(f^{-1} \circ f(P)) = g(P) \tag{5.47}$$

zu einer Funktion auf der α-Mannigfaltigkeit wird. Man kann mit ihr eine Funktion auf dem parametrisierten Weg der α-Mannigfaltigkeit definieren. Mit der Umrechnungsformel für die Parameterwege (5.11) erhält man nämlich

$$g_W(t) = g'(P'(t)) = g'(f(P(t)) = g(f^{-1} \circ f(P(t))) = g(P(t)). \tag{5.48}$$

Es ergibt sich also für alle gleichwertigen Parameterwege die gleiche Funktion von t. Deshalb gilt

$$\begin{aligned}\frac{dg_W(t)}{dt} &= \left.\frac{\partial g'}{\partial x'^k}\right|_{P'=P'_0} \left.\frac{dx'^k}{dt}\right|_{t=t_0} = (x, x')^i_k\Big|_{P'=f(P_0)} \left.\frac{\partial g}{\partial x^i}\right|_{P=P_0} \left.\frac{dx'^k}{dt}\right|_{t=t_0} = \\ &= \left.\frac{\partial g}{\partial x^k}\right|_{P=P_0} \left.\frac{dx^k}{dt}\right|_{t=t_0} .\end{aligned} \tag{5.49}$$

Man kann dies betrachten als Anwendung des einen *Differentialoperators*

$$\left.\frac{dx^i}{dt}\right|_{t=t_0} \frac{\partial}{\partial x^i} = \left.\frac{dx'^k}{dt}\right|_{t=t_0} \frac{\partial}{\partial x'^k} = \left.\frac{dx'^k}{dt}\right|_{t=t_0} (x, x')^i_k\Big|_{P'=f(P_0)} \frac{\partial}{\partial x^i} \tag{5.50}$$

auf die Funktion g. Damit ist die Schreibweise der natürlichen Basisvektoren als Differentialoperatoren nicht nur eine reine Merkhilfe für das Umrechnen beim Parameterwechsel. Man kann (5.49) aber auch lesen als eine von g abhängige Abbildung des Tangentialvektors $\left(f_A, P_0, \left(\frac{dx^1}{dt}, \ldots, \frac{dx^n}{dt}\right)_{t=t_0}\right)$ in die reellen Zahlen. Diese Abbildung ist linear für die möglichen Tangentenvektoren aller Parameterwege, die durch den gleichen Punkt gehen.

Mit dem Parameterweg (5.12) erhält man nämlich

$$\left.\frac{\partial g}{\partial x^i}\right|_{P=P_0}\left(\left.\frac{dx^i}{dt}\right|_{t=t_0}+a\left.\frac{d\tilde{x}^i}{ds}\right|_{s=s_0}\right)=\left.\frac{\partial g}{\partial x^i}\right|_{P=P_0}\left.\frac{dx^i}{dt}\right|_{t=t_0}+a\left.\frac{\partial g}{\partial x^i}\right|_{P=P_0}\left.\frac{d\tilde{x}^i}{ds}\right|_{s=s_0}=$$
$$=\left[\left.\frac{\partial g}{\partial x^i}\right|_{P=P(t)}\frac{dx^i}{dt}\right]_{t=t_0}+\left[a\left.\frac{\partial g}{\partial x^i}\right|_{P=\tilde{P}(s)}\frac{d\tilde{x}^i}{ds}\right]_{s=s_0}=\left.\frac{dg_W}{dt}\right|_{t=t_0}+a\left.\frac{dg_W}{ds}\right|_{s=s_0} \tag{5.51}$$

Man kann also (5.49) betrachten als Funktionswert eines von g abhängigen linearen Funktionals auf dem Vektorraum V_{P_0}, also als ein Element aus $V^*_{P_0}$. Man schreibt diesen tangentialen Kovektor als $\tilde{\nabla} g|_{P=P_0}$ und nennt ihn *Gradienten* von g an der Stelle P_0. Schreibt man die Funktionswerte des linearen Funktionals wieder als inneres Produkt, lautet (5.49)

$$\left.\frac{dg_W(t)}{dt}\right|_{t=t_0}=\left(\tilde{\nabla} g\Big|_{P=P_0},\left.\frac{dx^i}{dt}\right|_{t=t_0}b_i\right)=\left(\tilde{\nabla} g'\Big|_{P'=P'_0},\left.\frac{dx'^i}{dt}\right|_{t=t_0}b'_i\right)$$
$$=\left.\frac{\partial g}{\partial x^i}\right|_{P=P_0}\left.\frac{dx^i}{dt}\right|_{t=t_0}=\left.\frac{\partial g'}{\partial x'^k}\right|_{P'=P'_0}\left.\frac{dx'^k}{dt}\right|_{t=t_0}. \tag{5.52}$$

Setzt man hier für g die Funktion $g^k(x^1,\ldots,x^n)\equiv x^k$ ein, erhält man

$$\left.\frac{dg_W(t)}{dt}\right|_{t=t_0}=\left.\frac{dx^k}{dt}\right|_{t=t_0}=\left(\tilde{\nabla} x^k\Big|_{P=P_0},\left.\frac{dx^i}{dt}\right|_{t=t_0}b_i\right)=\left.\frac{dx^i}{dt}\right|_{t=t_0}\left(\tilde{\nabla} x^k\Big|_{P=P_0},b_i\right). \tag{5.53}$$

Da dies für beliebige Kurven P(t) gilt, folgt

$$(\tilde{\nabla} x^k, b_i)=\delta^k_i. \tag{5.54}$$

Es sind also die $\tilde{\nabla} x^k$ gerade die dualen Basisvektoren $\mathbf{d}^k$ aus V^*_P.
Wegen

$$\tilde{\nabla} g=\frac{\partial g}{\partial x^k}\,\tilde{\nabla} x^k\equiv g_{,k}\,\tilde{\nabla} x^k \tag{5.55}$$

sind sie eine Basis von V^*_P und heißen *natürliche Basiskovektoren.* Da diese Betrachtungen für einen zwar als fest gedachten aber sonst willkürlichen Punkt $P=P_0$ durchgeführt wurden, wurde hier „an der Stelle $P=P_0$“ weggelassen. Nach der Definition (5.52) sind die Kovektoren für verschiedene Paramtersysteme $\tilde{\nabla} g$ und $\tilde{\nabla} g'$ zu unterscheiden, da sie auf disjunkten Mengen definiert sind, selbst wenn g und g′ Repräsentanten *einer* Funktion auf der α-Mannigfaltigkeit sind. Dies kann man sich auch in anderer Weise verdeutlichen: Möchte man den Gradienten $\tilde{\nabla} g|_{P=P_0}$ durch das Komponenten-n-tupel $(g_{,1},\ldots,g_{,n})_{P=P_0}$ ersetzen, ergibt sich das gleiche Problem wie beim entsprechenden Tangenten-n-tupel: Das n-tupel hat nur dann einen Aussagewert, wenn sowohl der Punkt als auch das Parametersystem bekannt sind. Deshalb sollte man auch hier zu dem entsprechenden (2n + 1)-tupel übergehen und setzen

$$\tilde{\nabla} g=(f_A, P, (g_{,1},\ldots,g_{,n})_P). \tag{5.56}$$

Diese (2n + 1)-tupel aus $\{f_A\} \times f_A(A) \times R^n$ liegen für verschiedene Parametersysteme in disjunkten Mengen. Damit (5.52) erfüllt ist, ist hier aber im Unterschied zu (5.20) beim Parameterwechsel als Umrechnungsformel zu verwenden

$$\tilde{f}^*_{2n}(f_A, P, (v_1, \ldots, v_n)) = \left(f \circ f_A, f(P), \left.\frac{\partial f^{-1\,i}}{\partial x'^k}\right|_{P' = f(P)} v_i \right). \tag{5.57}$$

Mit dem schon wiederholt durchgeführten Verfahren kann man diese Abbildungen der Klasse $\tilde{\alpha}^*_{2n}$ zur Definition einer Äquivalenzrelation in

$$\bigcup_{f_A \in \alpha_A} \{f_A\} \times f_A(A) \times R^n \tag{5.58}$$

verwenden und gelangt so zu einer 2n-dimensionalen α^*_{2n}-Mannigfaltigkeit, deren Elemente für jeden festen Punkt der α-Mannigfaltigkeit Elemente eines n-dimensionalen Vektorraums $V^*_{\{[P]\}}$ sind, wenn man für die Äquivalenzklassen die Verknüpfungen über die Repräsentanten des gleichen Parametersystems definiert. Diese α^*_{2n}-Mannigfaltigkeit wird *tangentiales Kovektorbündel der α-Mannigfaltigkeit* genannt. Zu einem *tangentialen Kovektorfeld* der α-Mannigfaltigkeit gelangt man wie beim tangentialen Vektorbündel: Eine Abbildung eines Parametersystems in das tangentiale Kovektorbündel wird zu einer Klasse von Abbildungen für alle Parametersysteme, indem die Argumente mit f und die Bildwerte mit (5.57) umzurechnen sind. Dann hat diese Klasse von Abbildungen für die Repräsentanten eines Punktes der α-Mannigfaltigkeit immer den gleichen Funktionswert im tangentialen Kovektorbündel, kann also als Abbildung der α-Mannigfaltigkeit in das tangentiale Kovektorbündel betrachtet werden.

Für einen festen Punkt der α-Mannigfaltigkeit sind die Elemente des tangentialen Kovektorbündels Elemente eines Vektorraums. Beim Übergang zu den Äquivalenzklassen treten deshalb bei den natürlichen Basiskovektoren die gleichen Unterschiede auf, wie sie bei den natürlichen Basisvektoren behandelt wurden: Während die Repräsentanten des gleichen Kovektors beim Parameterwechsel mit den Abbildungen $\tilde{f}^*_{2n}$ abzubilden sind, ist das neue System der Äquivalenzklassen der natürlichen Basiskovektoren für jeden Punkt eine Linearkombination der ursprünglichen. Für die durch $\tilde{\nabla} g$ bzw. $\tilde{\nabla} x^k$ repräsentierten Äquivalenzklassen wollen wir schreiben

$$\nabla g = \{[\tilde{\nabla} g]\} \quad \text{bzw.} \quad \nabla x^k = \{[\tilde{\nabla} x^k]\}. \tag{5.59}$$

Auch dieses Feld wird *Gradient* genannt. *Diese Bezeichnung dient wieder als Merkhilfe für das Umrechnen der Repräsentanten beim Wechsel der Parametersysteme.* Wie man (5.37) aus (5.20) erhält, ergibt sich hier aus (5.57)

$$\nabla x^k = \left.\frac{\partial f^{-1\,k}}{\partial x'^i}\right|_{P' = f(P)} \nabla x'^i = \left.\frac{\partial x^k}{\partial x'^i}\right|_{P' = f(P)} \nabla x'^i = (x, x')^k_i\Big|_{P' = f(P)} \nabla x'^i \tag{5.60}$$

bzw.

$$\nabla x'^i = \frac{\partial f^i}{\partial x^k} \nabla x^k = \frac{\partial x'^i}{\partial x^k} \nabla x^k = (x', x)^i_k \nabla x^k. \tag{5.61}$$

Dies liefert für die Repräsentanten mit der Umrechnungstechnik

$$\begin{aligned} \mathbf{d} &= b_k(P)\,\nabla x^k = b_k(P)\,(x,x')^k_i\Big|_{P'=f(P)} \nabla x'^i = \\ &= b_k(f^{-1}(P'))\,(x,x')^k_i \nabla x'^i = b'_i(P')\nabla x'^i \\ &= b'_i(P')\,(x',x)^i_k\,\nabla x^k = b'_i(f(P))\,(x',x)^i_k\,\nabla x^k \end{aligned} \tag{5.62}$$

in Übereinstimmung mit der Vorschrift (5.57)

$$b_k(P) = b'_i(f(P))\,(x',x)^i_k \quad \text{bzw.} \quad b'_i(P') = b_k(f^{-1}(P'))\,(x,x')^k_i. \tag{5.63}$$

Bemerkung:

Häufig findet man auch die Bezeichnung $dg = \nabla g$. Man nennt dann das Kovektorfeld eine *Differentialform* oder *Pfaffsche Form.* Das Gleichsetzen der Differentialform $\omega = b_i(P)\,dx^i$ mit dem entsprechenden Kovektorfeld ist in der Physik nicht allgemein gebräuchlich. Man interpretiert in der Physik eine Differentialform häufig als Funktionswert eines Kovektors für einen „differentiellen" Tangentialvektor (vgl. S. 135).

Die Definition der Elemente des tangentialen Kovektorbündels war mit (5.52) gerade so durchgeführt worden, daß beim Wechsel des Parametersystems als neuer Repräsentant das lineare Funktional zu wählen war, das für den neuen Repräsentanten des Tangentialvektors den gleichen Funktionswert hat. Deshalb kann man diese Äquivalenzklasse der Kovektoren als *eine* Linearform bzw. *einen* Kovektor aus $(V_{\{[P]\}})^*$ betrachten, indem man setzt

$$(\{[\mathbf{d}]\}, \{[\mathbf{v}]\}) = (\mathbf{d}, \mathbf{v}), \tag{5.64}$$

wobei als Repräsentant der Kovektor **d** in dem gleichen Parametersystem wie der Vektor **v** zu wählen ist. Durch (5.64) wird also gesetzt

$$(V_{\{[P]\}})^* = V^*_{\{[P]\}}. \tag{5.65}$$

Für (5.52) kann man nun schreiben

$$\frac{dg_W(t)}{dt} = \left(\nabla g, \frac{dx^i}{dt}\frac{\partial}{\partial x^i}\right) = \left(\nabla g', \frac{dx'^k}{dt}\frac{\partial}{\partial x'^k}\right) = g_{,i}\Big|_{P=P(t)} \frac{dx^i}{dt} = g'_{,k}\Big|_{P'=f(P(t))} \frac{dx'^k}{dt}. \tag{5.66}$$

Als Funktion der Parameterpunkte handelt es sich bei (5.64) um eine Klasse von Funktionen, die mit (5.47) für die verschiedenen Parametersysteme umzurechnen sind. Berücksichtigt man der Reihe nach (5.64, 54, 63, 43 und 44), ergibt sich nämlich

$$\begin{aligned} &\left(b_k(P)\,\nabla x^k, a^i(P)\frac{\partial}{\partial x^i}\right) = b_k(P)\,a^k(P) = \\ &= b'_j(f(P))\,(x',x)^j_k\,a'^i(f(P))\,(x,x')^k_i\Big|_{P'=f(P)} = b'_j(P')\,a'^i(P')\Big|_{P'=f(P)}\delta^j_i \\ &= b'_i(P')\,a'^i(P')\Big|_{P'=f(P)} = \left(b'_k(P')\,\nabla x'^k, a'^i(P')\frac{\partial}{\partial x'^i}\right)\Big|_{P'=f(P)}. \end{aligned} \tag{5.67}$$

Bei diesen Umformungen bemerkt man, daß im Unterschied zu (5.66) eigentlich nicht die spezielle Form der Basistransformation mit $(x', x)^j_k$ bzw. $(x, x')^k_i\big|_{P' = f(P)}$ benötigt wird, wenn nur die beiden Transformationen zueinander invers sind. Diese Verallgemeinerung führt zu allgemeinen Vektor- und Kovektorfeldern.

Wir betrachten den R^m bei den üblichen komponentenweise definierten Verknüpfungen als m-dimensionalen Vektorraum mit dem zugehörigen Dualraum R^{m*}. Es sei jeder Abbildung f der Klasse α und jedem Punkt P des durch f abgebildeten Parametersystems ein umkehrbarer Homomorphismus L(f, P) des R^m auf sich zugeordnet. Diese Klasse L_α von linearen Abbildungen habe die folgenden Eigenschaften:

1. Ist f die identische Abbildung, ist L die identische Abbildung des R^m.
2. Ist f_1 die Abbildung von A auf B und f_2 die Abbildung von B auf C, gilt

$$L(f_2 \circ f_1, P) = L(f_2, f_1(P)) \circ L(f_1, P). \tag{5.68}$$

Aus 1 und 2 folgt sofort für die Umkehrabbildungen

$$L(f^{-1}, f(P)) = L(f, P)^{-1}. \tag{5.69}$$

Ein *L_α-Vektorfeld* nennen wir eine Klasse von Abbildungen der Parametersysteme in den R^m, wenn die Elemente der zugehörigen Abbildungsrelationen umzurechnen sind mit

$$f_{nm}(P, \mathbf{v}) = (f(P), L(f, P)(\mathbf{v}))\big|_{P = f^{-1}(P')} = (P', L(f, f^{-1}(P'))(\mathbf{v})) \quad \text{für } \mathbf{v} \in R^m. \tag{5.70}$$

Bemerkung:

Die „Vektoren“ und „Tensoren“ der Physik sind i. a. solche L_α-Felder. Die besonderen Schwierigkeiten für den Anfänger liegen oft darin, daß – wie hier wohl deutlich wird – die in den mathematischen Anfängervorlesungen betonten algebraischen Strukturen nur noch von untergeordneter Bedeutung sind. Darüberhinaus pflegt man in der Physik häufig auf die explizite Angabe der Klasse L_α zu verzichten, selbst wenn diese Klasse gewechselt wird oder noch bestimmt werden soll. Zur Verständlichkeit trägt es vermutlich auch nicht bei, daß bei der wichtigsten Bestimmung der Klasse L_α, der Klasse der Lorentztransformationen, so getan wird, als handele es sich um die Bestimmung der Klasse α. Diese Verwirrung wird meist auch nicht dadurch verringert, daß man später lesen kann, daß in der allgemeinen Relativitätstheorie die Klasse α nicht mehr so bestimmt werden kann oder soll, obwohl es in der speziellen Relativitätstheorie anscheinend möglich ist. Bei diesem Schritt muß man sich davor hüten zu glauben, daß in der allgemeinen Relativitätstheorie beliebige Parametertransformationen zugelassen sind. Dies stimmt nicht, weil z. B. für jedes zugelassene Parametersystem für die Geschwindigkeit eines Massenpunktes das Verhältnis zur Lichtgeschwindigkeit bestimmbar sein muß. Hat man mit gewissen L_α-Vektorfeldern physikalische Beziehungen formuliert, pflegt man manchmal noch zu „beweisen“, daß sie sich in der vorgeschriebenen Weise beim Parameterwechsel umrechnen lassen. In Wirklichkeit sind diese „Beweise“ nichts anderes, als nachträglich zu rechtfertigen, daß mit der verwendeten Klasse L_α gewisse Beobachtungsergebnisse beschrieben werden können. Wenn dies gelungen ist, spricht man oft davon, daß dann die physikalischen Gesetze „kovariant“ formuliert seien, da man sie mit „geometrischen Objekten“, nämlich den L_α-Vektorfeldern formuliert habe. Auf die sich hieran anknüpfenden Fehlinterpretationen der „Kovarianz“ der Gesetze der Physik in der allgemeinen Relativitätstheorie (allgemeine Kovarianz) soll hier nicht weiter eingegangen werden, da man sie mit den hier gebrachten Definitionen leicht selbst erkennen kann, wenn man sich sorgfältig ansieht, welche Sorte „Vektor“ oder „Tensor“ eigentlich verwendet wird.

Es sei $\mathbf{d}$ ein Element des Dualraums des R^m, dann läßt sich durch

$$(\mathbf{d}, L(f,P)(\mathbf{v})) = (L(f,P)^*(\mathbf{d}), \mathbf{v}) \tag{5.71}$$

die adjungierte Abbildung definieren (vgl. z. B. S. 25). Für diese Abbildung gilt mit (3.106) und (5.69)

$$L(f,P)^{*-1} = (L(f,P)^{-1})^* = L(f^{-1}, f(P))^*. \tag{5.72}$$

Ein *L_α-Kovektorfeld* nennt man eine Klasse von Abbildungen der Parametersysteme in den R^m, wenn die Elemente der zugehörigen Abbildungsrelationen umzurechnen sind mit

$$\begin{aligned} f^*_{nm}(P, \mathbf{d}) &= (f(P), L(f^{-1}, f(P))^*(\mathbf{d}))\Big|_{P=f^{-1}(P')} \\ &= (P', L(f^{-1}, P')^*(\mathbf{d})). \end{aligned} \tag{5.73}$$

Diese Definition ist gerade so gewählt, daß die Kovektorfelder für jeden Punkt unabhängig vom Parametersystem als *eine* Linearform der Vektorfelder betrachtet werden können. Denn es gilt beim Wechsel des Parametersystems

$$\begin{aligned} (\mathbf{d}'(P'), \mathbf{v}'(P')) &= (L(f^{-1}, P')^*(\mathbf{d}(f^{-1}(P'))), L(f, f^{-1}(P'))(\mathbf{v}(f^{-1}(P')))) \\ &= (\mathbf{d}(f^{-1}(P')), L(f^{-1}, P') \circ L(f, f^{-1}(P'))(\mathbf{v}(f^{-1}(P')))) \\ &= (\mathbf{d}(f^{-1}(P')), \mathbf{v}(f^{-1}(P'))) = (\mathbf{d}(P), \mathbf{v}(P))\Big|_{P=f^{-1}(P')}. \end{aligned} \tag{5.74}$$

Dies kann man als Funktionswert einer reellwertigen Funktion von P′ betrachten, die beim Parameterwechsel mit (5.47) umzurechnen ist. Wählt man für L_α die Identität des R^1, lassen sich diese Funktionen als L_α-Vektorfelder betrachten. Man nennt sie *Skalarfelder*. Man erkennt leicht, wie tangentiale Vektor- und Kovektorfelder als L_α-Vektor- bzw. Kovektorfelder zu betrachten sind. Es seien z. B.

$$\mathbf{a}(P) = a^i(P)\frac{\partial}{\partial x^i} \quad \text{bzw.} \quad \mathbf{d}(P) = b_k(P)\,\nabla x^k \tag{5.75}$$

solche Felder. Dann erhält man mit (5.43)

$$L(f,P)(a^1(P), \ldots, a^n(P)) = ((x',x)^1_i\, a^i(P), \ldots, (x',x)^n_i\, a^i(P))\Big|_{P=f^{-1}(P')} \tag{5.76}$$

und mit (5.63)

$$\begin{aligned} &L(f^{-1}, f(P))^*(b_1(P), \ldots, b_n(P)) = \\ &\quad = ((x,x')^j_1\, b_j(P), \ldots, (x,x')^j_n\, b_j(P))\Big|_{P=f^{-1}(P')}. \end{aligned} \tag{5.77}$$

Wie in den vorangehenden Abschnitten kann man mit der Klasse L_α durch den Übergang zu den entsprechenden (n + m + 1)-tupeln $(f_A, P, \mathbf{v})$ bzw. $(f_A, P, \mathbf{d})$ Funktionen $\tilde{f}^{(*)}_{nm}$ definieren, die man zur Konstruktion allgemeiner (Ko-) Vektorbündel verwenden kann.

Bemerkung:

In den folgenden Abschnitten werden nur solche Klassen L_α betrachtet, die sich sehr einfach aus (5.76, 77) berechnen lassen. Es kommen in der physikalischen Praxis aber auch allgemeinere Klassen vor. Für gewisse ausgezeichnete α-Mannigfaltigkeiten, die Lie-Gruppen, läßt sich mit Erfolg das Problem behandeln, alle möglichen Klassen L_α zu finden und zu klassifizieren. Eine Lie-Gruppe ist eine spezielle n-dimensionale (unendlich oft) differenzierbare Mannigfaltigkeit, bei der man die Klasse α der Parametertransformationen, die immer die gleiche Menge des R^n auf sich abbilden, als Gruppe betrachten kann. Die Parametertransformationen lassen sich mit den Punkten des Parametersystems selbst kennzeichnen bzw. parametrisieren. Es sind dies z. B. die Linkstranslationen L_P. Die Linkstranslationen sind Abbildungen der gleichen Teilmenge des R^n auf sich, für die gilt

$$L_{P_1} \circ L_{P_2}(P_3) = L_{L_{P_1}(P_2)}(P_3)\,. \tag{5.78}$$

Hier sind P_1, P_2, P_3 drei Parameter-n-tupel. Diese Parametertransformationen sind eine Gruppe und (5.78) bedeutet das Assoziativgesetz der Gruppenverknüpfung. Man denke hier z. B. an die Translationen des R^3. In der Regel bringt es mathematische Vorteile, die Klasse L_α auf dem n-tupel-Vektorraum der komplexen Zahlen zu definieren. Man nennt die Angabe einer Klasse L_α eine Darstellung der Lie-Gruppe. In dieser Theorie werden die hier gebrachten Rechentechniken benötigt. Sie ist in der modernen Physik von großer Bedeutung, kann aber in dieser Einführung nicht behandelt werden. Als Einführung sind besonders zu empfehlen [9], [25].

5.4. Symmetrische und n-symmetrische Mannigfaltigkeiten

Für einen festen Punkt $\{[P]\}$ der α-Mannigfaltigkeit sind die Elemente des tangentialen Vektorbündels gerade Elemente eines n-dimensionalen Vektorraums $V_{\{[P]\}}$ und die des tangentialen Kovektorbündels Elemente des zugehörigen Kovektorraums $V^*_{\{[P]\}}$. Für dieses duale Paar ist für gewisse natürliche Basissysteme eine von den Abbildungen der Klasse α abhängige Klasse von Basistransformationen definiert, die durch (5.37) und (5.60, 61) gegeben sind. Die Anwendung der Kapitel 3 und 4 für die Rechnung in differenzierbaren Mannigfaltigkeiten besteht darin, die dort behandelten Definitionen und Konstruktionen mit diesem dualen Paar $(V_{\{[P]\}}, V^*_{\{[P]\}})$ durchzuführen. Dies soll mit ein paar Beispielen erläutert werden.

Es sei für jeden Punkt P eines Parametersystems ein Isomorphismus I von $V_{\{[P]\}}$ auf $V^*_{\{[P]\}}$ definiert durch

$$I\left(\frac{\partial}{\partial x^i}\right) = g_{ik}(P)\,\nabla x^k. \tag{5.79}$$

Im Unterschied zu den Kapiteln 3 und 4 ist also die reelle Matrix g_{ik} als Funktion der Parameterpunkte P zu lesen. Beim Parameterwechsel ist sie mit der üblichen Technik umzurechnen:

$$\begin{aligned} I\left(\frac{\partial}{\partial x'^k}\right) &= I\left((x,x')^i_k \frac{\partial}{\partial x^i}\right) = (x,x')^i_k\, I\left(\frac{\partial}{\partial x^i}\right) = (x,x')^i_k\, g_{ij}(P)\,\nabla x^j \\ &= (x,x')^i_k\, g_{ij}(f^{-1}(P'))\,(x,x')^j_l\,\nabla x'^l, \end{aligned} \tag{5.80}$$

womit sich ergibt

$$g'_{kl}(P') = (x,x')^i_k\, g_{ij}(f^{-1}(P'))\,(x,x')^j_l\,. \tag{5.81}$$

Man erkennt, daß es sich hier um ein bestimmtes L'_α-Vektorfeld handelt, wobei die Abbildungen aus L'_α auf einem n^2-dimensionalen Vektorraum definiert sind. Sie lassen sich in einfacher Weise mit den durch (5.76, 77) definierten Abbildungen L_α angeben. Da man I nach den Ausführungen der S. 53f ersetzen kann durch den zugehörigen zweistufigen Kotensor

$$T = g_{ik}(P)\,\nabla x^i \otimes \nabla x^k\,, \tag{5.82}$$

nennt man ein L'_α-Vektorfeld der Art (5.81) ein *2-stufiges tangentiales Kotensorfeld.*

Eine Mannigfaltigkeit, für die ein solcher Isomorphismus I von $V_{\{[P]\}}$ in $V^*_{\{[P]\}}$ für jeden Punkt $\{[P]\}$ definiert ist, nennt man *symmetrisch* oder oft etwas irreführend metrisch (vgl. S. 34). Damit in einer k-mal differenzierbaren Mannigfaltigkeit die Vektorfelder und Kovektorfelder (k-1)-mal differenzierbar sind, müssen die g_{ik} als Funktionen der Parameter mindestens (k-1)-mal differenzierbar sein. Ist der symmetrische Isomorphismus I (überall) positiv definit, heißt die α-Mannigfaltigkeit *Riemannsche Mannigfaltigkeit.*

Als weiteres Beispiel wollen wir die Elemente von $\overset{P}{\wedge}\, V^*_{\{[P]\}}$ und $\overset{P}{\wedge}\, V_{\{[P]\}}$ betrachten

$$A(p) = a_K(P)\,\nabla x^{k_1} \wedge \ldots \wedge \nabla x^{k_p} \quad \text{bzw.} \quad B(p) = b^I(P)\,\frac{\partial}{\partial x^{i_1}} \wedge \ldots \wedge \frac{\partial}{\partial x^{i_p}}, \tag{5.83}$$

wobei über alle verschiedenen geordneten Indexmengen $K = \underbrace{k_1 \ldots k_p}$ bzw. $I = \underbrace{i_1 \ldots i_p}$ zu summieren ist. Die Komponenten kann man wieder als Funktionswerte gewisser L_α-Vektorfelder betrachten, für die man in der folgenden Technik die Umrechnungsformeln erhält:

$$\begin{aligned} &a_K(f^{-1}(P'))\,\nabla x^{k_1} \wedge \ldots \wedge \nabla x^{k_p} = \\ &\quad = a_K(f^{-1}(P'))\,(x,x')^{k_1}_{j_1} \ldots (x,x')^{k_p}_{j_p}\,\nabla x'^{j_1} \wedge \ldots \wedge \nabla x'^{j_p} \\ &\quad = a_K(f^{-1}(P'))\,(x,x')^{k_1}_{j_1} \ldots (x,x')^{k_p}_{j_p}\,\delta^{j_1 \ldots j_p}_I\,\nabla x'^{i_1} \wedge \ldots \wedge \nabla x'^{i_p}. \end{aligned} \tag{5.84}$$

Schreibt man für die p-reihigen Unterdeterminanten von $(x,x')^k_j$ zur Abkürzung

$$(x,x')^K_I = (x,x')^{k_1}_{j_1} \ldots (x,x')^{k_p}_{j_p}\,\delta^{j_1 \ldots j_p}_I, \tag{5.85}$$

erhält man

$$\begin{aligned} &a_K(f^{-1}(P'))\,\nabla x^{k_1} \wedge \ldots \wedge \nabla x^{k_p} = a_K(f^{-1}(P'))\,(x,x')^K_I\,\nabla x'^{i_1} \wedge \ldots \wedge \nabla x'^{i_p} \\ &\quad = a'_I(P')\,\nabla x'^{i_1} \wedge \ldots \wedge \nabla x'^{i_p}. \end{aligned} \tag{5.86}$$

Hieraus folgt für die Komponenten als Umrechnungsformel

$$a'_I(P') = a_K(f^{-1}(P'))\,(x,x')^K_I. \tag{5.87}$$

Für B(p) erhält man entsprechend

$$b'^I(P') = [b^K(P)\,(x',x)^I_K]_{P = f^{-1}(P')}\,. \tag{5.88}$$

Man nennt diese L_α-Vektorfelder *tangentiale p-Kovektorfelder* bzw. *tangentiale p-Vektorfelder.* Das tangentiale p-Kovektorfeld kann für jeden Punkt als lineares Funktional von tangentialen p-Vektorfeldern betrachtet werden. Da aus (5.44) folgt

$$(x, x')_I^K \Big|_{P' = f(P)} (x', x)_J^I = \delta_J^K \quad \text{bzw.} \quad (x, x')_I^K (x', x)_J^I \Big|_{P = f^{-1}(P')} = \delta_J^K, \tag{5.89}$$

werden die Funktionswerte eines solchen linearen Funktionals wie ein Skalarfeld umgerechnet:

$$\begin{aligned}&\left(a'_I(P')\, \nabla x'^{i_1} \wedge \ldots \wedge \nabla x'^{i_p}, b'^K(P') \frac{\partial}{\partial x'^{k_1}} \wedge \ldots \wedge \frac{\partial}{\partial x'^{k_p}}\right) = \\ &\quad = a'_I(P')\, b'^I(P') = a_K(P)\, b^K(P)\Big|_{P = f^{-1}(P')} .\end{aligned} \tag{5.90}$$

In symmetrischen Mannigfaltigkeiten ist der für die p-dimensionale Volumenfunktion $V^{(p)}$ wichtige Isomorphismus von $\overset{p}{\wedge} V_{\{[P]\}}$ in $\overset{p}{\wedge} V^*_{\{[P]\}}$ gegeben durch

$$I^{(p)}\left(\frac{\partial}{\partial x^{i_1}} \wedge \ldots \wedge \frac{\partial}{\partial x^{i_p}}\right) = g_{IK}(P)\, \nabla x^{k_1} \wedge \ldots \wedge \nabla x^{k_p} \tag{5.91}$$

mit den p-reihigen Unterdeterminanten von $g_{ik}(P)$, die beim Parameterwechsel umzurechnen sind mit

$$g'_{JL}(P') = (x, x')_J^I\, g_{IK}(f^{-1}(P'))\, (x, x')_L^K . \tag{5.92}$$

Ist für $\overset{n}{\wedge} V_{\{[P]\}}$ ein Isomorphismus in $\overset{n}{\wedge} V^*_{\{[P]\}}$ definiert, der nicht notwendig mit den $g_{ik}(P)$ berechnet werden muß, nennen wir die α-Mannigfalitgkeit *n-symmetrisch.* In n-symmetrischen Mannigfaltigkeiten kann man die *Ergänzungen* $*_1$ bzw. $*_2$ bilden mit

$$H = \frac{1}{\sqrt{g}} \frac{\partial}{\partial x^1} \wedge \ldots \wedge \frac{\partial}{\partial x^n} \quad \text{mit} \quad g = |g_{NN}| = |\mathrm{Det}(g_{ik})| \tag{5.93}$$

bzw.

$$H = \frac{g_{NN}}{\sqrt{g}} \nabla x^1 \wedge \ldots \wedge \nabla x^n . \tag{5.94}$$

Die Komponenten dieser Felder kann man nur dann als Skalarfelder betrachten, wenn die Determinante von $(x, x')_j^i$ *für die Parametertransformation der Klasse α positiv ist.* Man nennt sie deshalb *Pseudoskalarfelder.* Wenn diese Eigenschaft für die Abbildungen der Klasse α der Mannigfaltigkeit gegeben ist, spricht man von einer *orientierbaren α-Mannigfaltigkeit.* Man erhält für die Komponenten von H als Umrechnungsformeln

$$\frac{1}{\sqrt{g'(P')}} = \left[\mathrm{sign}((x', x)_N^N) \frac{1}{\sqrt{g(P)}}\right]_{P = f^{-1}(P')} \tag{5.95}$$

$$\frac{g'_{NN}(P')}{\sqrt{g'(P')}} = \mathrm{sign}((x, x')_N^N) \frac{g_{NN}(f^{-1}(P'))}{\sqrt{g(f^{-1}(P'))}} . \tag{5.96}$$

Die zugehörigen Abbildungen des R^1 in sich für diese L_α-Vektorfelder sind also gegeben durch $\mathrm{sign}((x', x)_N^N)$ bzw. $\mathrm{sign}((x, x')_N^N)$.

5.5. Integranden für Integrale der Mannigfaltigkeit

Welche Konstruktionen in α-Mannigfaltigkeiten für die physikalische Praxis wichtig sind, kann man erkennen, wenn man sich fragt, wie physikalische Aussagen formuliert werden. Die formal einfachsten Aussagen sind von der Form, daß irgendwelche Eigenschaften für eine gewisse Teilmenge zutreffen oder nicht. Diese Teilmengen kann man durch die zugehörigen Indikatorfunktionen der Mengen kennzeichnen. Hierbei handelt es sich um reellwertige Funktionen g(P) für die Parametersysteme, die beim Parameterwechsel umzurechnen sind als

$$g'(P') = g(f^{-1}(P')) \quad \text{mit} \quad g(P) = g(f^{-1} \circ f(P)) = g'(f(P)), \tag{5.97}$$

wenn f die Abbildung der Klasse α ist, die den Parameterwechsel beschreibt. Aber allein mit diesen Funktionen kommt man beim Formulieren physikalischer Aussagen nicht weit, wie man an dem folgenden Beispiel erkennt: Eine der häufigsten physikalischen Aussagen besteht darin, daß man unter gewissen reproduzierbaren Bedingungen eine gewisse Wahrscheinlichkeitsverteilung für mögliche Meßwerte-n-tupel voraussagt. Bei einer Wahrscheinlichkeitsverteilung handelt es sich um eine Abbildung gewisser Teilmengen in die nichtnegativen Zahlen zwischen Null und Eins. Diese Teilmengen sind die meßbaren Mengen. Solche Abbildungen sind nicht ganz willkürlich: Wenn z.B. eine Teilmenge eine andere umfaßt, darf die Wahrscheinlichkeit für die umfangreichere Menge nicht kleiner sein.
Der Ausbau dieser Theorie führt zur Wahrscheinlichkeitstheorie auf der Grundlage der Maß- und Integrationstheorie, die über den Rahmen dieser Einführung hinausgeht (vgl. hierfür z.B. [2]) und deren Bedeutung für die mathematischen Grundlagen der Physik, insbes. der Quantentheorie von mir an anderer Stelle ausführlich behandelt worden ist [6]. Wir wollen uns hier mit der Erkenntnis begnügen, daß das gewöhnliche n-dimensionale Riemannsche Integral einer nichtnegativen (integrierbaren) Funktion für gewisse Teilmengen A eines Parametersystems

$$J(A) = \int_A h(x^1, \ldots, x^n)\, dx^1 \ldots dx^n \tag{5.98}$$

die gewünschten Eigenschaften einer solchen Abbildung von Teilmengen A hat. Wenn diese Abbildung von Teilmengen in die nichtnegativen Zahlen für die Mannigfaltigkeit einen Wert haben soll, muß sie für alle Parametersysteme umzurechen sein und für die entsprechenden Teilmengen der verschiedenen Parametersysteme den gleichen Funktionswert haben. Wenn man für den Integranden $h(x^1, \ldots, x^n)$ eine Umrechnungsformel der Form (5.97) zugrunde legt, ist dies für allgemeine differenzierbare Abbildungen f der Klasse α i.a. nicht der Fall. Denn

$$J'(f(A)) = \int_{f(A)} h(f^{-1}(x'^1, \ldots, x'^n))\, dx'^1 \ldots dx'^n \tag{5.99}$$

ist i.a. von J(A) verschieden. Dies liegt an der bekannten Transformationsformel für Integranden mit der *Jacobideterminante.* Für die Jacobiderminante wollen wir voraussetzen

$$(x, x')_1^{i_1} (x, x')_2^{i_2} \ldots (x, x')_n^{i_n}\, \delta^{12\ldots n}_{i_1 i_2 \ldots i_n} = (x, x')_N^N \neq 0. \tag{5.100}$$

Hiermit erhält man das gleiche Integral für die gestrichenen Variablen wie (5.98), wenn man setzt

$$J(f(A)) = \int_{f(A)} h(f^{-1}(x'^1, \ldots, x'^n))\,|(x, x')^N_N|\,dx'^1 \ldots dx'^n = \tag{5.101}$$

$$= J(A) = \int_A h(x^1, \ldots, x^n)\,dx^1 \ldots dx^n .$$

Zur Formulierung von Wahrscheinlichkeitsaussagen benötigt man also Funktionen der Parametersysteme, die beim Parameterwechsel nicht wie (5.97), sondern wie

$$h'(P') = |(x, x')^N_N|\,h(f^{-1}(P')) \tag{5.102}$$

umzurechen sind. Zu diesen L_α-Feldern gehören also als Homomorphismen des R^1 die Multiplikationen mit $|(x, x')^N_N|$. Man nennt sie im Unterschied zu den Skalarfeldern *Dichten*. Diese Umrechnungsformel für Integranden beim Parameterwechsel ist die Ursache dafür, daß es in der Physik praktisch ist, p-Kovektorfelder bzw. Differentialformen zu verwenden. Da man elementare Beweise meist nur für Spezialfälle findet, soll hier die Formel (5.101) mit dem Satz von Fubini durch vollständige Induktion auf eindimensionale Variablensubstitutionen und die Kettenregel der Differentialrechnung mehrerer Veränderlicher zurückgeführt werden.

Wir wollen annehmen, daß der Satz von Fubini für die Funktion $h(x^1, \ldots, x^n)$ anwendbar ist (vgl. z.B. [2]). Dies bedeutet, daß die durch dx^1 bis dx^n gekennzeichneten Integrationen in beliebiger Reihenfolge einzeln durchführbar sind. Wenn man die Variablentransformation macht, die x^1 mit x^2 vertauscht, ändert sich (5.98) nicht, weil auch im Integrationsbereich die Variablen entsprechend vertauscht werden. Für diese Variablentransformation ist $(x, x')^N_N = -1$. Gegeben sei eine allgemeine Parametertransformation

$$x^i = f^{-1i}(x'^1, \ldots, x'^n). \quad i = 1, \ldots, n. \tag{5.103}$$

Wenn die Jacobideterminante $(x, x')^N_N$ für diese Transformation kleiner als Null ist, setzen wir sie zusammen aus einer Vertauschung zweier Variablen und einer neuen Transformation, deren Determinante positiv ist, da die Determinante eines Matrizenprodukts gleich dem Produkt der Determinanten der einzelnen Matrizen ist. Also kann man voraussetzen $(x, x')^N_N > 0$. Für $n = 1$ geht (5.101) über in die als bekannt angenommene eindimensionale Substitutionsregel

$$\int_A h(x)\,dx = \int_{f(A)} h(f^{-1}(x'))\,\left|\frac{df^{-1}}{dx'}\right|\,dx'. \tag{5.104}$$

Nun betrachten wir das vom Parameter x^n abhängige (n-1)-dimensionale Integral

$$\int_{\tilde{A}(x^n)} h(x^1, \ldots, x^{n-1}, x^n)\,dx^1 \ldots dx^{n-1}, \tag{5.105}$$

wenn in (5.101) über x^n nicht integriert wird. Das (n-1)-dimensionale Integrationsgebiet $\tilde{A}(x^n)$ ist i.a. von dem Parameter x^n abhängig. Nun lösen wir die n-te Gleichung von (5.103) nach x'^n auf, was wegen (5.100) lokal nach einer eventuell nötigen Umnumerierung der gestrichenen Variablen immer möglich ist:

$$x'^n = u(x'^1, \ldots, x'^{n-1}, x^n). \tag{5.106}$$

Hierfür gilt also

$$f^{-1n}(x'^1, \ldots, x'^{n-1}, u(x'^1, \ldots, x'^{n-1}, x^n)) \equiv x^n. \tag{5.107}$$

Durch Differentiation dieser Beziehung nach x'^j mit der Kettenregel erhält man

$$\left.\frac{\partial f^{-1n}}{\partial x'^j}\right|_{x'^n = u(x'^1, \ldots, x'^{n-1}, x^n)} + \left.\frac{\partial f^{-1n}}{\partial x'^n}\right|_{x'^n = u(x'^1, \ldots, x'^{n-1}, x^n)} \frac{\partial u}{\partial x'^j} = 0. \tag{5.108}$$

Setzt man hier wieder $x^n = f^{-1n}(x'^1, \ldots, x'^n)$ ein, ergibt sich

$$\left.\frac{\partial f^{-1n}}{\partial x'^j} + \frac{\partial f^{-1n}}{\partial x'^n}\frac{\partial u}{\partial x'^j}\right|_{x^n = f^{-1n}(x'^1, \ldots, x'^n)} = 0, \quad j = 1, \ldots, n-1. \tag{5.109}$$

Nach der Induktionsannahme kann man in (5.105) die (n-1)-dimensionale Variablentransformation

$$x^j = f^{-1j}(x'^1, \ldots, x'^{n-1}, u(x'^1, \ldots, x'^{n-1}, x^n)), \quad j = 1, \ldots, n-1 \tag{5.110}$$

machen. Die zugehörige Jacobideterminante lautet

$$D = \left(\left.\frac{\partial f^{-1^1}}{\partial x'^{j_1}}\right|_{x'^n = u(\ldots)} + \frac{\partial f^{-1^1}}{\partial x'^n}\frac{\partial u}{\partial x'^{j_1}}\right) \cdots\cdots \left(\left.\frac{\partial f^{-1n-1}}{\partial x'^{j_{n-1}}}\right|_{x'^n = u(\ldots)} + \left.\frac{\partial f^{-1n-1}}{\partial x'^n}\right|_{x'^n = u(\ldots)} \frac{\partial u}{\partial x'^{j_{n-1}}}\right) \delta^{j_1 \ldots j_{n-1}}_{1 \ldots n-1}. \tag{5.111}$$

Damit ergibt sich

$$\int h(x^1, \ldots, x^n)\, dx^1 \ldots dx^{n-1} = \tag{5.112}$$
$$= \operatorname{sign}(D) \int h(f^{-1^1}(x'^1, .., x'^{n-1}, u(x'^1, .., x'^{n-1}, x^n)), \ldots, x^n)\, D\, dx'^1 \ldots dx'^{n-1}.$$

Integriert man nun über x^n und führt die eindimensionale Variablentransformation

$$x'^n = u(x'^1, \ldots, x'^{n-1}, x^n) \quad \text{bzw.} \quad x^n = f^{-1^n}(x'^1, \ldots, x'^{n-1}, x'^n) \tag{5.113}$$

durch, erhält man mit der Substitutionsregel für eindimensionale Integrale

$$\int h(x^1, \ldots, x^n)\, dx^1 \ldots dx^n = \tag{5.114}$$
$$= \operatorname{sign}(D) \operatorname{sign}\left(\frac{\partial f^{-1n}}{\partial x'^n}\right) \int h(f^{-1^1}(P'), \ldots, f^{-1^n}(P'))\, D' \frac{\partial f^{-1^n}}{\partial x'^n}\, dx'^1 \ldots dx'^n.$$

Durch die Variablensubstitution wurde D zu

$$D' = \left(\frac{\partial f^{-1^1}}{\partial x'^{j_1}} + \frac{\partial f^{-1^1}}{\partial x'^n} \frac{\partial u}{\partial x'^{j_1}} \bigg|_{x^n = f^{-1^n}(P')} \right) \cdots \left(\frac{\partial f^{-1^{n-1}}}{\partial x'^{j_{n-1}}} + \frac{\partial f^{-1^{n-1}}}{\partial x'^n} \frac{\partial u}{\partial x'^{j_{n-1}}} \bigg|_{x^n = f^{-1^n}(P')} \right) \delta^{j_1 \ldots j_{n-1}}_{1 \ldots n-1}$$

(5.115)

Das Produkt von D' mit $\dfrac{\partial f^{-1^n}}{\partial x'^n}$ schreiben wir als Determinante einer Matrix, mit der wir solche Umformungen machen, die die Determinante nicht ändern:

$$\begin{bmatrix} \frac{\partial f^{-1^1}}{\partial x'^1} + \frac{\partial f^{-1^1}}{\partial x'^n} \frac{\partial u}{\partial x'^1} \Big|_{x^n = f^{-1^n}(P')} & \cdots & \frac{\partial f^{-1^1}}{\partial x'^{n-1}} + \frac{\partial f^{-1^1}}{\partial x'^n} \frac{\partial u}{\partial x'^{n-1}} \Big|_{x^n = f^{-1^n}(P')} & 0 \\ \vdots & & \vdots & \vdots \\ \frac{\partial f^{-1^{n-1}}}{\partial x'^1} + \frac{\partial f^{-1}}{\partial x'^n} \frac{\partial u}{\partial x'^1} \Big|_{x^n = f^{-1^n}(P')} & \cdots & \frac{\partial f^{-1^{n-1}}}{\partial x'^{n-1}} + \frac{\partial f^{-1^{n-1}}}{\partial x'^n} \frac{\partial u}{\partial x'^{n-1}} \Big|_{x^n = f^{-1^n}(P')} & 0 \\ 0 & & 0 & \frac{\partial f^{-1^n}}{\partial x'^n} \end{bmatrix}$$

(5.116)

$$\begin{bmatrix} \frac{\partial f^{-1^1}}{\partial x'^1} + \frac{\partial f^{-1^1}}{\partial x'^n} \frac{\partial u}{\partial x'^1} \Big|_{x^n = f^{-1^n}(P')} & \cdots & \frac{\partial f^{-1^1}}{\partial x'^{n-1}} + \frac{\partial f^{-1^1}}{\partial x'^n} \frac{\partial u}{\partial x'^{n-1}} \Big|_{x^n = f^{-1^n}(P')} & \frac{\partial f^{-1^1}}{\partial x'^n} \\ \vdots & & \vdots & \vdots \\ \frac{\partial f^{-1^{n-1}}}{\partial x'^1} + \frac{\partial f^{-1}}{\partial x'^n} \frac{\partial u}{\partial x'^1} \Big|_{x^n = f^{-1^n}(P')} & \cdots & \frac{\partial f^{-1^{n-1}}}{\partial x'^{n-1}} + \frac{\partial f^{-1^{n-1}}}{\partial x'^n} \frac{\partial u}{\partial x'^{n-1}} \Big|_{x^n = f^{-1^n}(P')} & \frac{\partial f^{-1^{n-1}}}{\partial x'^n} \\ 0 & \cdots & 0 & \frac{\partial f^{-1^n}}{\partial x'^n} \end{bmatrix}$$

(5.117)

$$\begin{bmatrix} \frac{\partial f^{-1^1}}{\partial x'^1} & \cdots & \frac{\partial f^{-1^1}}{\partial x'^{n-1}} & \frac{\partial f^{-1^1}}{\partial x'^n} \\ \cdot & & \cdot & \cdot \\ \cdot & & \cdot & \cdot \\ \cdot & & \cdot & \cdot \\ \frac{\partial f^{-1^{n-1}}}{\partial x'^1} & \cdots & \frac{\partial f^{-1^{n-1}}}{\partial x'^{n-1}} & \frac{\partial f^{-1^{n-1}}}{\partial x'^n} \\ -\frac{\partial f^{-1^n}}{\partial x'^n}\frac{\partial u}{\partial x'^1}\bigg|_{x^n = f^{-1^n}(P')} & \cdots & -\frac{\partial f^{-1^n}}{\partial x'^n}\frac{\partial u}{\partial x'^{n-1}}\bigg|_{x^n = f^{-1^n}(P')} & \frac{\partial f^{-1^n}}{\partial x'^n} \end{bmatrix} \tag{5.118}$$

$$\begin{bmatrix} \frac{\partial f^{-1^1}}{\partial x'^1} & \cdots & \frac{\partial f^{-1^1}}{\partial x'^{n-1}} & \frac{\partial f^{-1^1}}{\partial x'^n} \\ \cdot & & \cdot & \cdot \\ \cdot & & \cdot & \cdot \\ \cdot & & \cdot & \cdot \\ \frac{\partial f^{-1^{n-1}}}{\partial x'^1} & \cdots & \frac{\partial f^{-1^{n-1}}}{\partial x'^{n-1}} & \frac{\partial f^{-1^{n-1}}}{\partial x'^n} \\ \frac{\partial f^{-1^n}}{\partial x'^1} & \cdots & \frac{\partial f^{-1^n}}{\partial x'^{n-1}} & \frac{\partial f^{-1^n}}{\partial x'^n} \end{bmatrix} \tag{5.119}$$

Beim Schritt von (5.117) nach (5.118) werden mit der rechten Spalte die Umformungen gemacht. Beim Schritt von (5.118) nach (5.119) wurde für die letzte Zeile (5.109) eingesetzt. Damit gilt also $D' \frac{\partial f^{-1n}}{\partial x'^n} = (x, x')^N_N$. Da diese Determinante als positiv angenommen werden konnte, muß $\operatorname{sign}(D)\operatorname{sign}\left(\frac{\partial f^{-1n}}{\partial x'^n}\right)$ gleich 1 sein, womit (5.101) bewiesen ist.

Das durch (5.101) beschriebene Transformationsverhalten für Integranden kann man auf unterschiedliche Weise durch die Schreibweise erfassen. Dazu betrachten wir zuerst den Fall n-symmetrischer Mannigfaltigkeiten, zu denen die symmetrischen und Riemannschen Mannigfaltigkeiten gehören. Für jeden Punkt ist in diesen Mannigfaltigkeiten der Funktionswert der n-dimensionalen Volumenfunktion $V^{(n)}$ der natürlichen Basisvektoren $\frac{\partial}{\partial x^1}$ bis $\frac{\partial}{\partial x^n}$ definiert (vgl. S. 121). Es ist zu beachten, daß

$$V^{(n)}\left(\frac{\partial}{\partial x^1}, \ldots, \frac{\partial}{\partial x^n}\right) \tag{5.120}$$

in jedem Parametersystem bekannt ist und nur einen Funktionswert hat. Die gestrichenen natürlichen Basisvektoren sind eventuell andere Vektoren aber Elemente des gleichen Vektorraums, und man kann den Wert der Volumenfunktion für diese Basisvektoren berechnen als

$$V^{(n)}\left(\frac{\partial}{\partial x'^1}, \ldots, \frac{\partial}{\partial x'^n}\right) = |(x, x')^N_N| \, V^{(n)}\left(\frac{\partial}{\partial x^1}, \ldots, \frac{\partial}{\partial x^n}\right). \qquad (5.121)$$

Diese Beziehung ist auch für die verallgemeinerte Volumenfunktion bei nicht definitem Isomorphismus von $V_{\{[P]\}}$ *auf* $V^*_{\{[P]\}}$ *richtig* (vgl. S. 90). Wenn man berücksichtigt, daß die Volumenfunktion ihren Funktionswert beim Parameterwechsel an einem festen Punkt *nicht* verändert, erhält man mit (5.101) und (5.121)

$$\int_A h(P) V^{(n)}\left(\frac{\partial}{\partial x^1}, \ldots, \frac{\partial}{\partial x^n}\right) dx^1 \ldots dx^n =$$

$$= \int_{f(A)} h(f^{-1}(P'))\,|(x, x')^N_N| \, V^{(n)}\left(\frac{\partial}{\partial x^1}, \ldots, \frac{\partial}{\partial x^n}\right) dx'^1 \ldots dx'^n \qquad (5.122)$$

$$= \int_{f(A)} h'(P')\, V^{(n)}\left(\frac{\partial}{\partial x'^1}, \ldots, \frac{\partial}{\partial x'^n}\right) dx'^1 \ldots dx'^n.$$

Mit der Beziehung

$$\begin{aligned} V^{(n)}\left(\frac{\partial}{\partial x'^1}, \ldots, \frac{\partial}{\partial x'^n}\right) &= \sqrt{|g'_{1j_1} \ldots g'_{nj_n} \, \delta^{j_1 \ldots j_n}_{1 \ldots n}|} \\ &= \sqrt{|g'_{NN}|} = \sqrt{g'} \end{aligned} \qquad (5.123)$$

und mit (5.92) kann man das Transformationsverhalten der Funktion

$$h(P)\sqrt{g} = h(P)\, V^{(n)}\left(\frac{\partial}{\partial x^1}, \ldots, \frac{\partial}{\partial x^n}\right) \qquad (5.124)$$

beim Parameterwechsel sofort erkennen, wenn h mit (5.97) umzurechnen ist. Man nennt

$$d\tau = V^{(n)}\left(\frac{\partial}{\partial x^1}, \ldots, \frac{\partial}{\partial x^n}\right) dx^1 \ldots dx^n = \sqrt{g}\; dx^1 \ldots dx^n \qquad (5.125)$$

das invariante Volumenelement. Wegen der Beziehungen (4.353) und (5.95,96) erhält man auch die Gleichungen

$$\begin{aligned} h'(P')\, V^{(n)}\left(\frac{\partial}{\partial x'^1}, \ldots, \frac{\partial}{\partial x'^n}\right) &= \operatorname{sign}(g'_{NN})\, h'(P') *_1\left(\frac{\partial}{\partial x'^1} \wedge \ldots \wedge \frac{\partial}{\partial x'^n}\right) \\ &= \left(\operatorname{sign}(g'_{NN}) *_1 h'(P'), \frac{\partial}{\partial x'^1} \wedge \ldots \wedge \frac{\partial}{\partial x'^n}\right). \end{aligned} \qquad (5.126)$$

Man kann also die Integranden als Funktionswerte der von den Parametersystemen abhängigen n-Vektoren $\frac{\partial}{\partial x'^1} \wedge \ldots \wedge \frac{\partial}{\partial x'^n}$ des Pseudo-n-Kovektorfeldes

$$\begin{aligned} K(n) &= \operatorname{sign}(g'_{NN}) *_1 h'(P') = \operatorname{sign}(g'_{NN})\, h'(P')\, H \\ &= \sqrt{g'}\, h'(P')\, \nabla x'^1 \wedge \ldots \wedge \nabla x'^n = \sqrt{g}\, h(P)\, \nabla x^1 \wedge \ldots \wedge \nabla x^n \end{aligned} \tag{5.127}$$

betrachten. *Man mußte sich hier nicht auf orientierbare Mannigfaltigkeiten beschränken, gerade weil die Komponenten des* n-*Vektors bzw.* n-*Kovektors* H *nicht das Transformationsverhalten von Skalarfeldern sondern von Pseudoskalarfeldern haben.*

Die Einschränkung auf mindestens n-symmetrische Mannigfaltigkeiten empfindet man häufig als Mangel, da z. B. in der Thermostatik die Mannigfaltigkeiten in der Regel nicht einmal n-symmetrisch sind. Betrachtet man (5.127) und erinnert sich an die Umrechnungsformel für die Komponenten eines allgemeinen n-Kovektorfeldes, die durch (5.87) gegeben ist und die für diesen Spezialfall p = n lautet

$$a'_N(P') = a_N(f^{-1}(P'))\,(x, x')^N_N, \tag{5.128}$$

hat man auch in allgemeinen, nicht notwendig n-symmetrischen Mannigfaltigkeiten Funktionen, die das Transformationsverhalten von Integranden haben, wenn man sich auf orientierbare Mannigfaltigkeiten beschränkt. Die Komponente (5.128) kann man betrachten als die Funktionswerte eines n-Kovektorfeldes

$$K(n) = a_N(P)\, \nabla x^1 \wedge \ldots \wedge \nabla x^n \tag{5.129}$$

für die Argumentwerte $\frac{\partial}{\partial x'^1} \wedge \ldots \frac{\partial}{\partial x'^n}$, die von den Parametersystemen abhängig sind.
Man kann also in orientierbaren Mannigfaltigkeiten die Integranden in der Form schreiben

$$h(x'^1, \ldots, x'^n) = \left(K(n), \frac{\partial}{\partial x'^1} \wedge \ldots \wedge \frac{\partial}{\partial x'^n}\right) . \tag{5.130}$$

Andere Formulierungen für Integranden erhält man, wenn man in (5.98) die Menge A als Bild eines Quaders betrachten kann, wobei wir in Erweiterung der bisherigen Betrachtungen annehmen, daß A auch das Bild eines p-dimensionalen Quaders mit $p < n$ sein darf. Diese Erweiterung ist unvermeidlich, wenn man Integranden betrachtet, die man schon nach einigen Variablen integriert hat. Dann handelt es sich bei (5.98) aber nur noch um p eindimensionale Integrationen.

Die Menge A sei gegeben durch die Funktionswerte einer injektiven Abbildung eines Quaders $a^j \leqslant t^j \leqslant b^j$, $a^j < b^j$, $j = 1, \ldots, p$ in das n-dimensionale Parametersystem

$$A : x^i = x^i(t^1, \ldots, t^p), \quad i = 1, \ldots, n, \tag{5.131}$$

wofür wir auch schreiben

$$P = P(t^1, \ldots, t^p). \tag{5.132}$$

Wir nennen dies eine p-dimensionale Parameterdarstellung der Menge A. Wenn man sich hier jeweils ein t^j variabel denkt und die übrigen fest, erhält man durch einen Punkt P aus A p Parameterwege, zu denen p parametrisierte Wege der α-Mannigfaltigkeit gehören. Es sollen hier nur reguläre Parameterdarstellungen betrachtet werden, bei denen die Abbildungen mindestens zweimal stetig nach allen Parametern differenzierbar und die p Tangentenvektoren für die p Parameterwege durch jeden Punkt

$$\frac{\partial P}{\partial t^j} \equiv \frac{\partial x^{i_j}}{\partial t^j} \frac{\partial}{\partial x^{i_j}} \equiv (x, t)^{i_j}_j \frac{\partial}{\partial x^{i_j}}, \quad j = 1, \ldots, p \tag{5.133}$$

linear unabhängig sind. Dies kann man auch ausdrücken durch

$$\begin{aligned} \frac{\partial P}{\partial t^1} \wedge \ldots \wedge \frac{\partial P}{\partial t^p} &= (x, t)^{i_1}_1 \ldots (x, t)^{i_p}_p \, \delta^K_{i_1 \ldots i_p} \frac{\partial}{\partial x^{k_1}} \wedge \ldots \wedge \frac{\partial}{\partial x^{k_p}} \\ &= (x, t)^K \frac{\partial}{\partial x^{k_1}} \wedge \ldots \wedge \frac{\partial}{\partial x^{k_p}} \neq 0. \end{aligned} \tag{5.134}$$

Hier wurde die zur geordneten Indexmenge $K = \underbrace{k_1 \ldots k_p}$ gehörende p-reihige Unterdeterminante von $(x, t)^k_j$ mit $(x, t)^K$ bezeichnet. Wenn solche Parameterdarstellungen betrachtet werden, wird für die α-Mannigfaltigkeit angenommen, daß sie mindestens 2-mal stetig differenzierbar ist. Eine Parameterdarstellung der Form

$$x^1 = t^1 + t^2, \quad x^2 = t^1 + t^2, \quad x^3 = t^1 + t^2 \tag{5.135}$$

ist also keine reguläre 2-dimensionale Parametrisierung einer Menge. Dies entspricht der Anschauung, da man die gleiche Menge mit einer eindimensionalen regulären Parametrisierung erhalten kann.

Schreibt man ein Integral über die Menge A mit einer Funktion des Transformationsverhaltens (5.97), erhält man

$$\begin{aligned} J(A) &= \int\limits_{a^j \leqslant t^j \leqslant b^j} g(P(t^1, \ldots, t^p))\, dt^1 \ldots dt^p = \\ &= \int\limits_Q g(f^{-1} \circ f(P(t^1, \ldots, t^p))\, dt^1 \ldots dt^p \\ &= \int\limits_Q g'(P'(t^1, \ldots, t^p))\, dt^1 \ldots dt^p . \end{aligned} \tag{5.136}$$

Wenn also A *beim Parameterwechsel in die richtige Bildmenge*

$$f(A) : P'(t^1, \ldots, t^p) = f(P(t^1, \ldots, t^p)) \tag{5.137}$$

umgerechnet wird und der Integrand durch das Einsetzen von (5.131, 132) *in eine Funktion des Transformationsverhaltens* (5.97) *angegeben wird, sind die Integrale unabhängig vom Parametersystem der α-Mannigfaltigkeit.* Der Nachteil bei diesem Integral besteht darin, daß man mit anderen Funktionen als (5.131) die *gleiche* Bildmenge A erhalten kann, für die sich bei der *gleichen* Funktion $g(x^1, \ldots, x^n)$ ein *anderes* Integral ergibt. Dazu betrachten wir eine umkehrbar eindeutige zweimal stetig differenzierbare Abbildung

$$s^j = s^j(t^1, \ldots, t^p), j = 1, \ldots, p \tag{5.138}$$

des ursprünglichen Quaders Q auf den Bildquader Q': $a'^j \leqslant s^j \leqslant b'$, $a'^j < b'^j$ mit

$$(s, t) \equiv \frac{\partial s^{j_1}}{\partial t^1} \cdots \frac{\partial s^{j_p}}{\partial t^p} \delta^{1 \ldots p}_{j_1 \ldots j_p} > 0, \tag{5.139}$$

wobei das Bild des j-ten unteren bzw. oberen Randes gerade den entsprechenden j-ten unteren bzw. oberen Rand des Bildquaders liefern soll:

$$s^j(t^1, \ldots, a^j, \ldots, t^p) \equiv a'^j \quad \text{bzw.} \quad s^j(t^1, \ldots, b^j, \ldots, t^p) \equiv b'^j, j = 1, \ldots, p. \tag{5.140}$$

Für diese Abbildung und die zugehörige Umkehrabbildung schreiben wir kurz

$$s(t^1, \ldots, t^p) \quad \text{bzw.} \quad t(s^1, \ldots, s^p). \tag{5.141}$$

Man erkennt sofort, daß sich alle solche Abbildungen von Quadern zu einer Klasse α_F zusammenfassen lassen, die die Eigenschaften 1 bis 3 der S. 102 hat. Der Übergang zur Klasse $\tilde{\alpha}_F$ und die entsprechende Definition einer p-dimensionalen α_F-Mannigfaltigkeit ist sofort klar. *Dies erlaubt uns, sämtliche bisher für die α-Mannigfaltigkeit durchgeführten Konstruktionen auch für diese α_F-Mannigfaltigkeit zu verwenden. Wir werden die entsprechenden Bildungen mit einem* F *indizieren.*

Durch Einsetzen von (5.141) in (5.131, 132) erhält man mit

$$P(t(s^1, \ldots, s^p)) = \tilde{P}(s^1, \ldots, s^p) \tag{5.142}$$

sicher die ursprüngliche Bildmenge A. Wir nennen dies eine zu (5.131) *gleichwertige Parameterdarstellung* der Menge A. Einem Punkt der α_F-Mannigfaltigkeit entspricht mit (5.142) genau ein Punkt im Parametersystem der α-Mannigfaltigkeit.

Alle möglichen mit allen Abbildungen der Klasse α_F definierbaren gleichwertigen Parameterdarstellungen einer Menge A *nennen wir eine* p*-dimensionale orientierbare Fläche des Parametersystems.* Geht man zusätzlich noch über zu den gleichwertigen Mengen für die verschiedenen Parametersysteme

$$\{[(f_A, P(t^1, \ldots, t^p))]\}, \tag{5.143}$$

erhält man eine p*-dimensionale orientierbare Fläche der α-Mannigfaltigkeit.* Für p = 1 nennt man die zu dem Parameterweg gehörende Klasse gleichwertiger Parameterdarstellungen eine *Kurve des Parametersystems* bzw. *Kurve der α-Mannigfaltigkeit.*

Bei einer Parameterdarstellung einer p*-dimensionalen Fläche müssen also zwei Arten von Transformationen beachtet werden, diejenigen, die zur Klasse α der α-Mannigfaltigkeit gehören, und die, die zur Klasse α_F der Quadertransformationen gehören.*

Schreibt man

$$\tilde{g}(t^1, \ldots, t^p) = g(P(t^1, \ldots, t^p)) \qquad (5.144)$$

bzw.

$$g(P(t(s^1, \ldots, s^p))) = \tilde{g}(t(s^1, \ldots, s^p)) = \tilde{g}'(s^1, \ldots, s^p), \qquad (5.145)$$

erkennt man, daß es sich bei (5.136) eigentlich um Integrale über Funktionen der α_F-Mannigfaltigkeit handelt, für die die gleichen Umrechnungsprobleme auftauchen, wie sie schon für die α-Mannigfaltigkeit behandelt wurden. *Man kann also die bisherigen Ergebnisse übernehmen, wobei nur an alle Bildungen der Index* F *anzufügen ist.* Integranden, die sich beim Wechsel der Parameterdarstellung so umrechnen, daß das Integral unverändert bleibt, kann man schreiben als

$$\begin{aligned} h'(s^1, \ldots, s^p) &= g'(s^1, \ldots, s^p)\, V^{(p)}\left(\frac{\partial^F}{\partial s^1}, \ldots, \frac{\partial^F}{\partial s^p}\right) \\ &= \operatorname{sign}(g^F_{PP})\, g'(s^1, \ldots, s^p) *^F_1\left(\frac{\partial^F}{\partial s^1} \wedge \ldots \wedge \frac{\partial^F}{\partial s^p}\right). \end{aligned} \qquad (5.146)$$

Da wegen der Einschränkung (5.139) die α_F-Mannigfaltigkeit orientierbar ist, erhält man auch

$$h'(s^1, \ldots, s^p) = \left(K(p)^F, \frac{\partial^F}{\partial s^1} \wedge \ldots \wedge \frac{\partial^F}{\partial s^p}\right). \qquad (5.147)$$

mit

$$\begin{aligned} K(p)^F &= a_P(t^1, \ldots, t^p)\, \nabla^F t^1 \wedge \ldots \wedge \nabla^F t^p = \\ &= a'_P(s^1, \ldots, s^p)\, \nabla^F s^1 \wedge \ldots \wedge \nabla^F s^p. \end{aligned} \qquad (5.148)$$

Bei diesen Formeln ist nur berücksichtigt, daß es sich um eine α_F-Mannigfaltigkeit handelt, und nicht, daß es sich hier auch um eine p-dimensionale Fläche einer α-Mannigfaltigkeit handelt. Dies erkennt man schon daran, daß (5.146) nur dann einen Aussagewert hat, wenn $V^{(p)}$ bzw. $*^F_1$ in der α_F-Mannigfaltigkeit definiert sind. Dies ist bei p-dimensionalen Flächen allgemeiner α-Mannigfaltigkeiten nicht selbstverständlich. Diese Definition wird nachgeholt, indem man die in (5.133) angegebenen Tangentenvektoren der α-Mannigfaltigkeit mit den entsprechenden Tangentenvektoren der α_F-Mannigfaltigkeit für jeden Punkt identifiziert, also setzt

$$\frac{\partial^F}{\partial t^j} = \frac{\partial P}{\partial t^j} = (x, t)^{ij}_j \frac{\partial}{\partial x^{ij}}. \qquad (5.149)$$

In symmetrischen α-Mannigfaltigkeiten kann man dann $V^{(p)}$ und $*_1^F$ berechnen. Man erhält dann mit (5.149)

$$V^{(p)}\left(\frac{\partial^F}{\partial t^1},\ldots,\frac{\partial^F}{\partial t^p}\right)=V^{(p)}\left(\frac{\partial P}{\partial t^1},\ldots,\frac{\partial P}{\partial t^p}\right)=$$

$$=\sqrt{\left|\left(\overset{p}{\otimes} I\left(\frac{\partial P}{\partial t^1}\wedge\ldots\wedge\frac{\partial P}{\partial t^p}\right),\frac{\partial P}{\partial t^1}\wedge\ldots\wedge\frac{\partial P}{\partial t^p}\right)\right|}=$$

$$\doteq\sqrt{\left|(x,t)^I(x,t)^K\left(\overset{p}{\otimes} I\left(\frac{\partial}{\partial x^{i_1}}\wedge\ldots\wedge\frac{\partial}{\partial x^{i_p}}\right),\frac{\partial}{\partial x^{k_1}}\wedge\ldots\wedge\frac{\partial}{\partial x^{k_p}}\right)\right|}$$

$$=\sqrt{\left|g_{IK}(x,t)^I(x,t)^K\right|}=\sqrt{\left|g^F_{PP}\right|}\,. \tag{5.150}$$

Mit der Kettenregel der Differentialrechnung

$$\left.\frac{\partial x^k}{\partial x'^i}\right|_{P'=P'(t^1,\ldots,t^p)}\frac{\partial x'^i}{\partial t^j}=\frac{\partial x^k}{\partial t^j} \tag{5.151}$$

erhält man

$$(x,t)^K=\frac{\partial x^{l_1}}{\partial t^1}\cdots\frac{\partial x^{l_p}}{\partial t^p}\,\delta^K_{l_1\ldots l_p}=$$

$$=(x,x')^{l_1}_{m_1}\left|\frac{\partial x'^{m_1}}{\partial t^1}\right._{P'=P'(t^1,\ldots,t^p)}\cdots\cdots\cdots(x,x')^{l_p}_{m_p}\left|\frac{\partial x'^{m_p}}{\partial t^p}\right._{P'=P'(t^1,\ldots,t^p)}\delta^K_{l_1\ldots l_p}$$

$$=\left[(x,x')^{l_1}_{m_1}\ldots(x,x')^{l_p}_{m_p}\right]_{P'=P'(t^1,\ldots,t^p)}\delta^K_{l_1\ldots l_p}(x',t)^{m_1}_1\ldots(x',t)^{m_p}_p$$

$$=(x,x')^K_I\Big|_{P'=P'(t^1,\ldots,t^p)}\delta^I_{m_1\ldots m_p}(x',t)^{m_1}_1\ldots(x',t)^{m_p}_p \tag{5.152}$$

$$=(x,x')^K_I\Big|_{P'=P'(t^1,\ldots,t^p)}(x',t)^I$$

Hiermit und mit (5.92) überprüft man sofort, daß der Funktionswert von

$$g^F_{PP}=g_{IK}(x,t)^I(x,t)^K \tag{5.153}$$

für einen Punkt bei einer Parametertransformation der α-Mannigfaltigkeit unverändert bleibt. Die *Flächenergänzung* $*_1^F$ wird gebildet mit

$$H^F=\operatorname{sign}(g^F_{PP})\sqrt{|g^F_{PP}|}\,\nabla^F t^1\wedge\ldots\wedge\nabla^F t^p\quad\text{bzw.} \tag{5.154}$$

$$H^F=\frac{1}{\sqrt{|g^F_{PP}|}}\,\frac{\partial^F}{\partial t^1}\wedge\ldots\wedge\frac{\partial^F}{\partial t^p}\,. \tag{5.155}$$

Um zu erläutern, daß man mit dem Integral

$$F = \int V^{(p)}\left(\frac{\partial P}{\partial t^1}, \ldots, \frac{\partial P}{\partial t^p}\right) dt^1 \ldots dt^p \tag{5.156}$$

anschaulich so etwas wie einen p-*dimensionalen Flächeninhalt* erhält, soll das Integral über eine von den p Vektoren $\mathbf{a}_1$ bis $\mathbf{a}_p$ begrenzte Fläche für eine affine Mannigfaltigkeit berechnet werden. Wir betrachten die p-dimensionale Parameterdarstellung

$$\mathbf{x} = \mathbf{x}_0 + t^j \mathbf{a}_j, \quad 0 \leqslant t^j \leqslant 1. \tag{5.157}$$

Dies ist gerade ein Spat, der von den Vektoren $\mathbf{a}_1$ bis $\mathbf{a}_p$ begrenzt wird. Dann ergibt sich

$$\begin{aligned} F &= \int V^{(p)}\left(\frac{\partial P}{\partial t^1}, \ldots, \frac{\partial P}{\partial t^p}\right) dt^1 \ldots dt^p = \\ &= \int V^{(p)}(\mathbf{a}_1, \ldots, \mathbf{a}_p)\, dt^1 \ldots dt^p = V^{(p)}(\mathbf{a}_1, \ldots, \mathbf{a}_p) \int dt^1 \ldots dt^p \\ &= V^{(p)}(\mathbf{a}_1, \ldots, \mathbf{a}_p). \end{aligned} \tag{5.158}$$

Also ist die Bezeichnung von (5.156) als p-dimensionaler Flächeninhalt mit den in Abschnitt 4.5 gebrachten Überlegungen verträglich. Man nennt

$$dF = d\tau^F = V^{(p)}\left(\frac{\partial P}{\partial t^1}, \ldots, \frac{\partial P}{\partial t^p}\right) dt^1 \ldots dt^p \tag{5.159}$$

das *skalare Oberflächenelement einer* p-*dimensionalen Fläche.*

Nachdem die in (5.146) vorkommenden Funktionen definiert sind, stellt sich das Problem, wie (5.147) mit (5.148) aus Feldern der α-Mannigfaltigkeit bestimmt werden kann. Wir nennen

$$T(p) = \frac{\partial P}{\partial t^1} \wedge \ldots \wedge \frac{\partial P}{\partial t^p} = \frac{\partial^F}{\partial t^1} \wedge \ldots \wedge \frac{\partial^F}{\partial t^p} \tag{5.160}$$

bzw.

$$S(p) = \frac{\partial P}{\partial s^1} \wedge \ldots \wedge \frac{\partial P}{\partial s^p} = \frac{\partial^F}{\partial s^1} \wedge \ldots \wedge \frac{\partial^F}{\partial t^p} \tag{5.161}$$

die *tangentialen* p-*Vektorfelder der* p-*dimensionalen Fläche für die entsprechenden Parameterdarstellungen.* Gegeben sie ein p-Kovektorfeld K(p) der α-Mannigfaltigkeit. Dann ist

$$(K(p), T(p))\Big|_{P = P(t^1, \ldots, t^p)} \quad \text{bzw.} \quad (K(p), S(p))\Big|_{P = P'(s^1, \ldots, s^p)} \tag{5.162}$$

für jede Parameterdarstellung einer p-dimensionalen Fläche wegen (5.149) sinnvoll definiert. Natürlich wird K(p) nur für die Punkte $P(t^1, \ldots t^p)$ bzw. $P'(s^1, \ldots, s^p)$ benötigt. Für ein p-Kovektorfeld

$$K(p) = a_1(P)\, \nabla x^{i_1} \wedge \ldots \wedge \nabla^{i_p} \tag{5.163}$$

erhält man also

$$(K(p), T(p))\Big|_{P=P(t^1,\ldots,t^p)} =$$

$$= a_I(P(t^1,\ldots,t^p))\left(\nabla x^{i_1} \wedge \ldots \wedge \nabla x^{i_p}, (x,t)^K \frac{\partial}{\partial x^{k_1}} \wedge \ldots \wedge \frac{\partial}{\partial x^{k_p}}\right) \qquad (5.164)$$

$$= a_I(P(t^1,\ldots,t^p))\,(x,t)^K \delta^I_K = a_I(P(t^1,\ldots,t^p))\,(x,t)^I.$$

Mit der Kettenregel

$$(x,s)^i_k = (x,t)^i_j \left.\frac{\partial t^j}{\partial s^k}\right|_{t(s^1,\ldots,s^p)} \qquad (5.165)$$

ergibt sich

$$\left[a_I\,(P(t^1,\ldots,t^p))\,(x,t)^I\right]_{t(s^1,\ldots,s^p)} (t,s) = a'_I\,(s^1,\ldots,s^p)\,(x,s)^I \qquad (5.166)$$

$$= (K(p), S(p)),$$

also nach (5.139) die richtige Umrechnungsformel für Integranden der α_F-Mannigfaltigkeit. Setzt man nun

$$(K(p), T(p))\Big|_{P=P(t^1,\ldots,t^p)} = (K(p)^F, T(p)), \qquad (5.167)$$

ergibt sich

$$K(p)^F = (K(p), T(p))\Big|_{P=P(t^1,\ldots,t^p)} \nabla^F t^1 \wedge \ldots \wedge \nabla^F t^p. \qquad (5.168)$$

Mit der Umrechnungsformel für die Komponenten eines p-Kovektorfeldes (5.87) und mit (5.152) ergibt sich

$$a'_I(P'(t^1,\ldots,t^p))\,(x',t)^I =$$

$$= a_K\,(f^{-1}(P'(t^1,\ldots,t^p)))\,(x,x')^K_I\Big|_{P'=P'(t^1,\ldots,t^p)} (x',t)^I$$

$$= a_K(f^{-1}\circ f(P(t^1,\ldots,t^p)))\,(x,t)^K \qquad (5.169)$$

$$= a_K(P(t^1,\ldots,t^p))\,(x,t)^K.$$

Gibt man also mit p-Kovektorfeldern die Integranden in der Form (5.162) *an, erhält man also ein Integral für alle Parameterdarstellungen einer p-dimensionalen Fläche und alle Parametersysteme der α-Mannigfaltigkeit.*

Man muß beachten, daß die α_F-Mannigfaltigkeit wegen (5.139) als *orientierbar* vorausgesetzt worden ist. Da man die gleiche Punktmenge A der α-Mannigfaltigkeit auch mit einer nicht-äquivalenten Parameterdarstellung z.B. durch Vertauschen von t^1 und t^2 erhalten kann, ist das Vorzeichen dieser Integrale von der Orientierung der p-dimensionalen Fläche abhängig. Dagegen ist es *nicht* nötig vorauszusetzen, daß die α-Mannigfaltigkeit orientierbar ist. Dies wird anders, wenn man das p-Kovektorfeld K(p) als Ergänzung eines (n-p)-Vektorfeldes betrachtet:

$$(*_1 V(n\text{-}p), T(p)). \tag{5.170}$$

Wenn $(x, x')^N_N$ *kleiner als Null ist, bringt hier im Unterschied zu* (5.125, 127) *das Transformationsverhalten von* H *einen Vorzeichenwechsel des Integranden, wodurch das Integral sein Vorzeichen wechselt. Solche Integranden sind also nur in orientierbaren Mannigfaltigkeiten zulässig. Unabhängig hiervon muß auch bei* (5.170) *die Orientierbarkeit der* α_F*-Mannigfaltigkeit verlangt werden.*

Bemerkung:

Mit der Beziehung (4.356) schreibt man oft in der Physik

$$(\circledast K(p), \circledast T(p)) = \mathrm{sign}(g_{NN})\,(K(p), T(p)) \tag{5.171}$$

und nennt

$$dF(n-p) = \circledast(T(p))\, dt^1 \ldots dt^p \tag{5.172}$$

im Unterschied zum *p-vektoriellen Flächenelement*

$$dF(p) = T(p)\, dt^1 \ldots dt^p \tag{5.173}$$

ein *pseudo-*(n-p)*-vektorielles Flächenelement.* Man kann

$$\omega = (K(p), T(p))\, dt^1 \ldots dt^p = (K(p), dF(p)) \tag{5.174}$$

eine *p-stufige Differentialform* und wegen der Einschränkung auf orientierbare Mannigfaltigkeiten

$$\tilde{\omega} = (*_1 V(n\text{-}p), T(p))\, dt^1 \ldots dt^p = (*_1 V(n\text{-}p), dF(p)) \tag{5.175}$$

eine *Pseudodifferentialform* nennen. Dann lassen sich die Integrale schreiben als

$$\int_F \omega \quad \text{bzw.} \quad \int_F \tilde{\omega}. \tag{5.176}$$

Diese Bedeutung für das Wort Differentialform ist aber nicht allgemein gebräuchlich. Häufiger werden die p-Kovektorfelder selbst als Differentialformen bezeichnet und nicht ihre Bildwerte für die Flächenelemente. Auf diesen unterschiedlichen Gebrauch des Wortes muß man achten.

5.6. Die alternierende Ableitung von p-Kovektorfeldern und der Satz von Poincaré

Für ein p-Kovektorfeld

$$K(p) = a_K(P)\, \nabla x^{k_1} \wedge \ldots \wedge \nabla x^{k_p}, \tag{5.177}$$

dessen Komponentenfunktionen $a_K(P)$ in einer mindestens zweimal stetig differenzierbaren Mannigfaltigkeit mindestens stetig differenzierbar sind, läßt sich als *alternierende Ableitung* ein $(p + 1)$-Kovektorfeld definieren durch

$$\begin{aligned} \nabla\wedge K(p) &= \nabla\wedge\left(a_K(P)\,\nabla x^{k_1}\wedge\ldots\wedge\nabla x^{k_p}\right)\\ &= \nabla(a_K)\wedge\nabla x^{k_1}\wedge\ldots\wedge\nabla x^{k_p}\\ &= \frac{\partial a_K(P)}{\partial x^j}\,\delta^{jK}_{L}\,\nabla x^{l_1}\wedge\ldots\wedge\nabla x^{l_{p+1}}\\ &\equiv a_{K'j}\,\delta^{jK}_{L}\,\nabla x^{l_1}\wedge\ldots\wedge\nabla x^{l_{p+1}}. \end{aligned} \tag{5.178}$$

Es ist zu beachten, daß hier nur partielle Ableitungen der Komponenten, nicht irgendwelcher Basisvektoren vorkommen. Diese Definition ist sinnvoll, wenn das Feld in eindeutiger Weise für jedes Parametersystem zu erhalten ist. Dies bedeutet, daß das Umrechnen der Komponenten in das gestrichene Parametersystem und anschließende alternierende Differentiation im neuen Parametersystem zu dem gleichen Ergebnis führt wie die Umrechnung von $a_{K,j}\,\delta^{jK}_{L}$ in das gestrichene Parametersystem. Man kann sich dies mit dem folgenden Diagramm veranschaulichen:

$$\begin{array}{ccc} a_K(P) & \xrightarrow{\quad f \quad} & a'_I(P') \\ \Big\downarrow \nabla\wedge & & \Big\downarrow \nabla'\wedge \\ a_{K,j}\,\delta^{jK}_{L} & \xrightarrow{\quad f \quad} & a'_{I,k}\,\delta^{kI}_{M} \end{array}$$

Mit (5.87) und der Produkt- und Kettenregel der Differentialrechnung ergibt sich

$$\begin{aligned} \frac{\partial}{\partial x'^k}\,a'_I(P') &= \frac{\partial}{\partial x'^k}\left(a_K(f^{-1}(P'))\,(x,x')^K_I\right)\\ &= a_{K,j}\Big|_{P=f^{-1}(P')}(x,x')^j_k\,(x,x')^K_I + a_K(f^{-1}(P'))\,\frac{\partial}{\partial x'^k}\,(x,x')^K_I. \end{aligned} \tag{5.179}$$

Für den ersten Term der rechten Seite folgt durch Multiplikation mit δ^{kI}_{L} und Summation wegen

$$(x,x')^j_k\,(x,x')^K_I\,\delta^{kI}_{L} = \delta^{jK}_{M}\,(x,x')^M_L \tag{5.180}$$

$$[a_{K,j}\,\delta^{jK}_{M}]_{P=f^{-1}(P')}\,(x,x')^M_L\,. \tag{5.181}$$

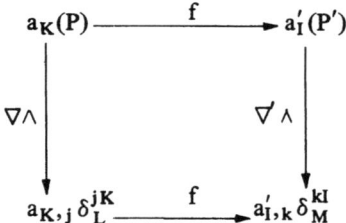

Diesen Ausdruck erhält man gerade, wenn man die alternierende Ableitung in das neue Parametersystem umrechnet. Es ist also nur noch zu zeigen, daß der zweite Term auf der rechten Seite von (5.179) Null liefert. In mindestens zweimal stetig differenzierbaren Mannigfaltigkeiten gilt für die Parametertransformationen

$$\frac{\partial^2 f^{-1\,k}}{\partial x'^i \partial x'^j} \equiv f^{-1\,k}{}_{,j,i} = \frac{\partial^2 f^{-1\,k}}{\partial x'^j \partial x'^i} \equiv f^{-1\,k}{}_{,i,j} \tag{5.182}$$

Man kann

$$\begin{aligned} \frac{\partial}{\partial x'^k} (x, x')^K_I \, \delta^{kI}_L &= \frac{\partial}{\partial x'^k} (t^{-1\,k_1}{}_{,l_1} \ldots f^{-1\,k_p}{}_{,l_p}) \, \delta^{l_1 \ldots l_p}_I \, \delta^{kI}_L \\ &= \frac{\partial}{\partial x'^k} (f^{-1\,k_1}{}_{,l_1} \ldots f^{-1\,k_p}{}_{,l_p}) \, \delta^{k l_1 \ldots l_p}_L \end{aligned} \tag{5.183}$$

schreiben als Summe von p Termen der Form

$$f^{-1\,k_1}{}_{,l_1} \ldots f^{-1\,k_j}{}_{,l_j,k} \ldots f^{-1\,k_p}{}_{,l_p} \, \delta^{k l_1 \ldots l_j \ldots l_p}_L, \qquad j = 1, \ldots, p, \tag{5.184}$$

die wegen (5.182) und (4.161) gleich Null sind. Also gilt

$$\frac{\partial}{\partial x'^k} (x, x')^K_I \, \delta^{kI}_L = 0 \quad \text{und} \tag{5.185}$$

$$\begin{aligned} \frac{\partial}{\partial x'^k} a'_I(P') \, \delta^{kI}_L &= \frac{\partial}{\partial x'^k} [a_K(f^{-1}(P'))\,(x, x')^K_I] \, \delta^{kI}_L \\ &= \left[\frac{\partial a_K}{\partial x^j} \, \delta^{jK}_M \right]_{P = f^{-1}(P')} (x, x')^M_L = \left[a_{K,j} \, \delta^{jK}_M \right]_{P = f^{-1}(P')} (x, x')^M_L, \end{aligned} \tag{5.186}$$

was zu beweisen war. Die Beziehung (5.185) ist nichts anderes, als daß die aus (5.178) folgende Gleichung

$$\nabla \wedge (\nabla x^{k_1} \wedge \ldots \wedge \nabla x^{k_p}) = 0 \tag{5.187}$$

unabhängig vom Parametersystem ist.

Gilt für alle möglichen Indexmengen K und Indizes i, j, die nicht aus K sind

$$a_{K,i,j} \equiv \frac{\partial^2 a_K}{\partial x^j \partial x^i} = \frac{\partial^2 a_K}{\partial x^i \partial x^j} \equiv a_{K,j,i}, \tag{5.188}$$

erhält man mit (4.161)

$$a_{K,i,j} \, \delta^{jiK}_M = (a_{K,i} \, \delta^{iK}_L)_{,j} \, \delta^{jL}_M = 0, \tag{5.189}$$

was man mit (5.178) schreiben kann als

$$\nabla \wedge (\nabla \wedge K(p)) = 0. \tag{5.190}$$

Die Voraussetzung (5.188) ist insbesondere in zweimal stetig differenzierbaren α-Mannigfaltigkeiten erfüllt, wenn $a_K(P)$ in einem Parametersystem zweimal stetig differenzierbar ist.

Mit (5.168) kann man ein p-Kovektorfeld der n-dimensionalen α-Mannigfaltigkeit zur Definition eines p-Kovektorfeldes der p-dimensionalen α_F-Mannigfaltigkeit verwenden. Macht man dies mit dem p-Kovektorfeld $\nabla\wedge A(p\text{-}1)$

$$A(p)^F = (\nabla\wedge A(p\text{-}1), T(p))\, \nabla^F t^1 \wedge \ldots \wedge \nabla^F t^p, \tag{5.191}$$

kann man die Komponenten von $A(p)^F$ als gewisse Linearkombination von partiellen Ableitungen nach den Parametern t^j der Fläche des aus $A(p\text{-}1)$ durch

$$A(p\text{-}1)^F = \left(A(p\text{-}1), \underbrace{\frac{\partial P}{\partial t^{i_1}} \wedge \ldots \wedge \frac{\partial P}{\partial t^{i_{p-1}}}}\right) \nabla^F t^{i_1} \wedge \ldots \wedge \nabla^F t^{i_{p-1}}$$
$$\text{mit } I = \underbrace{i_1, \ldots, i_{p-1}} \in \{1, \ldots, p\} \tag{5.192}$$

gebildeten (p-1)-Kovektorfeldes der α_F-Mannigfaltigkeit lesen.

Es gilt

$$A(p)^F = \nabla^F \wedge A(p\text{-}1)^F, \tag{5.193}$$

was man auch schreiben kann als

$$(\nabla\wedge A(p\text{-}1), T(p)) = (\nabla^F \wedge A(p\text{-}1)^F, T(p)) \tag{5.194}$$

bzw.

$$\left[\frac{\partial}{\partial x^k} a_{K}\right]_{P=P(t^1, \ldots, t^p)} \delta^{kK}_L (x,t)^L = \frac{\partial}{\partial t^j}\left(a_K\Big|_{P=P(t^1,\ldots,t^p)} (x,t)^K_I\right) \delta^{jI}_{1\ldots p} \tag{5.195}$$

Zum Beweis dieser Beziehungen wird die rechte Seite von (5.195) mit der Kettenregel differenziert. Man erhält

$$\frac{\partial}{\partial t^j}\left(a_K\Big|_{P=P(t^1,\ldots,t^p)} (x,t)^K_I\right) \delta^{jI}_{1\ldots p} =$$

$$= a_{K,k}\Big|_{P=P(t^1,\ldots,t^p)} (x,t)^k_j (x,t)^K_I \delta^{jI}_{1\ldots p} + a_K\Big|_{P=P(t^1,\ldots,t^p)} \frac{\partial}{\partial t^j}(x,t)^K_I \delta^{jI}_{1\ldots p} \tag{5.196}$$

Mit

$$a_{K,k}\Big|_{P=P(t^1,\ldots,t^p)} (x,t)^k_j (x,t)^K_I \delta^{jI}_{1\ldots p} = a_{K,k}\Big|_{P=P(t^1,\ldots,t^p)} \delta^{kK}_L (x,t)^L \tag{5.197}$$

wird der erste Term der rechten Seite gerade zur linken Seite von (5.195). Der zweite Term der rechten Seite von (5.196) ist gleich Null.

Dies sieht man, wenn man ihn schreibt als

$$\begin{aligned}
&\frac{\partial}{\partial t^j}\left((x,t)_I^K\right)\delta^{jI}_{1\ldots p}\ \nabla^F t^1 \wedge \ldots \wedge \nabla^F t^p = \\
&= \nabla^F \wedge \left((x,t)_I^K\ \nabla^F t^{i_1} \wedge \ldots \wedge \nabla^F t^{i_{p-1}}\right) \\
&= \nabla^F \wedge \left((x,t)_{l_1}^{k_1}\ \nabla^F t^{l_1} \wedge \ldots \wedge (x,t)_{l_{p-1}}^{k_1}\ \nabla^F t^{l_{p-1}}\right) \\
&= \nabla^F \wedge \left(\nabla^F x^{k_1} \wedge \ldots \wedge \nabla^F x^{k_{p-1}}\right) = \nabla^F \wedge \nabla^F \wedge \left(x^{k_1}\ \nabla^F x^{k_2} \wedge \ldots \wedge \nabla^F x^{k_{p-1}}\right).
\end{aligned} \tag{5.198}$$

Nach (5.190) ist dies für reguläre Parameterdarstellungen der p-dimensionalen Fläche gleich Null.

Bemerkung:
Neben dem Satz von Fubini und dem Fundamentalsatz der Differential- und Integralrechnung ist (5.194) bzw. (5.195) für die Herleitung der verschiedenen Formen des Gaußschen Integralsatzes die einzige nichttriviale Beziehung (vgl. S. 147).

Man kann von (5.190) auch so etwas wie die Umkehrung beweisen, die zusammen mit (5.190) *Satz von Poincaré* genannt wird. *Es gelte in einer zweimal stetig differenzierbaren α-Mannigfaltigkeit*

$$\nabla \wedge K(p) = 0 \tag{5.199}$$

für

$$K(p) = a_I(P)\, \nabla x^{i_1} \wedge \ldots \wedge \nabla x^{i_p} \tag{5.200}$$

dann läßt sich lokal ein (p-1)*-Kovektorfeld* B(p-1) *angeben mit*

$$K(p) = \nabla \wedge B(p\text{-}1). \tag{5.201}$$

Dieses (p-1)*-Kovektorfeld* B(p-1) *wird Potential des Feldes* K(p) *genannt.* Für ein gegebenes Parametersystem lassen sich die Komponenten von B(p-1) aus den Komponenten $a_I(P)$ von K(p) durch Integration längs der Parameterwege

$$P(t) = P_0 + t(P - P_0) \tag{5.202}$$

erhalten. Hier ist unter P-P_0 das n-tupel der komponentenweisen Differenzen von $P = (x^1, \ldots, x^n)$ und $P_0 = (x_0^1, \ldots, x_0^n)$ zu verstehen. Die Komponenten des Potentials B(p-1) lauten:

$$b_L(P) = \int_0^1 t^{p-1} a_I(P(t))\,(x^i - x_0^i)\,\delta^I_{iL}\, dt, \tag{5.203}$$

wobei für P(t) (5.202) einzusetzen ist. Man hat sich bei dieser Integration P als fest gewählten Parameterpunkt zu denken. Wählt man auf jeder Seite von (5.203) als Basisvektoren die des bei der Integration festen Punktes P, kann man mit (4.318) auch schreiben

$$B(p\text{-}1)\Big|_P = \int_0^1 t^{p-1} K(p)\Big|_{P=P(t)} \llcorner \frac{dP}{dt}\, dt. \tag{5.204}$$

Es ist zu beachten, daß hier gesetzt wurde

$$K(p)\Big|_{P=P(t)} = a_I(P(t))\,[\nabla x^{i_1} \wedge \ldots \wedge \nabla x^{i_p}]_P. \tag{5.205}$$

Ist in dem gewählten Parametersystem $a_I(P)$ konstant, erfüllt es insbesondere (5.199). Da für die Kurve (5.202) $\frac{dP}{dt}$ unabhängig von t ist, kann man wegen (5.205) die rechte Seite von (5.204) integrieren und erhält

$$\begin{aligned} B(p\text{-}1) &= K(p) \llcorner L \;\frac{dP}{dt}\int_0^1 t^{p-1}\,dt = \frac{1}{p}K(p) \llcorner L \;\frac{dP}{dt} = \\ &= \frac{1}{p}K(p) \llcorner L \;\; \mathbf{r}. \end{aligned} \tag{5.206}$$

Hier wurde der „Ortsvektor" des Parametersystems mit **r** bezeichnet:

$$\mathbf{r} = (x^i - x_0^i)\,\frac{\partial}{\partial x^i}\Big|_P . \tag{5.207}$$

Der Beweis von (5.201) geschieht dadurch, daß man (5.203) mit der Kettenregel nach dem Parameterpunkt P differenziert und dabei die aus (5.199) bzw.

$$a_{I,k}\,\delta_K^{kI} = 0 \tag{5.208}$$

folgende Gleichung

$$a_{M,i} = a_{I,k}\,\delta_{iL}^{I}\,\delta_M^{kL} \tag{5.209}$$

bei den Umformungen berücksichtigt. Man erhält

$$\begin{aligned} b_{L,k}\,\delta_M^{kL} &= \delta_M^{kL}\,\frac{\partial}{\partial x^k}\left(\int_0^1 t^{p-1}\,a_I(P(t))\,\delta_{iL}^I\,(x^i - x_0^i)\,dt\right) = \\ &= \delta_M^{kL}\int_0^1 t^{p-1}\,a_I(P(t))\,\delta_{kL}^I\,dt + \int_0^1 t^p\,a_{K,k}\Big|_{P=P(t)}\,\delta_{iL}^I\,(x^i - x_0^i)\,\delta_M^{kL}\,dt \\ &= \int_0^1 p\,t^{p-1}\,a_M(P(t))\,dt + \int_0^1 t^p\,a_{M,i}\Big|_{P=P(t)}(x^i - x_0^i)\,dt \\ &= \int_0^1 p\,t^{p-1}\,a_M(P(t))\,dt + \int_0^1 t^p\,\frac{d}{dt}\,(a_M(P(t)))\,dt \\ &= \int_0^1 \frac{d}{dt}\,(t^p\,a_M(P(t)))\,dt = a_M(P(1)) = a_M(P). \end{aligned} \tag{5.210}$$

Dies ist gleichwertig mit (5.201). Es bleibt also nur noch die in der dritten Gleichung von (5.210) ausgenutzte Gleichung (5.209) zu beweisen. In dem Fall, daß i zur Indexmenge M gehört, geht die Voraussetzung (5.208) für

$$a_{M,i} = a_{I,k}\ \delta^{I}_{iL}\ \delta^{kL}_{M} \tag{5.211}$$

gar nicht ein: Wegen δ^{I}_{iL} sind auf der rechten Seite von (5.211) nur die Summanden ungleich Null, für die i nicht zu L gehört. Wegen δ^{kL}_{M} bleibt deshalb nur der Summand übrig, bei dem k = i und damit M = I ist. Also gilt (5.211). Nun betrachten wir den Fall, daß i nicht zu M gehört. Dann ist (5.208) gleichwertig mit

$$a_{I,k}\ \delta^{kI}_{K}\ \delta^{K}_{iM} = 0 = a_{I,k}\ \delta^{kI}_{iM}\,. \tag{5.212}$$

Schreibt man hier den Summanden mit k = i auf die eine Seite und die übrigen auf die andere Seite und vereinbart, daß (nur hier) *nicht* über i zu summieren ist, ist (5.212) gleichwertig mit

$$a_{M,i} = -\,a_{I,k}\ \delta^{kiL}_{iM}\ \delta^{I}_{iL} = a_{I,k}\ \delta^{ikL}_{iM}\ \delta^{I}_{iL} = a_{I,k}\ \delta^{kL}_{M}\ \delta^{I}_{iL}\,. \tag{5.213}$$

Dies ist die Beziehung (5.211).

Mit der Ergänzung läßt sich der Satz von Poincaré in n-symmetrischen orientierbaren Mannigfaltigkeiten in äußerlich andere Formen bringen. Da die Ergänzung ein Isomorphismus ist, ist (5.199) gleichwertig mit

$$*_2\,(\nabla\wedge K(p)) = 0. \tag{5.214}$$

Betrachtet man nun das p-Kovektorfeld K(p) als Ergänzung eines (n-p)-Vektorfeldes F(n-p), ergibt sich aus

$$*_2\,(\nabla\wedge *_1\,(F(n\text{-}p))) = 0 \tag{5.215}$$

nach dem Satz von Poincaré mit (4.341)

$$F(n\text{-}p) = \operatorname{sign}(g_{NN})\,(-1)^{p\,(n-p)}\,*_2\,(\nabla\wedge B(p\text{-}1)). \tag{5.216}$$

Diese Formulierung verwendet man bevorzugt für (1-) Vektorfelder

$$\mathbf{b} = b^i(P)\,\frac{\partial}{\partial x^i}\,. \tag{5.217}$$

Man erhält mit (4.337)

$$*_1(\mathbf{b}) = b^i(P)\,*_1\!\left(\frac{\partial}{\partial x^i}\right) = b^i(P)\operatorname{sign}(g_{NN})\,\sqrt{g}\,\delta^{1\dots n}_{iK}\,\nabla x^{k_1}\wedge\dots\wedge\nabla x^{k_{n-1}} \tag{5.218}$$

$$\begin{aligned}\nabla\wedge *_1(\mathbf{b}) &= \operatorname{sign}(g_{NN})\,(b^i\sqrt{g})_{,k}\,\delta^{1\dots n}_{iK}\,\delta^{kK}_{1\dots n}\,\nabla x^1\wedge\dots\wedge\nabla x^n\\ &= \operatorname{sign}(g_{NN})\,(b^i\sqrt{g})_{,i}\,\nabla x^1\wedge\dots\wedge\nabla x^n\end{aligned} \tag{5.219}$$

$$*_2(\nabla\wedge *_1(\mathbf{b})) = \operatorname{sign}(g_{NN})\,\frac{1}{\sqrt{g}}\,(b^i\sqrt{g})_{,i}\,. \tag{5.220}$$

Man nennt das *Skalarfeld*

$$\operatorname{sign}(g_{NN})\, *_2\, (\nabla \wedge *_1(\mathbf{b})) = \frac{1}{\sqrt{g}}\,(b^i \sqrt{g})_{,i} = b^i{}_{,i} + (\ln\sqrt{g})_{,i} b^i \qquad (5.221)$$

die *Divergenz des Vektorfeldes* **b** und schreibt dafür

$$\operatorname{Div} \mathbf{b} = (\nabla, \mathbf{b}). \qquad (5.222)$$

Da in dieser Bildung zweimal die Ergänzung vorkommt, ist die Beschränkung auf orientierbare Mannigfaltigkeiten nicht nötig (vgl. S. 99f).

Ein Vektorfeld, das (5.215) erfüllt bzw.

$$\operatorname{Div} \mathbf{b} = (\nabla, \mathbf{b}) = 0, \qquad (5.223)$$

nennt man ein *divergenzfreies Feld.* Ein solches divergenzfreies Vektorfeld **b** kann man nach dem Satz von Poincaré lokal als Ergänzung der alternierenden Ableitung eines (n-2)-Kovektorfeldes

$$A(n\text{-}2) = \int_0^1 t^{n-2}\,(*_1\,\mathbf{b}) \llcorner L\, \frac{dP}{dt}\, dt = \int_0^1 t^{n-2} *_1\!\left(\mathbf{b} \wedge \frac{dP}{dt}\right) dt. \qquad (5.224)$$

Hier wurde (4.323, 331) berücksichtigt. Das Feld **b** lautet

$$\mathbf{b} = \operatorname{sign}(g_{NN})\,(-1)^{n-1} *_2\, (\nabla \wedge A(n\text{-}2)) . \qquad (5.225)$$

Im Fall dreidimensionaler Mannigfaltigkeiten sind weitere Abkürzungen gebräuchlich. Die Ergänzung der alternierenden Ableitung eines Kovektorfeldes **d** nennt man die *Rotation* von **d**

$$*_2\, (\nabla \wedge \mathbf{d}) = \nabla \times \mathbf{d} = \operatorname{Rot} \mathbf{d} . \qquad (5.226)$$

Häufig verwendet man diese Bezeichnung auch für die entsprechende Bildung, bei der das Kovektorfeld **d** als Bild eines Vektorfeldes **v** beim symmetrischen Isomorphismus I gelesen wird

$$*_2\, (\nabla \wedge I(\mathbf{v})) = \operatorname{Rot} \mathbf{v}. \qquad (5.227)$$

Nach dem Satz von Poincaré besitzt also ein Feld, dessen Rotation verschwindet, ein skalares Potential. Für dreidimensionale Mannigfaltigkeiten und $\operatorname{sign}(g_{NN}) = 1$ erhält man bei diesen Bezeichnungen für (5.225)

$$\mathbf{b} = *_2(\nabla \wedge A(1)) = \nabla \times A(1) \qquad (5.228)$$

mit

$$A(1) = \int_0^1 t(*_1\,\mathbf{b}) \llcorner L\, \frac{dP}{dt}\, dt, \qquad (5.229)$$

wobei hier die Komponenten an der Stelle

$$P_0 + t(P-P_0) \tag{5.230}$$

und die Basisvektoren an der Stelle P einzusetzen sind. Wegen (4.323) kann man (5.229) auch schreiben als

$$A(1) = \int_0^1 t *_1\left(b \wedge \frac{dP}{dt}\right) dt\,. \tag{5.231}$$

Für den Fall, daß $*_1\left(b \wedge \frac{dP}{dt}\right)$ unabhängig von t ist (vgl. (5.206)), kann man dann mit (4.348) schreiben

$$I^{-1}(A(1)) = \circledast\left(b \wedge \frac{dP}{dt}\right) \int_0^1 t\,dt = \frac{1}{2}\,\mathbf{b} \times \mathbf{r}. \tag{5.232}$$

Dies ist das häufig verwendete Vektorpotential für homogene Magnetfelder.

Bemerkung:

Eine schöne Anwendung dieser Beziehungen findet man in der Elektrodynamik oder besser in der (Quanten-) Mechanik geladener Teilchen. Für die Summe der Wahrscheinlichkeitsstromdichten der positiven und negativen Ladungen, die Vierer-Ladungsstromdichte **G** gilt eine Erhaltungsgleichung in der 4-dimensionalen Raum-Zeit-Mannigfaltigkeit

$$(\nabla, \mathbf{G}) = 0. \tag{5.233}$$

Die genauen Eigenschaften einer Raum-Zeit-Mannigfaltigkeit können hier nicht im einzelnen aufgeführt werden. Dies geschieht ausführlich in Darstellungen der Relativitätstheorie. Hier sollen nur ein paar Eigenschaften erwähnt werden, damit man erkennt, daß die Klasse α dieser Mannigfaltigkeit außer der (mindestens 2-mal stetigen) Differenzierbarkeit noch weitere Eigenschaften hat. Eine Raum-Zeit-Mannigfaltigkeit ist eine symmetrische differenzierbare Mannigfaltigkeit mit $g_{NN} < 0$, bei der die Parametertransformationen so eingeschränkt werden, daß in jedem Parametersystem eine Variable, die Zeit, ausgezeichnet bleibt. Dies kann durch die Bedingung

$$\frac{\partial f^1(P)}{\partial x^1} > 0, \quad x'^1 = f^1(x^1, x^2, x^3, x^4) \tag{5.234}$$

geschehen. Außerdem sollen sich die im neuen Parametersystem ruhenden Punkte im ursprünglichen nicht schneller als mit Lichtgeschwindigkeit bewegen:

$$g_{ik}(P)\left(\frac{\partial f^{-1\,i}}{\partial x'^1}\,\frac{\partial f^{-1\,k}}{\partial x'^1}\right)\Bigg|_{P' = f(P)} < 0. \tag{5.235}$$

Die Gleichung (5.233) drückt die Ladungserhaltung aus und lautet für Raumhyperflächen

$$\frac{\partial \rho}{\partial t} + \operatorname{div} \mathbf{j} = 0. \tag{5.236}$$

Nach dem Satz von Poincaré kann man **G** mit einem Potential schreiben als

$$\mathbf{G} = *_2\,(\nabla \wedge \mathbf{A}(2)). \tag{5.237}$$

Diese Gleichung entspricht der ersten Hälfte der Maxwellschen Gleichungen

$$\mathrm{div}\,\mathbf{D} = \rho, \quad \mathrm{rot}\,\mathbf{H} - \frac{\partial}{\partial t}\mathbf{D} = \mathbf{j}. \tag{5.238}$$

Die andere Hälfte erhält man, wenn man die Kraftwirkungen von G auf Punktladungen im Vakuum berücksichtigt. Dies geschieht nicht mit A(2), sondern mit

$$F(2) = \mu_0 \circledast A(2) \quad \text{bzw.} \quad A(2) = -\frac{1}{\mu_0} \circledast F(2), \tag{5.239}$$

die den Beziehungen

$$\mathbf{E} = \frac{1}{\epsilon_0}\mathbf{D} \quad \text{und} \quad \mathbf{B} = \mu_0 \mathbf{H} \tag{5.240}$$

entsprechen. Im Unterschied zu A(2), für das (5.237) gilt, erhält man für F(2) eine homogene Gleichung

$$\nabla \wedge F(2) = 0, \tag{5.241}$$

die der zweiten Hälfte der Maxwellschen Gleichungen

$$\mathrm{rot}\,\mathbf{E} + \frac{\partial}{\partial t}\mathbf{B} = 0, \quad \mathrm{div}\,\mathbf{B} = 0 \tag{5.242}$$

entspricht. Deshalb kann man mit dem Satz von Poincaré ein Potential angeben mit

$$F(2) = \nabla \wedge A(1). \tag{5.243}$$

Setzt man dies mit (5.239) in (5.237) ein, erhält man mit der Lorentzkonvention $(\nabla, I^{-1}(A(1))) = 0$ die Wellengleichung für die elektromagnetischen Potentiale

$$-*_2(\nabla \wedge \circledast(\nabla \wedge A(1))) + I^{-1}\nabla(\nabla, I^{-1}(A(1))) = \mu_0 G, \tag{5.244}$$

die man mit (4.342) auch schreiben kann als

$$-\nabla \wedge \circledast(\nabla \wedge A(1)) + \circledast\nabla(\nabla, I^{-1}(A(1))) = \mu_0 *_1 G. \tag{5.245}$$

5.7. Gaußsche Integralformeln

Nachdem klar ist, wie Integranden geschrieben werden können, damit die Integrale über p-dimensionale Flächen unabhängig von den Parametertransformationen der α-Mannigfaltigkeit und α_F-Mannigfaltigkeit sind, soll untersucht werden, wie der Fundamentalsatz der Differential- und Integralrechnung bei der Integration über p-dimensionale Flächen verwendet werden kann. Dazu betrachten wir als Integranden eine Funktion auf einem Quader der α_F-Mannigfaltigkeit, die sich als partielle Ableitung nach einem Parameter t^k schreiben läßt. Es wird hier angenommen, daß man den Satz von Fubini zusammen mit dem Fundamentalsatz der Differential- und Integralrechnung verwenden kann:

$$\begin{aligned}\int\limits_{a^j < t^j < b^j} \frac{\partial}{\partial t^k} f(t^1, \ldots, t^p)\, dt^1 \ldots dt^p &= \\ = \int f(t^1, \ldots, t^p)\Big|_{t^k = b^k} dt^I - \int f(t^1, \ldots, t^p)\Big|_{t^k = a^k} dt^I\end{aligned} \tag{5.246}$$

Hier kennzeichnet

$$dt^I = dt^{i_1} \dots dt^{i_{p-1}} \quad \text{mit} \quad I = \{1, \dots, p\} - \{k\} \tag{5.247}$$

die Integrale über die k-te obere und untere Randfläche des Quaders. Es soll hier für den gesamten folgenden Abschnitt vereinbart werden, daß die an dt angefügte Indexmenge I immer von der Summationskonvention ausgeschlossen sein soll. Sowohl die rechte, als auch die linke Seite von (5.246) ändern sich i.a. beim Parameterwechsel. Wir wollen nun f wählen als die zur Indexmenge I gehörende Komponente eines tangentialen (p-1)-Kovektorfeldes der α_F-Mannigfaltigkeit

$$A(p\text{-}1)^F = a_I(t^1, \dots, t^p)\, \nabla^F t^{i_1} \wedge \dots \wedge \nabla^F t^{i_{p-1}}. \tag{5.248}$$

Führt man die tangentialen (p-1)-Vektoren der oberen und unteren k-ten Quaderränder ein durch

$$T_I(p\text{-}1) = \frac{\partial^F}{\partial t^{i_1}} \wedge \dots \wedge \frac{\partial^F}{\partial t^{i_{p-1}}} \quad i_j \neq k, k = 1, \dots, p, \tag{5.249}$$

kann man für (5.246) schreiben

$$\int\limits_{a^j \leq t^j \leq b^j} \frac{\partial}{\partial t^k} a_I(t^1, \dots, t^p)\, dt^1 \dots dt^p = \tag{5.250}$$

$$= \int (A(p\text{-}1)^F, T_I(p\text{-}1))\Big|_{t^k = b^k} dt^I - \int (A(p\text{-}1)^F, T_I(p\text{-}1))\Big|_{t^k = a^k} dt^I.$$

Zwar sind nun die einzelnen Integrale der rechten Seite unabhängig von der Parameterdarstellung des k-ten Randes, aber die Gleichung selbst ist noch nicht unabhängig vom Parameterwechsel der α_F-Mannigfaltigkeit, da die linke Seite noch nicht die Form eines Integranden hat, die zu einem Integral führt, das unabhängig vom Parametersystem der α_F-Mannigfaltigkeit ist. Dies läßt sich durch eine geeignete Linearkombination dieser Gleichungen für alle möglichen Indexsysteme erreichen:

$$\delta^{kI}_{1\dots p} \int \frac{\partial}{\partial t^k} a_I(t^1, \dots, t^p)\, dt^1 \dots dt^p = \tag{5.251}$$

$$= \delta^{kI}_{1\dots p} \int (A(p\text{-}1)^F, T_I(p\text{-}1))\Big|_{t^k = b^k} dt^I - \delta^{kI}_{1\dots p} \int (A(p\text{-}1)^F, T_I(p\text{-}1))\Big|_{t^k = a^k} dt^I.$$

Nun hat wegen

$$\delta^{kI}_{1\dots p} \frac{\partial}{\partial t^k} a_I = (\nabla^F \wedge A(p\text{-}1)^F, T(p)) \tag{5.252}$$

die linke Seite die Form eines Integranden, der ein Integral liefert, das bei orientierbaren α_F-Mannigfaltigkeiten unabhängig vom Parametersystem des Quaders ist. Wegen der Bedeutung dieser Integralformel soll diese Unabhängigkeit von (5.251) beim Wechsel des

Parametersystems vorgerechnet werden. Dazu benötigt man neben der Transformationsformel für Integranden eine Spezialfall der Beziehung (5.186):

$$\frac{\partial}{\partial s^j} a'_K(s^1, \ldots, s^p)\, \delta^{jK}_{1\ldots p} = \left(\frac{\partial}{\partial t^k} a_I(t^1, \ldots, t^p)\, \delta^{kI}_{1\ldots p}\right)\Bigg|_{t = t(s^1, \ldots, s^p)} (t, s). \tag{5.253}$$

Macht man auf der linken Seite von (5.250) eine Variablensubstitution so, daß sich das Integral nicht ändert, erhält man mit (5.253)

$$\begin{aligned}
&\int \delta^{kI}_{1\ldots p} \frac{\partial}{\partial t^k} a_I(t^1, \ldots, t^p)\, dt^1 \ldots dt^p = \\
&= \int \delta^{kI}_{1\ldots p} \frac{\partial}{\partial t^k} a_I \Bigg|_{t = t(s^1, \ldots, s^p)} (t, s)\, ds^1 \ldots ds^p \\
&= \int \delta^{jK}_{1\ldots p} \frac{\partial}{\partial s^j} a'_K(s^1, \ldots, s^p)\, ds^1 \ldots ds^p \\
&= \delta^{jK}_{1\ldots p} \int (A(p\text{-}1)^F, S_K(p\text{-}1))\Big|_{s^j = b'^j} ds^K - \delta^{jK}_{1\ldots p} \int (A(p\text{-}1)^F, S_K(p\text{-}1))\Big|_{s^j = a'^j} ds^K .
\end{aligned} \tag{5.254}$$

Hier sind für das neue Parametersystem die analogen Bezeichnungen eingeführt worden, wobei ebenfalls vereinbart wird, daß für die Indexmenge an ds nicht die Summationskonvention anzuwenden ist. Durch die obige Umrechnung wird gezeigt, daß die letzte Zeile von (5.254) gleich der rechten Seite von (5.251) ist. Es ist üblich, (5.251) in kompakterer Form zu schreiben. Man nennt die rechte Seite von (5.251) das Integral über die orientierte Oberfläche des Quaders und schreibt

$$\begin{aligned}
&\delta^{kI}_{1\ldots p} \int (A(p\text{-}1)^F, T_I(p\text{-}1))\Big|_{t^k = b^k} dt^I - \delta^{kI}_{1\ldots p} \int (A(p\text{-}1)^F, T_I(p\text{-}1))\Big|_{t^k = a^k} dt^I \\
&= \sum_k (-1)^{k+1} \int (A(p\text{-}1)^F, T_I(p\text{-}1))\Big|_{t^k = b^k} dt^I - \sum_k (-1)^{k+1} \int (A(p\text{-}1)^F, T_I(p\text{-}1))\Big|_{t^k = a^k} dt^I \\
&\equiv \oint_{RdQ} (A(p\text{-}1)^F, dF(p\text{-}1)).
\end{aligned} \tag{5.255}$$

Setzt man zur Abkürzung

$$dF(p) = T(p)\, dt^1 \ldots dt^p, \tag{5.256}$$

erhält man für den *Gaußschen Integralsatz* die Form

$$\int_Q (\nabla^F \wedge A(p\text{-}1)^F, dF(p)) = \oint_{RdQ} (A(p\text{-}1)^F, dF(p\text{-}1)). \tag{5.257}$$

Mit den Ergänzungen $*_1^F$, $*_2^F$ kann man dies in andere Formen bringen. Mit (4.343) kann man für die linke Seite von (5.257) schreiben

$$\operatorname{sign}(g_{pp}^F)\int (*_1^F\, dF(p),\ *_2^F(\nabla^F \wedge A(p\text{-}1)^F). \tag{5.258}$$

Hier ist nach (5.146, 159)

$$\operatorname{sign}(g_{pp}^F)\ *_1^F\, dF(p) = V^{(p)}\left(\frac{\partial}{\partial t^1}, \ldots, \frac{\partial}{\partial t^p}\right) dt^1 \ldots dt^p = d\tau^F \tag{5.259}$$

das skalare p-dimensionale Flächenelement. Ist $A(p\text{-}1)^F$ die Ergänzung eines Vektorfeldes $\mathbf{b}^F$, erhält man für (5.257) mit (5.259)

$$\int_Q d\tau^F\ *_2^F(\nabla^F \wedge *_1^F\, \mathbf{b}^F) = \oint_{RdQ} (*_1^F\, \mathbf{b}^F, dF(p\text{-}1)) \tag{5.260}$$

bzw. mit (4.334) und (5.220, 221)

$$\int_Q d\tau^F(\nabla^F, \mathbf{b}^F) = \operatorname{sign}(g_{NN}^F)\,(-1)^{(p-1)} \oint_{RdQ} (*_1^F dF(p\text{-}1), \mathbf{b}^F). \tag{5.261}$$

Diese Integralformeln haben noch nicht die meist übliche Form des Gaußschen Integralsatzes. *Diese Form kann man erhalten, wenn man mit* (5.192, 194) *das Kovektorfeld* $A(p\text{-}1)^F$ *der* α_F*-Mannigfaltigkeit mit einem stetig differenzierbaren* (p-1)*-Kovektorfeld* $A(p\text{-}1)$ *der* α*-Mannigfaltigkeit angibt, wobei außerdem für* $T(p)$ *die Beziehung* (5.149) *berücksichtigt werden muß.* Setzt man (5.192, 194) und (5.257) ein, erhält man den Gaußschen Integralsatz für p-dimensionale Flächen allgemeiner mindestens 2-mal stetig differenzierbarer α-Mannigfaltigkeiten:

$$\int_F (\nabla \wedge A(p\text{-}1), dF(p)) = \oint_{RdF} (A(p\text{-}1), dF(p\text{-}1)). \tag{5.262}$$

Hier ist die rechte Seite wie (5.255) zu lesen, wenn man dort für $A(p\text{-}1)^F$ setzt $A(p\text{-}1)$. Für (5.262) ist auch die Schreibweise gebräuchlich

$$\int_F d \wedge \omega = \int_{dF} \omega. \tag{5.263}$$

Weitere in der Physik übliche Umformulierungen erhält man in n-symmetrischen orientierbaren α-Mannigfaltigkeiten durch Verwenden der Ergänzungen und Graßmannschen Ergänzungen, wobei auch $A(p\text{-}1)$ als Ergänzung, also als Pseudo-(p-1)-Kovektorfeld betrachtet wird. Eine der wichtigsten Formen liefert die Formel (4.356), die man auf der linken, auf der rechten oder auf beiden Seiten von (5.262) einsetzen kann. Sie wird in der Physik gerne verwendet, um die Stufenzahl der verwendeten Tensoren möglichst niedrig zu halten. Für diese Formen des Gaußschen Integralsatzes gibt es die unterschiedlichsten

Bezeichnungen, von denen die wichtigsten den Abschnitten 5.5 und 5.6 zu entnehmen sind. Eine Erweiterung der hier angegebenen Formeln erhält man, wenn man Integrale über aneinandergesetzte p-dimensionale Flächenstücke behandelt, wie es hier für den Spezialfall des Flächenrandes schon vorgekommen ist. Außerdem kann man auch Parameterdarstellungen betrachten, bei denen gewisse obere und untere Ränder der Fläche in der α-Mannigfaltigkeit zusammenfallen. Um bei diesen (teilweise) geschlossenen Flächen den Gaußschen Integralsatz anwenden zu können, muß man die Flächen „aufschneiden" und die durch die Schnitte hinzukommenden Randintegrale berücksichtigen.

5.8. Affin zusammenhängende Mannigfaltigkeiten und das Lemma von Ricci

Die Definition der tangentialen Vektorbündel war gerade so durchgeführt worden, daß die Tangentialvektoren verschiedener Punkte in disjunkten Mengen liegen. Deshalb ist für tangentiale Vektoren an verschiedenen Punkten weder die Differenz noch der Differentialquotient definiert. Dies wird anders, wenn Isomorphismen zwischen den Vektorräumen verschiedener Punkte definiert sind, mit deren Hilfe die Vektorräume identifiziert werden können. Da nach dem Identifizieren die Vektoren Elemente des gleichen Vektorraums sind, ist die Differenz oder der Differentialquotient definiert. Wenn man annimmt, daß für ein bestimmtes Parametersystem dieser Isomorphismus gegeben ist durch

$$A\left(\frac{\partial}{\partial x^i}\bigg|_{P_1}\right) = A_i{}^k \frac{\partial}{\partial x^k}\bigg|_{P_2}, \tag{5.264}$$

muß man beachten, daß die Matrix $A_i{}^k$ i.a. von beiden Punkten P_1 und P_2 abhängig sein kann. Deshalb kann man sie beim Umrechnen in ein anderes Parametersystem i.a. nicht als ein einfaches L_α-Vektorfeld betrachten. Mit der üblichen Technik für das Umrechnen einer Matrix einer linearen Abbildung erhält man

$$\begin{aligned} A\left(\frac{\partial}{\partial x'^k}\bigg|_{P_1}\right) &= A\left((x,x')^i_k\bigg|_{P'_1} \frac{\partial}{\partial x^i}\bigg|_{P_1}\right) = (x,x')^i_k\bigg|_{P'_1} A\left(\frac{\partial}{\partial x^i}\bigg|_{P_1}\right) \\ &= (x,x')^i_k\bigg|_{P'_1} A_i{}^j \frac{\partial}{\partial x^j}\bigg|_{P_2} = (x,x')^i_k\bigg|_{P'_1} A_i{}^j (x',x)^l_j\bigg|_{P_2=f(P'_2)} \frac{\partial}{\partial x'^l}\bigg|_{P_2} \end{aligned} \tag{5.265}$$

Dies liefert

$$A'_k{}^l = (x,x')^i_k\bigg|_{P'_1} A_i{}^j (x',x)^l_j\bigg|_{P_2=f^{-1}(P'_2)} \tag{5.266}$$

Nur in affinen bzw. linearen Mannigfaltigkeiten sind $(x,x')^i_k$ bzw. $(x',x)^l_j$ unabhängig von den Parameter-n-tupeln. Nimmt man an, daß die Matrix $A_i{}^j$ auch noch unabhängig von den Punkten ist, kann man schließen, daß sie durch die Einheitsmatrix gegeben ist: Wenn die Abbildung A dazu dienen soll, die Vektorräume verschiedener Punkte zu identifizieren, muß sie für den gleichen Punkt zur Einheitsmatrix werden. Wenn sie konstant ist, ist sie deshalb für alle Punktepaare die Einheitsmatrix. Aus (5.266) erhält man dann mit der Kettenregel, daß die Matrix für lineare Mannigfaltigkeiten in jedem Parametersystem die Einheitsmatrix ist.

In nicht notwendig linearen Mannigfaltigkeiten pflegt man anzunehmen, daß die Matrix der Abbildung durch eine Integration längs eines Parameterwegs erhalten werden kann. Da man mit dieser Abbildung die Vektorräume verschiedener Punkte identifizieren will, muß sie für gleiche Punkte in die Einheitsmatrix übergehen. Man definiert die Abbildung A durch

$$A_i{}^k = \delta_i^k - \int_{t_1}^{t_2} \Gamma_{ij}^k\,(P(t))\,\frac{dx^j}{dt}\,dt \tag{5.267}$$

mit einer Funktion Γ_{ij}^k (P) der Parameterpunkte P, die man die *Christoffelsymbole* nennt. Mannigfaltigkeiten, für die eine solche Abbildung A mit einem Feld Γ_{ij}^k definiert ist, nennt man *affin zusammenhängend.* Zur Herleitung der Umrechnungsformel für die Christoffelsymbole beim Parameterwechsel berechnen wir in (5.267) die (rechtsseitige) Ableitung nach t_2 an der Stelle t_1:

$$\frac{d}{dt_2} A_i{}^k\Big|_{t_2 = t_1} = -\,\Gamma_{ij}^k\,(P_1)\,\frac{dx^j}{dt}\Big|_{t = t_1} . \tag{5.268}$$

Durch Differenzieren von (5.266) mit der Produkt- und Kettenregel erhält man

$$\begin{aligned}
\frac{d}{dt_2} A'_k{}^l\Big|_{t_2 = t_1} &= (x, x')^i_k\Big|_{P'_1} \frac{d}{dt_2} A_i{}^j\Big|_{t_2 = t_1} (x', x)^l_j\Big|_{P = f^{-1}(P'_1)} + \\
&+ (x, x')^i_k\Big|_{P'_1} A_i{}^j\Big|_{P'_2 = P'_1} \frac{\partial}{\partial x^r} (x', x)^l_j\Big|_{P = f^{-1}(P'_1)} (x, x')^r_s\Big|_{P'_1} \frac{dx'^s}{dt}\Big|_{t = t_1} = \\
&= -\,(x, x')^i_k\Big|_{P'_1} (x, x')^r_s\Big|_{P'_1} (x', x)^l_j\Big|_{P = f^{-1}(P'_1)} \Gamma^j_{ir}\Big|_{P = f^{-1}(P'_1)} \frac{dx'^s}{dt}\Big|_{t = t_1} \\
&+ (x, x')^i_k\Big|_{P'_1} (x, x')^r_s\Big|_{P'_1} \frac{\partial^2 f^l}{\partial x^r \partial x^i}\Big|_{P = f^{-1}(P'_1)} \frac{dx'^s}{dt}\Big|_{t = t_1} = \\
&= -\,\Gamma'^l_{ks}(P'_1)\,\frac{dx'^s}{dt}\Big|_{t = t_1} .
\end{aligned} \tag{5.269}$$

Da dies für beliebige Kurven $x'^s(t)$ gelten soll, folgt als Umrechnungsformel

$$\begin{aligned}
\Gamma'^l_{ks}(P') = {} & \Gamma^j_{ir}\,(f^{-1}\,(P'))\,(x, x')^i_k\,(x, x')^r_s\,(x', x)^l_j\Big|_{P = f^{-1}(P')} \\
& - \frac{\partial^2 f^l}{\partial x^r\,\partial x^i}\Big|_{P = f^{-1}(P')} (x, x')^i_k\,(x, x')^r_s \quad ,
\end{aligned} \tag{5.270}$$

die sich durch den zweiten Term von einer Umrechnungsformel für L_α-Vektorfelder unterscheidet. Denn mit Homomorphismen eines Vektorraums R^m kann man einen solchen Term nicht erhalten. Man erkennt außerdem, daß er in linearen Mannigfaltigkeiten entfällt. Gerade die Eigenschaft, daß die Christoffelsymbole nach (5.270) nicht als ein L_α-Vektorfeld aufzufassen sind, hat zur Konsequenz, daß es möglich sein kann, daß sie in dem einen Parametersystem verschwinden, in dem anderen aber ungleich Null sind. In dem Parametersystem, in dem sie verschwinden, führen sie nach (5.267) zu einer besonders einfachen Abbildungsmatrix. *Wenn sie in dem ungestrichenen Parametersystem verschwinden, liefert gerade der zweite Term in* (5.270) *die Christoffelsymbole im gestrichenen Parametersystem.* Wir wollen untersuchen, welche Eigenschaft die Christoffelsymbole $\Gamma^k_{ij}(P)$ haben müssen, damit es eventuell möglich ist, ein Parametersystem zu finden, in dem sie verschwinden. Dafür multiplizieren wir (5.270) mit $(x', x)^k_m$, $(x', x)^s_h$, summieren über k und s, setzen $P' = f(P)$ und die linke Seite von (5.270) gleich Null. Mit (5.44) und (5.33) ergibt sich hierfür

$$0 = \Gamma^j_{mh} \frac{\partial f^l}{\partial x^j} - \frac{\partial^2 f^l}{\partial x^h \partial x^m} . \qquad (5.271)$$

Nach Umnennen der Indizes ist dies gleichwertig mit

$$\frac{\partial^2 f^k}{\partial x^i \partial x^j} = \Gamma^l_{ji} \frac{\partial f^k}{\partial x^l} . \qquad (5.272)$$

Für eine mindestens zweimal stetig differenzierbare α-Mannigfaltigkeit ist die Reihenfolge der partiellen Ableitungen vertauschbar. Deshalb folgt aus (5.272)

$$\Gamma^k_{ji} = \Gamma^k_{ij} . \qquad (5.273)$$

Damit es ein Parametersystem geben kann, in dem die Christoffelsymbole verschwinden, ist also in mindestens 2-mal stetig differenzierbaren α-Mannigfaltigkeiten (5.273) notwendig. Wenn (5.273) erfüllt ist, nennt man eine affin zusammenhängende Mannigfaltigkeit *windungsfrei.* Man erkennt sofort, daß bei einer Parametertransformation von $\Gamma^k_{ji} - \Gamma^k_{ij}$ die in (5.270) störende Inhomogenität wegfällt. Es läßt sich also $\Gamma^k_{ji} - \Gamma^k_{ij}$ als L_α-Feld betrachten, das man auch *Windungs-* oder *Torsionstensorfeld* des affinen Zusammenhangs nennt.

Man kann (5.272) als partielles Differentialgleichungssystem erster Ordnung für die n^2 Funktionen

$$p^k_l = \frac{\partial f^k}{\partial x^l} \qquad \text{betrachten:} \qquad (5.274)$$

$$\frac{\partial}{\partial x^i} p^k_j = \Gamma^l_{ji} p^k_l . \qquad (5.275)$$

Für die Lösbarkeit dieses Systems (in mindestens dreimal stetig differenzierbaren) α-Mannigfaltigkeiten ist notwendig und mit zusätzlichen Differenzierbarkeitseigenschaften von Γ^l_{ji} hinreichend, daß die partiellen zweiten Ableitungen der p^k_j vertauschbar sind:

$$\frac{\partial}{\partial x^m}\left(\frac{\partial}{\partial x^i} p^k_j\right) - \frac{\partial}{\partial x^i}\left(\frac{\partial}{\partial x^m} p^k_j\right) = 0. \qquad (5.276)$$

Setzt man hier wieder (5.275) ein, erhält man

$$\frac{\partial}{\partial x^m}(\Gamma^l_{ji})\, p^k_l + \Gamma^l_{ji}\Gamma^s_{lm}\, p^k_s - \frac{\partial}{\partial x^i}(\Gamma^l_{jm})\, p^k_l - \Gamma^l_{jm}\Gamma^s_{li}\, p^k_s = 0\,. \tag{5.277}$$

Wegen (5.44) ist dies gleichwertig mit

$$\frac{\partial}{\partial x^m}\Gamma^k_{ji} - \frac{\partial}{\partial x^i}\Gamma^k_{jm} + \Gamma^l_{ji}\Gamma^k_{lm} - \Gamma^l_{jm}\Gamma^k_{li} = 0\,. \tag{5.278}$$

Mit (5.273) ist diese Gleichung also notwendig dafür, daß bei gegebenen $\Gamma^k_{ij}(P)$ ein Parametersystem gewählt werden kann, in dem die Christoffelsymbole verschwinden. Man kann mit der linken Seite von (5.278) eine Parametertransformation machen. Die durch die Inhomogenität bei (5.270) auftretenden Terme heben sich weg, und deshalb kann sie als ein L_α-Feld betrachtet werden. Man nennt es das *Krümmungstensorfeld* des affinen Zusammenhangs. Die Rechnung ist etwas langwierig. Man muß die linke Seite von (5.278) in den gestrichenen Parametern durch (5.270) bzw. durch die nach den gestrichenen Parametern mit der Kettenregel differenzierte Gleichung (5.270) ausdrücken. Dann muß man die Beziehung verwenden, die man erhält, wenn man $P = f^{-1}(P')$ in (5.44) einsetzt und nach den gestrichenen Parametern differenziert.

Wenn wir nun die Vektorräume verschiedener Punkte mit der Abbildung A identifiziert haben

$$\left.\frac{\partial}{\partial x^i}\right|_{P_1} = A_i{}^k \left.\frac{\partial}{\partial x^k}\right|_{P_2}, \tag{5.279}$$

kann man z. B. die Differenzen von Basisvektoren berechnen, die zu verschiedenen Punkten gehören und durch eine Kurve verbunden sind

$$\left.\frac{\partial}{\partial x^i}\right|_{P_2} - \left.\frac{\partial}{\partial x^i}\right|_{P_1} = (\delta^k_i - A_i{}^k)\left.\frac{\partial}{\partial x^k}\right|_{P_2} = \int_{t_1}^{t_2} \Gamma^k_{ij}(P(t))\frac{dx^j}{dt}\,dt \left.\frac{\partial}{\partial x^k}\right|_{P_2}. \tag{5.280}$$

Setzt man die Koordinatenlinien ein, lassen sich die Differentialquotienten längs der Parameterlinien berechnen

$$\frac{\partial}{\partial x^j}\left(\frac{\partial}{\partial x^i}\right) = \Gamma^k_{ij}\frac{\partial}{\partial x^k}\,. \tag{5.281}$$

Dies erlaubt, partielle Ableitungen beliebiger differenzierbarer Vektorfelder anzugeben

$$\frac{\partial}{\partial x^j}\left(a^i\frac{\partial}{\partial x^i}\right) = a^i{}_{,j}\frac{\partial}{\partial x^i} + a^i\,\Gamma^k_{ij}\frac{\partial}{\partial x^k}\,. \tag{5.282}$$

Diese *Vektordifferentiationen* bilden die Grundlage der üblichen *Tensoranalysis.* Es war ein Anliegen dieser Darstellung zu zeigen, daß sie für wichtige Bildungen, wie den Satz von Poincaré und den Gaußschen Integralsatz nicht benötigt werden. Da die Tensordifferentiation in den meisten Darstellungen stark im Vordergrund steht und auch meist sehr ausführlich behandelt wird, wollen wir uns hier nur mit der Darlegung der Beziehungen zwischen den gebrachten Konstruktionen und der Vektordifferentiation begnügen.

Wenn man mit A die tangentialen Vektorräume verschiedener Punkte der Mannigfaltigkeit identifiziert, muß man die in Abschnitt 3.4 für das Identifizieren abgeleiteten Regeln beachten. In symmetrischen Mannigfaltigkeiten ist es üblich, $V_{\{[P]\}}$ und $V^*_{\{[P]\}}$ mit dem Isomorphismus $I_{\{[P]\}}$ zu identifizieren. Dann ist aber das weitere Identifizieren der Vektorräume verschiedener Punkte mit A hiermit nach S. 31 nur dann verträglich, wenn die Abbildung A orthogonal ist, also wenn das folgende Diagramm kommutativ ist:

$$\begin{array}{ccc} V_{\{[P_1]\}} & \xrightarrow{\;A\;} & V_{\{[P_2]\}} \\ {\scriptstyle I_{\{[P_1]\}}}\downarrow & & \downarrow{\scriptstyle I_{\{[P_2]\}}} \\ V^*_{\{[P_1]\}} & \xleftarrow{\;A^*\;} & V^*_{\{[P_2]\}} \end{array}$$

Mit der zu A adjungierten Abbildung A*, kann man also schreiben

$$I_{\{[P_1]\}} = A^* \circ I_{\{[P_2]\}} \circ A. \tag{5.283}$$

Dies ist die integrierte Form des Lemmas von Ricci. Mit (3.94) erhält man die Matrix der adjungierten Abbildung

$$A^* \left(\nabla x^k\big|_{P_2}\right) = A_i{}^k \, \nabla x^i\big|_{P_1}. \tag{5.284}$$

Als Matrizengleichung lautet deshalb (5.283)

$$g_{il}(P_1) = A_i{}^k \, g_{kj}(P_2) \, A_l{}^j. \tag{5.285}$$

Differenziert man diese Gleichung nach t_2 an der Stelle t_1, erhält man mit (5.268)

$$0 = -\Gamma^k_{is} \frac{dx^s}{dt}\bigg|_{t=t_1} g_{kj}(P_1) \, A_l{}^j\Big|_{P_2=P_1} + A_i{}^k\Big|_{P_2=P_1} g_{kj,s}\Big|_{P=P_1} \frac{dx^s}{dt}\bigg|_{t=t_1} A_l{}^j\Big|_{P_2=P_1}$$

$$- A_i{}^k\Big|_{P_2=P_1} g_{kj}(P_1) \, \Gamma^j_{ls} \frac{dx^s}{dt}\bigg|_{t=t_1}. \tag{5.286}$$

Da dies für jede Kurve durch P_1 gelten soll, gilt mit $A_l{}^j\big|_{P_2=P_1} = \delta^j_l$

$$g_{ij,k} = \Gamma^l_{ik} \, g_{lj} + \Gamma^l_{jk} \, g_{il}. \tag{5.287}$$

Dies ist die übliche Form des *Lemmas von Ricci.* Eine einfache Erweiterung des Lemmas von Ricci erhält man, wenn man berücksichtigt, daß das p-fache Kroneckerprodukt orthogonaler Abbildungen ebenfalls orthogonal ist (vgl. S. 77). Man erhält deshalb für die p-fachen Kroneckerprodukte eine (5.283) entsprechende Gleichung, die man wieder differenzieren kann. Sie liefert für die Unterräume der alternierenden Tensoren Beziehungen zwischen den Christoffelsymbolen und den Ableitungen der p-reihigen Unterdeterminanten der g_{ik}. Eine Verallgemeinerung der bisherigen Betrachtungen wird in n-symmetrischen Mannigfaltigkeiten behandelt. Man denke sich eine Abbildung der Art (5.267) nur für die n-Vektorräume $\overset{n}{\wedge} V_{\{[P]\}}$ definiert. Man nennt solche Mannigfaltigkeiten *äquiaffin zusammenhängend.*

Das Lemma von Ricci kann man verwenden, um bei windungsfreiem affinen Zusammenhang die Christoffelsymbole durch die g_{ik} und deren partielle Ableitungen auszudrücken. Man subtrahiert von (5.287) die entsprechende Gleichung, bei der i mit k vertauscht wurde, und addiert die Gleichung, bei der j mit k vertauscht wurde. Mit (5.273) ergibt sich

$$g_{ij,k} - g_{kj,i} + g_{ik,j} = 2\,\Gamma^{l}_{jk}\, g_{li} \tag{5.288}$$

bzw.

$$\Gamma^{i}_{jk} = \frac{1}{2}\, g^{li}(g_{lj,k} + g_{lk,j} - g_{kj,l}). \tag{5.289}$$

Bemerkung:
Wenn man als Feldgleichung eine Differentialgleichung sucht, in der zweite Ableitungen der g_{ik} vorkommen, liegt es nahe, die Beziehung (5.289) in die linke Seite von (5.278) einzusetzen und für geeignete Linearkombinationen der Komponenten des Krümmungstensors physikalische Felder als Inhomogenität der Differentialgleichung vorzugeben. So kann man die Feldgleichung der Einsteinschen allgemeinen Relativitätstheorie erhalten. In symmetrischen, nicht notwendig affin zusammenhängenden Mannigfaltigkeiten ist (5.278), in das man sich (5.289) eingesetzt denken muß, notwendig dafür, daß es ein Parametersystem geben kann, in dem $g'_{jl}(P')$ konstant ist. Man erhält dies, indem man die wegen (5.44) mit (5.81) gleichwertige Beziehung

$$g_{ik}(P) = (x', x)^{j}_{i}\, g'_{jl}(f(P))\, (x', x)^{l}_{k} \tag{5.290}$$

differenziert und eine der linken Seite von (5.288) entsprechende Linearkombination bildet. Wegen der Vertauschbarkeit der zweiten Ableitungen ergibt sich mit (5.290) die Gleichung

$$g_{ik,m} + g_{im,k} - g_{mk,i} = 2\,(x', x)^{j}_{i}\, g'_{jl}\, \frac{\partial^2 f^l}{\partial x^m\, \partial x^k} = 2\, \frac{\partial^2 f^l}{\partial x^m\, \partial x^k}\, (x, x')^{r}_{l} g_{ir}.$$

Multipliziert man diese Gleichung mit der zu g_{ir} inversen Matrix g^{rs} und berücksichtigt (5.44), ist sie gleichwertig mit (5.274, 275), wenn man sich dort Γ^{l}_{ji} durch (5.289) ersetzt denkt.

Häufig werden affin zusammenhängende Mannigfaltigkeiten, die nicht notwendig symmetrisch sind, für besonders allgemein gehalten. Bei solchen Aussagen darf man nicht übersehen, daß viele Bildungen in allgemeinen differenzierbaren Mannigfaltigkeiten, in symmetrischen oder n-symmetrischen Mannigfaltigkeiten durchgeführt werden können, ohne daß eine Abbildung der Form (5.267) benötigt wird, um die Vektorräume verschiedener Punkte zu identifizieren. Wenn man allgemein an das Problem denkt, tangentiale Vektorräume, die durch eine Kurve verbunden sind, zu identifizieren, um die Vektoren bzw. die Linearformen an verschiedenen Punkten vergleichen zu können, könnte man auch an Abbildungen denken, die sich nicht in der speziellen Form (5.267) schreiben lassen. Dies führt zu Fragestellungen, welche Bedeutung Abbildungen in der Physik haben, die die tangentialen Vektorbündel auf sich oder auch nur die α-Mannigfaltigkeiten auf sich abbilden. Dies ist hier nicht behandelt worden. Häufig nennt man solche Abbildungen aktive Koordinatentransformationen, die mit den hier behandelten Parametertransformationen, die manchmal passiv genannt werden, nicht verwechselt werden dürfen.

Literatur

[1] *R. Abraham, J. E. Marsden:* Foundations of Mechanics, W. A. Benjamin, New York, Amerdam (1967).

[2] *H. Bauer:* Wahrscheinlichkeitstheorie und Grundzüge der Maßtheorie, Walter de Gruyter, Berlin, New York (1974)

[3] *H. Cartan:* Differential Forms, Hermann, Paris (1970).

[4] *R. Courant, D. Hilbert:* Methoden der mathematischen Physik I, II, Springer Verlag HTB Bd. 30/31, Berlin, Heidelberg, New York (1968)

[5] *J. Dieudonné:* Grundlagen der modernen Analysis Bd. 1, Vieweg, Braunschweig (1973)

[6] *G. Gerlich:* Eine neue Einführung in die statistischen und mathematischen Grundlagen der Quantentheorie, Vieweg, Braunschweig (1977)

[7] *W. H. Greub:* Linear Algebra, Multilinear Algebra, Springer Verlag, Berlin, Heidelberg, New York (1967)
Die Grundlehren der mathematischen Wissenschaften, Bd. 97 und Bd. 136

[8] *P. R. Halmos:* Finite-Dimensional Vektor Spaces, Springer Verlag, New York, Heidelberg, Berlin (1974)

[9] *S. Helgason:* Differential Geometry and Symmetric Spaces, Academic Press, New York, London (1962)

[10] *Joos-Richter:* Höhere Mathematik für den Praktiker, Johann Ambrosius Barth, Leipzig (1968)

[11] *E. Kamke:* Mengenlehre, Walter de Gruyter, Berlin (1962)

[12] *G. Köthe:* Topologische Lineare Räume, Springer Verlag, Berlin, Heidelberg, New York (1966)

[13] *H.-J. Kowalsky:* Lineare Algebra, Walter de Gruyter, Berlin (1969)

[14] *T. Levi-Civita:* The Absolute Differential Calculus (Calculus of Tensors), Blackie & Son Limited, London, Glasgow (1950)

[15] *J. v. Neumann:* Mathematische Grundlagen der Quantenmechanik, Springer-Verlag, Berlin, Heidelberg, New York (1932, 1968)

[16] *E. Peschl:* Analytische Geometrie und lineare Algebra, Bibliographisches Institut HTB Bd. 15/15a, Mannheim (1961)

[17] *E. Pflaumann, H. Unger:* Funktionalanalysis I, BI, HTB Bd. 82/82a, Mannheim (1968)

[18] *H. Reichardt:* Vorlesungen über Vektor- und Tensorrechnung, VEB Deutscher Verlag der Wissenschaften, Berlin (1957)

[19] *A. P. Robertson, W. J. Robertson:* Topologische Vektorräume, BI, HTB Bd. 164/164a, Mannheim (1967)

[20] *J. Schmidt:* Mengenlehre I, Bibliographisches Institut, HTB Bd. 56/56a, Mannheim (1966)

[21] *J. A. Schouten:* Ricci Calculus (An Introduction to Tensor Analysis and its Geometrical Applications) Springer Verlag, Berlin, Göttingen, Heidelberg (1954)

[22] *H. Schubert:* Topologie, B. G. Teubner Verlagsgesellschaft, Stuttgart (1964)

[23] *E. Sperner:* Einführung in die analytische Geometrie und Algebra I, II, Vandenhoeck & Ruprecht, Göttingen (1961)

[24] *R. Sulanke, P. Wintgen:* Differentialgeometrie und Faserbündel, Birkhäuser Verlag, Basel, Stuttgart (1972)

[25] *P. Tondeur:* Introduction to Lie Groups and Transformation Groups, Springer-Verlag, Berlin, Heidelberg, New York (1969)

[26] *B. L. van der Waerden:* Algebra I, II, Springer-Verlag, HTB 12/23, Berlin, Heidelberg, New York (5. Aufl. 1967)

[27] *A. P. Wills:* Vektor Analysis with an Introduction to Tensor Analysis, Dover Publications, New York (1958)

Sachwortverzeichnis

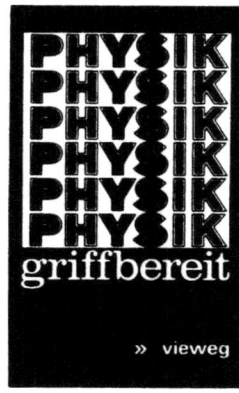

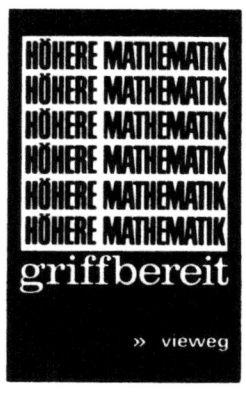

MIX
Papier aus verantwortungsvollen Quellen
Paper from responsible sources
FSC® C105338

If you have any concerns about our products,
you can contact us on
ProductSafety@springernature.com

In case Publisher is established outside the EU,
the EU authorized representative is:
Springer Nature Customer Service Center GmbH
Europaplatz 3, 69115 Heidelberg, Germany

Printed by Libri Plureos GmbH
in Hamburg, Germany